“十四五”职业教育国家规划教材
住房和城乡建设部“十四五”规划教材
“1+X”职业技能等级证书系列教材

结构工程BIM技术应用
（第二版）

王　鑫　刘　鑫　主编

中国建筑工业出版社

图书在版编目（CIP）数据

结构工程BIM技术应用 / 王鑫，刘鑫主编. — 2版. — 北京：中国建筑工业出版社，2023.10（2024.6重印）

“十四五”职业教育国家规划教材 住房和城乡建设部“十四五”规划教材 “1+X”职业技能等级证书系列教材

ISBN 978-7-112-29093-2

Ⅰ. ①结… Ⅱ. ①王… ②刘… Ⅲ. ①建筑设计-计算机辅助设计-应用软件-职业教育-教材 Ⅳ. ①TU201.4

中国国家版本馆CIP数据核字（2023）第167177号

本书主要内容包括：概论、结构基本命令的使用方法、综合楼结构建模解析、别墅楼结构建模解析、结构族功能介绍及实例解析、结构配筋及实例解析、BIM模板与脚手架工程专项设计解析及框剪结构建模解析等知识点。

本教材适用于职业院校“1+X”建筑信息模型（BIM）职业技能等级证书考试人员、BIM技术员，以及各类BIM技能等级考试和培训人员。

为了便于本课程教学，作者自制免费课件资源，索取方式为：1. 邮箱：jckj@cabp.com.cn；2. 电话：（010）58337285；3. 建工书院：http：//edu.cabplink.com；4. QQ交流群：786735312。

责任编辑：司　汉　李　阳
责任校对：张　颖

“十四五”职业教育国家规划教材
住房和城乡建设部“十四五”规划教材
“1+X”职业技能等级证书系列教材
结构工程BIM技术应用
（第二版）
王　鑫　刘　鑫　主编
*
中国建筑工业出版社出版、发行（北京海淀三里河路9号）
各地新华书店、建筑书店经销
北京鸿文瀚海文化传媒有限公司制版
天津安泰印刷有限公司印刷
*
开本：787毫米×1092毫米　1/16　印张：14½　字数：349千字
2023年12月第二版　2024年6月第二次印刷
定价：**46.00**元（赠教师课件）
ISBN 978-7-112-29093-2
（41262）

出版说明

党和国家高度重视教材建设。2016 年，中办国办印发了《关于加强和改进新形势下大中小学教材建设的意见》，提出要健全国家教材制度。2019 年 12 月，教育部牵头制定了《普通高等学校教材管理办法》和《职业院校教材管理办法》，旨在全面加强党的领导，切实提高教材建设的科学化水平，打造精品教材。住房和城乡建设部历来重视土建类学科专业教材建设，从“九五”开始组织部级规划教材立项工作，经过近 30 年的不断建设，规划教材提升了住房和城乡建设行业教材质量和认可度，出版了一系列精品教材，有效促进了行业部门引导专业教育，推动了行业高质量发展。

为进一步加强高等教育、职业教育住房和城乡建设领域学科专业教材建设工作，提高住房和城乡建设行业人才培养质量，2020 年 12 月，住房和城乡建设部办公厅印发《关于申报高等教育职业教育住房和城乡建设领域学科专业“十四五”规划教材的通知》（建办人函〔2020〕656 号），开展了住房和城乡建设部“十四五”规划教材选题的申报工作。经过专家评审和部人事司审核，512 项选题列入住房和城乡建设领域学科专业“十四五”规划教材（简称规划教材）。2021 年 9 月，住房和城乡建设部印发了《高等教育职业教育住房和城乡建设领域学科专业“十四五”规划教材选题的通知》（建人函〔2021〕36 号）。为做好“十四五”规划教材的编写、审核、出版等工作，《通知》要求：（1）规划教材的编著者应依据《住房和城乡建设领域学科专业“十四五”规划教材申请书》（简称《申请书》）中的立项目标、申报依据、工作安排及进度，按时编写出高质量的教材；（2）规划教材编著者所在单位应履行《申请书》中的学校保证计划实施的主要条件，支持编著者按计划完成书稿编写工作；（3）高等学校土建类专业课程教材与教学资源专家委员会、全国住房和城乡建设职业教育教学指导委员会、住房和城乡建设部中等职业教育专业指导委员会应做好规划教材的指导、协调和审稿等工作，保证编写质量；（4）规划教材出版单位应积极配合，做好编辑、出版、发行等工作；（5）规划教材封面和书脊应标注“住房和城乡建设部‘十四五’规划教材”字样和统一标识；（6）规划教材应在“十四五”期间完成出版，逾期不能完成的，不再作为《住房和城乡建设领域学科专业“十四五”规划教材》。

住房和城乡建设领域学科专业“十四五”规划教材的特点，一是重点以修订教育部、住房和城乡建设部“十二五”“十三五”规划教材为主；二是严格按照专业标准规范要求编写，体现新发展理念；三是系列教材具有明显特点，满足不同层次和类型的学校专业教学要求；四是配备了数字资源，适应现代化教学的要求。规划教材的出版凝聚了作者、主审及编辑的心血，得到了有关院校、出版单位的大力支持，教材建设管理过程有严格保障。希望广大院校及各专业师生在选用、使用过程中，对规划教材的编写、出版质量进行反馈，以促进规划教材建设质量不断提高。

住房和城乡建设部“十四五”规划教材办公室

2021 年 11 月

第二版前言

本教材是“十三五”“十四五”职业教育国家规划教材，住房和城乡建设部“十四五”规划教材，入选2022年人力资源社会保障部国家级技工教育和职业培训教材目录。

本教材此次修订，以Revit2018中文版为操作平台，全面介绍使用该软件进行建筑结构设计的方法和技巧。第二版教材删除了原“教学单元6碰撞检查”，增补了结构钢筋建模方法、模板和脚手架专项设计内容以及结构建模部分。教材注重落实立德树人根本任务，促进学生成为德智体美劳全面发展的社会主义建设者和接班人。教材内容融入思想政治教育，推进中华民族文化自信自强。

本教材由辽宁城市建设职业技术学院王鑫、刘鑫担任主编；沈阳建筑大学金路担任主审；江西建设职业技术学院张绍平、辽宁城市建设职业技术学院董羽担任副主编；江西建设职业技术学院刘可敬，辽宁生态工程职业学院张鹤、张莺，辽宁建筑职业学院刘新月参与编写。

在本次教材的修订过程中，得到了杭州品茗安控信息技术有限公司和北京盈建科软件股份有限公司的鼎力支持，中交建筑集团有限公司建筑科技事业部高级经理张宁和中建一局集团建设发展有限公司钢结构与建筑工业化部副总经理兼总工吕雪源做技术指导，对上述提供帮助的企业、企业技术人员和兄弟院校的老师表示衷心的感谢！

本教材内容围绕结构工程类BIM建模工作流程展开。全书囊括了“1+X”建筑信息模型BIM职业技能等级考试考核要求、BIM基础知识、BIM结构建模、BIM钢筋建模、结构专项设计、模板工程设计、脚手架工程设计等学习模块。为推进教育数字化，本教材修订配套建设了教学视频、模型文件、图纸和习题与解析等相关数字资源，希望能对广大读者朋友们起到一定的帮助。

由于编写人员水平所限，书中存在纰漏之处，恳请多加批评指教。

第一版前言

2019年1月，国务院印发了《国家职业教育改革实施方案》（以下简称“职教20条”）。把学历证书与职业技能等级证书结合起来，探索实施“1+X”证书制度，是职教20条的重要改革部署，也是重大创新。职教20条明确提出“深化复合型技术技能人才培养培训模式改革，借鉴国际职业教育培训普遍做法，制定工作方案和具体管理办法，启‘1+X’证书制度试点工作”。2019年《政府工作报告》进一步指出“要加快学历证书与职业技能等级证书的互通衔接”。

教育部职业技术教育中心研究所发布了《关于首批1+X证书制度试点院校名单的公告》，确定了首批职业教育培训评价组织及职业技能等级证书名单，建筑信息模型（BIM）职业技能等级证书就在其中，也就意味着BIM证书的含金量会进一步提升。

“1+X”证书制度体现了职业教育作为一种类型教育的重要特征，是落实立德树人根本任务、完善职业教育和培训体系、深化产教融合校企合作的一项重要制度设计。实施“1+X”证书制度试点具有以下三个方面的意义：

一是，提高人才培养质量的重要举措。更好地服务建设现代化经济体系和实现更高质量更充分就业需要，是新时代赋予职业教育的新使命。随着新一轮科技革命、产业转型升级的不断加快，职业教育在人才培养的适应性、吻合度、前瞻性上还存在一定差距。学校通过引导以社会化机制建设的职业技能等级证书，加快人才供给侧结构性改革，有利于增强人才培养与产业需求的吻合度，培养复合型技术技能人才，拓展就业创业本领。

二是，深化人才培养培训模式和评价模式改革的重要途径。通过实施“1+X”证书制度试点，调动社会力量参与职业教育的积极性，引领创新培养培训模式和评价模式，深化教师、教材、教法改革，并将引导院校育训结合、长短结合、内外结合，进一步落实学历教育与职业培训并举并重的法定职责，高质量开展社会培训。

三是，探索构建国家资历框架的基础性工程。职业技能等级证书是职业技能水平的凭证，也是对学习成果的认定。结合实施“1+X”证书制度试点，积极推进探索职业教育国家“学分银行”，制度设计与构建国家资历框架相衔接，畅通技术技能人才成长通道。

为了做好“1+X”建筑信息模型（BIM）职业技能等级证书人才培养工作，落实“放管服”改革要求，将“1+X”证书制度试点与专业建设、课程建设、教师队伍建设等紧密结合，推进“1”和“X”的有机衔接，提升职业教育质量和学生就业能力，培养合格的BIM技术员，我们编写了本教材，旨在为考生复习考试做出参考和指明方向。

为了满足各类结构设计分析软件接口需求，本教材以Revit2016以上中文版为操作平台，全面介绍使用该软件进行建筑结构设计的方法和技巧。全书共分为6章，主要内容包括概论、结构基本命令的使用方法、综合楼结构建模解析、别墅楼结构建模解析、结构族功能介绍及实例解析以及碰撞检查等知识点。教材以实际的工程案例为切入点，深入浅出地介绍了 Revit 结构设计基础，建立项目样板文件，标高和轴网的绘制，基础、柱、结构框架、楼板、墙、楼梯等构件的添加等，覆盖了使用 Revit 进行现浇和预制装配式建筑结构设计的全过程。教材内容结构严谨、分析讲解透彻，且实例针对性极强，符合中高职学生学习和自学特点，可操作性较强，上手程度高，难度适中，同时也符合中高职教学模式，教材可作为高职院校建筑、土木专业的教材，也适合作为“1+X”建筑信息模型（BIM）职业技能等级证书的培训教材，还可供 Revit 工程制图人员参考。

本教材由中国建设教育协会组织企业和院校专家编写。本教材由辽宁城市建设职业技术学院王鑫、刘鑫担任主编；辽宁城市建设职业技术学院董羽、宁波财经学院阮圻担任副主编。其中，教学单元 1 由辽宁城市建设职业技术学院董羽编写；教学单元 2 由辽宁生态工程职业学院张鹤、张莺编写；教学单元 3、教学单元 4 和附录由辽宁城市建设职业技术学院王鑫、刘鑫编写；教学单元 5 由辽宁建筑职业学院刘新月编写；教学单元 6 由辽宁地质工程职业学院夏怡编写；宁波财经学院阮圻承担部分审稿和修改工作。

在教材编写的过程中，沈阳嘉图工程管理咨询有限公司总经理、辽宁省建筑业协会 BIM 中心主任徐恒君；大连市绿色建筑行业协会常务副会长徐梦鸿；沈阳艾立特工程管理有限公司总经理高级工程师于海志、事业部经理郭勇；北京建谊投资发展（集团）有限公司工程师赵腾飞；沈阳卫德住宅工业化科技有限公司工程师王太鑫；亚泰集团沈阳建材有限公司总工程师于奇；北京盈建科软件股份有限公司工程师范希多；大连民族大学安泓达等参与编写制定大纲并审稿。参与本教材视频编写的有：辽宁城市建设职业技术学院的夏志强、赵鑫、胡宇、高鑫茹、林嘉敏、张鑫龙、王鹏等。

本教材配教学视频和 PPT，结合教材，希望能对有需要的同学起到一定的帮助，由于编写人员水平所限，书中存在纰漏之处，恳请多加批评指教。在此，我代表所有编写人员对中国建筑工业出版社以及对本教材提供帮助的人员深表谢意，我们也将继续努力，与同学们共同进步。

目 录

教学单元 1　概论

1.1　BIM 的介绍

BIM（Building 建筑、Information 信息、Modeling 模型）是建筑学、工程学及土木工程的新工具，在全球范围内得到业界的广泛认可，是营建产业未来的发展方向。它不仅是一种 3D 绘图软件，而且从建筑图的设计、施工、运行直至工程的结束，都扮演着非常重要的角色，能够直观地涵盖了建筑所需要的信息。作为施工的基础信息数据库以及基本信息模型，BIM 技术能够更好地应用于设计团队，实现可见化，将二维的构件形成一定比例的三维实物展示，在后期将设计团队的意图清晰地表达给施工方以及业主，在展示设计效果的同时，又能在出现问题时找出解决的办法，"BIM 技术的应用，能让每一个环节都变得可控，将建筑业传统的事中和事后管理，变为精确的事前管理"。

工程人员按照建模的要求进行操作，不仅可避免因二次拆改而造成的施工成本、人力成本、资金成本的浪费，同时还能减少因施工引起的环境污染。根据建筑的使用年限、出现的可变荷载、各种管道排布、节能措施、建筑在使用过程中遭遇的各种自然灾害、建筑的承受能力、逃生人员的逃生渠道和办法等，做出一定的模拟详情，得出此建筑存在的问题。

由于 BIM 的数据库是可动态变化的，根据建筑信息的变动，可以使图纸做出一定的变化，在人工达不到的水平，进行更合理、更好、更全面地优化，并能得出各专业图纸及深化图纸（可出图性），使建筑工程表达得更详细。不仅如此，BIM 技术的核心是智能控制，可以用于规划设计控制管理、建筑设计控制管理、招标投标控制管理、造价控制、质量控制、进度控制、合同管理、物资管理、施工模拟等全流程智能控制，提高工作效率、增加经济效益。

1.2　Revit 的介绍

Revit 是由 Autodesk 公司专为建筑信息模型 BIM 构建，是 BIM 学习中应用最广泛的软件，可以帮助建筑设计者设计、建造、维护质量更好更高更稳的虚拟模型，图形化的族、体量创建，实现了创建参数化构件。Autodesk Revit 提供支持建筑设计、结构工程、MEP（设备）工程设计的工具。

1. 建筑设计

Autodesk Revit 软件可以按照建筑师和设计师的思路进行设计，通过使用专为支持建筑信息模型工作流而构建的工具，可以获取并分析其概念，强大的建筑设计工具可帮助用户捕捉和分析概念，也可以呈现一个好的视觉效果，以及保持从设计到建筑的各个阶段的一致性，使用信息丰富的模型在整个建筑生命周期中支持建筑系统。

2. 结构工程

Revit 在制图完成后呈现出来的是一个相当于虚拟的智能模型，通过模拟和分析深入了解项目，并在施工前预测性能。使用智能模型中固有的坐标和一致信息，提高文档设计的精确度。专为结构工程师构建的工具可帮助用户更加精确地设计和建筑高效的建筑结构。

3. 设备 MEP 工程

MEP 软件是一款智能的设计和制图工具，该软件主要是面向给暖通、电气和给水排水（MEP）设计师，它能按工程师的思维方式工作。使用 Revit 技术和建筑信息模型（BIM），可以最大限度地减少建筑设备专业设计团队之间，以及与建筑师和结构工程师之间的协调错误。此外，它还能为工程师提供更佳的决策参考和建筑性能分析，促进可持续性设计。

1.3 BIM 和 Revit 的关系

BIM 是一种理念、一种技术，它包含的范畴更广，BIM 所依托的软件平台有建模软件、结构分析计算软件、算量软件、可视化管理软件等。Revit 是 BIM 设计模型中三维设计软件工具之一。建筑信息化模型（BIM）是一个完备的信息模型，能够将工程项目在全生命周期中各个不同阶段的工程信息、过程和资源集成在一个模型中，方便各工程参与方使用。通过三维数字技术模拟建筑物所具有的真实信息，为工程设计和施工提供相互协调、内部一致的信息模型，使该模型达到设计施工的一体化，各专业协同工作，支持建筑师与工程师、承包商、建造人员与业主更加清晰、可靠地沟通设计意图，从而降低了工程生产成本，保障工程按时按质完成。可以看出 BIM 可以帮助建筑师减少错误和浪费，以此提高利润和客户满意度，进而创建可持续性更高的精确设计。

Revit 可帮助建筑设计师设计、建造和维护质量更好、能效更高的建筑。而参数化构件（族）是在 Revit 中设计使用的所有建筑构件的基础。它们提供了一个开放的图形式系统，让用户能够自由地构思设计、创建外形，并以逐步细化的方式来表达设计意图。用户可以使用参数化构件创建最复杂的组件（例如细木家具和设备），以及最基础的建筑构件（例如墙和窗）。最重要的是不需要任何编程语言或代码。

BIM 的优点如下：

（1）减少了 BIM 从 2D 到 3D 模型的想象，在视觉展示下，提升了设计者的设计可视度，同时也大大增加了业主与施工厂商间的沟通效率，缩短设计周期，施工单位对设计的误解也会减少，并且用户能产出材料明细表进行造价成本估算等进阶设计分析，因而会提升设计效率与质量，此外可使用软件包搭配时程信息进行 4D 施工动态仿真或以虚拟场景的方式呈现。

（2）降低工程风险：在设计者在设计完成之初，尚未实际进入施工阶段之前，可利用软件包进行如空间冲突等检测，及早发现构件冲突点或有错误之处，进行修正或者预防性的处理，降低工程风险。

（3）对象数量计算：BIM 模型可视为一大型数据库，用户可直接从模型中读取所需的信息，如门窗数量、尺寸，可以以类似 Excel 的表格化方式呈现，并可以文档的记事本格式产出材料明细表供使用者进行进阶分析使用。

（4）资料一致性：建筑信息模型是以参数建模，对象彼此间存在关联性，能自动地使项目的所有信息一致，模型中任何对象的有所改动都会反馈到整个项目模型档案中，相关对象会联动修正。例如：门是附着于墙面上的，若墙移动位置，门的位置会跟着移动；若墙是包围某房间的墙，则墙被删除而房间非闭合空间，将会显示警讯，告知用户有错误发生。

（5）参数建模：BIM 软件与传统 CAD 软件最大的差异即为参数建模，模型对象的信息是以属性的方式存于 BIM 数据库中，故可让使用者直接读取其所需信息，无须经过人为的判读，减少人为因素产生的错误。

1.4 Revit 的优点

1. 双向关联性

Revit 软件所有的模型信息都储存在一个单一、整合的数据库内，任何信息的修订与变更，都会自动地在模型内部做更新动作，在变更时就可尽量地减少了数据错误与作业疏失。

2. 参数式组件（群组）

以真正的建筑物组件进行设计，提高模型细部设计和精确度。参数化组件可用于雕饰型家具与机电设备这类复杂组合的模型数据建构，也可以用于墙与柱等类型的基本建筑组件模型数据建构，研究中就能轻松建构所有建筑组件模型。

3. 明细表

软件利用了最新的模型信息，可以很明确、快速地制作出精确的明细表。而明细表是 Revit 模型的另一种视图，在变更其中的一个明细表视图时，其他视图与明细表也会相应地自动更新。其中的功能还包含了关联性分割明细表剖面，可由明细表视图、公式以及筛选选取的设计元素。

4. 拆图

Revit 软件中的拆图功能，可以为了适应公司的标准而制作、修改、共享细部资源库等，也可以采用软件内建的完整资源库。而 Revit 软件提供的详图资源库以及拆图工具，可以协助使用者进行广泛的预先分拣，简化与 CSI 格式的校正。

5. 协同合作

工作分享和 Revit Server 功能可以让多人同时设计一个方案。工作共享工具能使套用检视过滤器、卷标元素与控制工作集具有可见性，使用者可以更清楚地表达出自己的设计意念。

1.5 应用与发展

在过去数十年里，随着社会的发展和生活观念的变迁，房地产业进入了空前发展的繁荣时期，“只要能接到项目，怎么干都能赚大钱”，通常也称为“房地产的黄金30年”。这个时期，显著特征是粗放式管理。

但如今，经济进入新常态，市场竞争已趋于白热化，国家对房产调控的力度一浪高过一浪，房地产业“躺着都能挣钱”的时代已经过去，现在到了比拼“内功”的时代，即比拼的是精益管理能力，具体来说，就是降低成本、提升效率。

据国家统计局数据，2011年至2020年，全国建筑业总产值从11.65万亿元增至26.39万亿元，年复合增速为9.5%。2022年1月，住建部发布《“十四五”建筑业发展规划》，提出2025年，基本形成BIM技术框架和标准体系。推进自主可控BIM软件研发；完善BIM标准系统。引导企业建立BIM云服务平台，推动信息传递云端化，实现设计、生产、施工环节数据共享；建立基本BIM的区域管理体系，开展BIM报建审批试点。BIM技术带来的诸多益处，已引起了政府主管部门的高度重视。可以预见，BIM技术发展带来的革新与变化，城市建设将变得更加“智慧”，建筑也将迈向智能化。

纵观全球发达国家和地区，目前在建筑业内，最能提高管理水平的技术，就是BIM。如今有更多的招标项目要求工程建设使用BIM模式。部分企业开始加速BIM相关的数据挖掘，聚焦BIM在工程量计算、投标决策等方面的应用，并实践BIM的集成项目管理。应用BIM的中国工程项目层出不穷，例如：中国第一高楼——上海中心大厦、北京第一高楼——北京中信大厦（中国尊）、华中第一高楼——武汉中心大厦等。

BIM在建筑全生命周期的20个典型应用：

1. BIM模型维护

建立符合工程项目现有条件和使用用途的BIM模型。这些模型根据需要可能包括：设计模型、施工模型、进度模型、成本模型、制造模型、操作模型等。这将增加对BIM建模标准、版本管理、数据安全的管理难度，所以有时候业主也会委托独立的BIM服务商统一规划、维护和管理整个工程项目的BIM应用，以确保BIM模型信息的准确、时效和安全。

2. 场地分析

场地分析是研究影响建筑物定位的主要因素，是确定建筑物的空间方位和外观、建立建筑物与周围景观的联系的过程。在规划阶段，场地的地貌、植被、气候条件都是影响设计决策的重要因素，往往需要通过场地分析来对景观规划、环境现状、施工配套及建成后交通流量等各种影响因素进行评价及分析。传统的场地分析存在诸如定量分析不足、主观因素过重、无法处理大量数据信息等弊端，通过BIM结合地理信息系统（Geographic Information System，简称GIS），对场地及拟建的建筑物空间数据进行建模，通过BIM及GIS软件的强大功能，迅速得出令人信服的分析结果，帮助项目在规划阶段评估场地的使用条件和特点，从而做出新建项目最理想的场地规划、交通流线组织关系、建筑布局等关键决策。

3. 建筑策划

BIM 技术能够帮助项目团队在建筑规划阶段，通过对空间进行分析来理解复杂空间的标准和法规，从而节省时间，给团队提供更多增值活动的可能。

4. 方案论证

在方案论证阶段，项目投资方可以使用 BIM 来评估设计方案的布局、视野、照明、安全、人体工程学、声学、纹理、色彩及规范的遵守情况。BIM 甚至可以做到建筑局部的细节推敲，迅速分析设计和施工中可能需要应对的问题。方案论证阶段还可以借助 BIM 提供方便的、低成本的不同解决方案供项目投资方进行选择，通过数据对比和模拟分析，找出不同解决方案的优缺点，帮助项目投资方迅速评估建筑投资方案的成本和时间。

5. 可视化设计

可视化设计软件的出现有力地弥补了业主及最终用户因缺乏对传统建筑图纸的理解能力而造成的和设计师之间的交流鸿沟，而通过工具的提升，设计师能使用三维的思考方式来完成建筑设计，同时也使业主及最终用户真正摆脱了技术壁垒的限制，随时获取投资进度。

6. 协同设计

BIM 的发展战略是“以我为主、尊重他长、智者同行、互联互通”。而协同设计就是使分布在不同地理位置的不同专业的设计人员通过网络的协同展开设计工作。

7. 性能化分析

在 CAD 时代，无论何种分析软件都必须通过手工的方式输入相关数据才能开展分析计算，而操作和使用这些软件不仅需要专业技术人员经过培训才能完成，同时由于设计方案的调整，造成原本就耗时耗力的数据录入工作需要经常性地重复录入或者校核。而利用 BIM 技术，建筑师在设计过程中创建的虚拟建筑模型已经包含了大量的设计信息（几何信息、材料性能、构件属性等），只要将模型导入相关的性能化分析软件，就可以得到相应的分析结果，省时省力。

8. 工程量统计

CAD 时代不仅需要消耗大量的人工，而且比较容易出现手工计算带来的差错，需要不断地根据调整后的设计方案及时更新模型，如果滞后，得到的工程量统计数据也往往会失效。而 BIM 可以真实地提供造价管理需要的工程量信息，通过 BIM 获得准确的工程量统计可以用于前期设计过程中的成本估算、在业主预算范围内不同设计方案的探索或者不同设计方案建造成本的比较，以及施工开始前的工程量预算和施工完成后的工程量决算。

9. 管线综合

管线综合是建筑施工前让业主最不放心的技术环节。利用 BIM 技术，通过搭建各专业的 BIM 模型，设计师能够在虚拟的三维环境下方便地发现设计中的碰撞冲突，从而大大地提高了管线综合的设计能力和工作效率。

10. 施工进度模拟

通过将 BIM 与施工进度计划相链接，将空间信息与时间信息整合在一个可视的 4D（3D+Time）模型中，可以直观、精确地反映整个建筑的施工过程。借助 4D 模型，BIM

可以协助评标专家很快了解投标单位对投标项目主要施工的控制方法、施工安排是否均衡，总体计划是否基本合理。

11. 施工组织模拟

借助 BIM 对施工组织的模拟，项目管理方能够非常直观地了解整个施工安装环节的时间节点和安装工序，并清晰地把握在安装过程中的难点和要点；施工方也可以进一步对原有安装方案进行优化和改善，以提高施工效率和施工方案的安全性。

12. 数字化建造

建筑中的许多构件可以异地加工，然后运到建筑施工现场，装配到建筑中（例如门窗、预制混凝土结构和钢结构等构件）。通过数字化建造，可以自动完成建筑物构件的预制，这些通过工厂精密机械技术制造出来的构件不仅降低了建造误差，并且大幅度提高构件制造的生产率，使得整个建筑建造的工期缩短并且容易掌控。

13. 物料跟踪

在 BIM 出现以前，建筑行业往往借助较为成熟的物流行业的管理经验及技术方案（例如 RFID 无线射频识别电子标签）。通过 RFID 可以把建筑物内各个设备构件贴上标签，以实现对这些物体的跟踪管理，但 RFID 本身无法进一步获取物体更详细的信息（如生产日期、生产厂家、构件尺寸等），而 BIM 恰好详细记录了建筑物及构件和设备的所有信息。这样 BIM 与 RFID 正好互补。

14. 施工现场配合

BIM 逐渐成为一项便利的技术，可以让项目各方人员方便地协调项目方案，论证项目的可行性，及时排除施工现场各方交流的沟通平台风险隐患，减少由此产生的变更，从而缩短施工时间，降低由于设计协调造成的成本增加，提高施工现场生产效率。

15. 竣工模型交付

建筑作为一个系统，当完成建造过程准备投入使用时，需要对建筑进行必要的测试和调整，以确保它可以按照当初的设计来运营。在项目完成后的移交环节，物业管理部门得到的不只是常规的设计图纸、竣工图纸，还需要能正确反映真实的设备状态、材料安装使用情况等与运营维护相关的文档和资料。

BIM 技术能将建筑物空间信息和设备参数信息有机地整合起来，从而为业主获取完整的建筑物全局信息提供途径。通过 BIM 与施工过程记录信息的关联，甚至能够实现包括隐蔽工程资料在内的竣工信息集成，不仅为后续的物业管理带来便利，并且可以在未来进行的翻新、改造、扩建过程中为业主及项目团队提供有效的历史信息。

16. 维护计划

在建筑物使用寿命期间，建筑物结构设施（如墙、楼板、屋顶等）和设备设施（如设备、管道等）都需要不断得到维护。一个成功的维护方案将提高建筑物性能，降低能耗和修理费用，进而降低总体维护成本。

BIM 模型结合运营维护管理系统可以充分发挥空间定位和数据记录的优势，合理制定维护计划，分配专人专项维护工作，以降低建筑物在使用过程中出现突发状况的概率。对一些重要设备还可以跟踪维护工作的历史记录，以便对设备的适用状态提前作出判断。

17. 资产管理

BIM 中包含的大量建筑信息能够顺利导入资产管理系统，通过 BIM 结合 RFID 的资产标签芯片可以使资产在建筑物中的定位及相关参数信息一目了然，快速查询。

18. 空间管理

空间管理是业主为节省空间成本、有效利用空间、为最终用户提供良好工作生活环境而对建筑空间所做的管理。BIM 不仅可以用于有效管理建筑设施及资产等资源，也可以帮助管理团队记录空间的使用情况，处理最终用户要求空间变更的请求，分析现有空间的使用情况，合理分配建筑物空间，确保空间资源的最大利用率。

19. 建筑系统分析

建筑系统分析是对照业主使用需求及设计规定来衡量建筑物性能的过程，包括机械系统如何操作和建筑物能耗分析、内外部气流模拟、照明分析、人流分析等涉及建筑物性能的评估。BIM 结合专业的建筑物系统分析软件避免了重复建立模型和采集系统参数。通过 BIM 可以验证建筑物是否按照特定的设计规定和可持续标准建造，通过这些分析模拟，最终确定、修改系统参数甚至系统改造计划，以提高整个建筑的性能。

20. 灾害应急模拟

利用 BIM 及相应灾害分析模拟软件，可以在灾害发生前，模拟灾害发生的过程，分析灾害发生的原因，制定避免灾害发生的措施，以及发生灾害后人员疏散、救援支持的应急预案。通过 BIM 和楼宇自动化系统的结合，使得 BIM 模型能清晰地呈现出建筑物内部紧急状况的位置，甚至到紧急状况点最合适的路线，救援人员可以由此做出正确的现场处置，提高应急行动的成效。

BIM 虽然还存在一定的不足，但是技术的进步和相关部门的推动，会使问题逐渐减少：

（1）人力支持

BIM 应用必然导致工作量大幅度向设计单位倾斜，与设计对接的 BIM 人才需求旺盛。在国外，业主成立专业的咨询团队，一对一对接设计团队，并对项目启动全过程的软件类型、数据接口、信息规范等细节进行严格规定。在国内，很多设计单位正在组建自己的 BIM 团队，但进度不理想：工程经验丰富的工程师，受困于传统图纸思维和固有工具操作习惯，难以快速掌握 BIM；可以快速掌握 BIM 的工程师，又往往工程经验不足。

（2）技术支持

BIM 意味着海量二维数据的加工与三维数据的创建，对数据采集和处理有很高技术要求。相比国外，国内建设行业的信息化基础还很薄弱。目前很多企业的数据采集仍然依靠人工查询、手动上传到系统。这种方法不仅周期长、精度低，而且对后续数据与数据的交互、数据与模型的对接也很不利。

BIM 应用很关键的一点是实景模拟，对工程数据与温度、光照、人流等环境信息的即时整合分析提出更高要求。相比国外以 BIM 为平台的定位，现在国内对 BIM 主要作为软件来应用，对 BIM 的项目管理较少涉足，这是由国内工程软件的发展现状决定的。目前国内工程软件局限于工程量计算、套价等独立环节，解决的问题偏离散、偏技术，难以满足集成化的项目管理和方案设计需求。同时围绕 BIM 的核心软件如建模软件、模型分析软件、设计模拟软件等国内还在研发阶段，实际应用时需要从国外引进。短期内更符合中国国情的项目管理软件没有相应的技术基础和技术准备时间。

1.6 政策支持

相比国外，国内对 BIM 的政策支持更有力。前者是市场推进政策，后者是政策推进市场。

早在 2011 年，住房和城乡建设部在《2011—2015 年中国建筑业信息化发展纲要》中，将 BIM、协同技术列为“十二五”中国建筑业重点推广技术。

2013 年 9 月，住房和城乡建设部发布《关于推进 BIM 技术在建筑领域内应用的指导意见》，明确指出“2016 年，所有政府投资的 2 万平方米以上的建筑的设计、施工必须使用 BIM 技术”。

2015 年，住房和城乡建设部正式公布《关于推进建筑业发展和改革的若干意见》，把 BIM 和工程造价大数据应用正式纳入重要发展项目。2015 年 6 月，住房和城乡建设部《关于推进建筑信息模型应用的指导意见》中明确的规定“到 2020 年末，建筑行业甲级勘察、设计单位以及特级、一级房屋建筑工程施工企业应掌握并实现 BIM 与企业管理系统和其他信息技术的一体化集成应用。

2017 年 5 月，住房和城乡建设部下达了《建筑信息模型施工应用标准》的文件，不仅 2016 年是 BIM 政策的井喷年，而且 2017 年各地的 BIM 政策还出现了新亮点。

2018 年 5 月，住房和城乡建设部下达《城市轨道交通工程 BIM 应用指南》。12 月，下达《建筑工程设计信息模型制图标准》。

2019 年 2 月，住房和城乡建设部发布关于印发《住房和城乡建设部工程质量安全监管司 2019 年工作要点》的通知指出了“要推进 BIM 技术集成”。

2020 年 7 月，住房和城乡建设部等 13 部门联合印发了《关于推动智能建造与建筑工业化协同发展的指导意见》，提出加快推动新一代信息技术与建筑工业化技术协同发展，在建造全过程加大建筑信息化模型（BIM）、互联网、物联网、大数据、云计算、移动通讯、人工智能、区块链等新技术的集成与创新应用。

2021 年 10 月，住房和城乡建设部发布《中国建筑业信息化发展报告（2021）》的编写报告会启动召开，主题为聚焦智能建造，旨在展现当前建筑业智能化实践，探索建筑业高质量发展路径。大力发展数字设计、智能生产、智能施工和智慧运维，加快建筑信息模型（BIM）技术研发和应用。

2022 年 1 月 19 日，住房和城乡建设部公布了《“十四五”建筑业发展规划》，该规划是根据《中华人民共和国国民经济和社会发展第十四个五年规划和 2035 年远景目标纲要》编制的。规划指出，要“加快推进建筑信息模型（BIM）技术在工程全寿命期的集成应用，健全数据交互和安全标准，强化设计、生产、施工各环节数字化协同，推动工程建设全过程数字化成果交付和应用。”

上述政策无不表明政府对 BIM 发展的高度重视。国内 BIM 实践虽然存在问题，但都是已经暴露的问题。问题一旦暴露，就会有解决的希望。国内在建设工程体量方面远远领先世界，有更广阔的 BIM 应用空间。有业内专家预言：“虽然 BIM 技术在国外应用已经有十余年历史，但最终将在中国取得突破性进展”！

BIM 技术在港珠澳大桥中的应用

（一）案例简介

港珠澳大桥全长55km，设计使用寿命120年，总投资约1200亿元人民币。大桥于2003年8月启动前期工作，2009年12月开工建设，2018年10月开通营运。项目组利用BIM技术计算大桥的平面坐标、纵断面高程以及坡度等。拱北隧道BIM建模项目由结构专业、交通工程专业、防排水工程专业及路基路面专业共四个专业协同设计完成，实现了多专业协同设计。由于组成拱北隧道BIM模型的构件较多，因此北隧道设计分为两类：工作井和特殊段建模，其BIM建模的主要流程有项目模板、标准构件、路线线形、横断面、管幕及附属构造，最后形成BIM设计成果。

（二）编写点评

本案例主要体现BIM技术在大型基建项目上的应用。港珠澳大桥因其超大的建筑规模、空前的施工难度和顶尖的建造技术而闻名世界。从本案例的介绍中，我们可以认识到基建项目的“中国速度”以及BIM技术的强大性，激发我们对国家发展道路的认可及自豪感，并提高我们积极学习BIM技术的兴趣。

练习题

一、选择题

1. 目前在国内BIM的全称为（　　）。

A. 建设信息模型　　B. 建筑信息模型

C. 建筑数据信息　　D. 建设数据信息

2. 下列关于BIM的表述不正确的是（　　）。

A. BIM是一个软件

B. BIM以三维数字技术为基础

C. BIM技术的核心是智能控制

D. BIM应用软件具备面向对象、基于三维几何图形、包含其他信息、支持开放式标准四个特征

3. 下列选项中体现了BIM技术在施工中的应用的是（　　）。

A. 创建模型，三维实物展示表达给业主设计意图，以及后期的设计效果，提高客户满意度

B. 施工进度模拟，直观、精确地反映了整个建筑的施工过程，利用模型进行了“预施工”，在出现问题时找到施工问题、找出解决办法

C. 应用管理决策模拟，提供实时的数据访问，在没有足够获得足够的施工信息时，做出应急响应的决策

D. 未实际进入施工阶段前，利用空间冲突等检测，发现构件冲突点或有错误之处，

进行修正或预防性的管理，降低工程风险

二、多选题

1. 以下对 BIM 的优点叙述正确的是（　　）。

A. 减少了 BIM 从 2D 到 3D 模型的想象

B. 降低了工程风险

C. 可以文档的记事本格式产出材料明细表供使用者进行进阶分析使用

D. 可以参数建模

E. BIM 模型可视为一大型数据库，用户可直接从模型中读取所需的信息

2. 以下对 Revit 的优点叙述正确的是（　　）。

A. 具有双向关联性

B. 可协同合作

C. 不可参数式组件（群组）

D. 具有拆图功能

E. 利用最新的模型信息可以明确、快速地制作出精细的明细表

3. 下面关于 BIM 和 Revit 的关系，叙述正确的是（　　）。

A. Revit 是 BIM 设计模型中三维设计软件工具之一

B. Revit 是实现 BIM 理念的工具之一

C. Revit 是表现 BIM 技术的一个渠道，而 BIM 则是给了 Revit 一个展示的舞台

D. Revit 和 BIM 既有关联也无关联

E. Revit 可帮助人们设计、建造和维护质量更好、能效更高的建筑

三、填空题

1. BIM 的特点________、________、________、________、________。

2. Revit 提供支持________、________、________的工具。

3. 通过 BIM 结合________对场地及拟建的建筑物空间数据进行建模，帮助项目在规划段评估场地的使用条件和特点，做出新建项目最理想的场地规划、交通流线组织关系、建筑布局等关键决策。

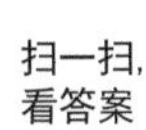

教学单元 2　结构基本命令的使用方法

本单元主要讲述如何创建和编辑建筑柱、结构柱、梁、梁系统、结构支架。使读者了解建筑柱和结构柱的应用方法和区别。根据项目需要，某些时候还需要创建结构梁系统和结构支架。

2.1 Revit 基础——几种常见的环境介绍

当打开 Revit 软件时，显示初始页面，可以看到最近查看和创建的项目文件与族文件，我们将它分为两个区域，上部分为项目区域-项目环境，下部分为族区域-族环境。

1. 项目环境

通过要创建的建筑类型，选择合适的样板，进行建立绘制第一个项目，如图 2-1-1 所示。

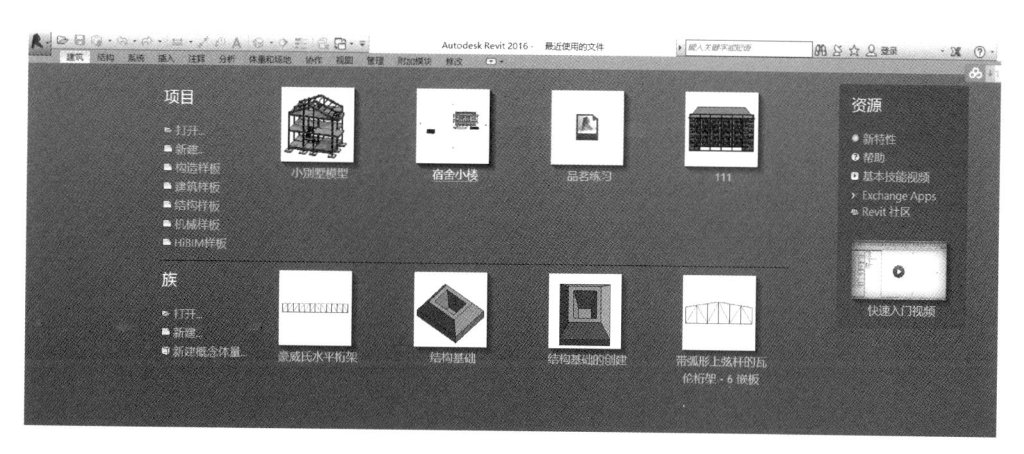

图 2-1-1

默认进入视图为【楼层平面 标高一】，如图 2-1-2 所示。

更改绘制面板背景可以单击 Revit 左上角图标。单击【选项】，选择【图形】更改背景颜色，如图 2-1-3 所示。

2. 族环境

单击【新建】族。在弹出的窗口选择【公制常规模型】（不同的族类型，选择不同的对应族环境），如图 2-1-4 所示。

默认进入视图【楼层平面 参照标高】，通过创建形状来创建相应的族文件，如图 2-1-5 所示。

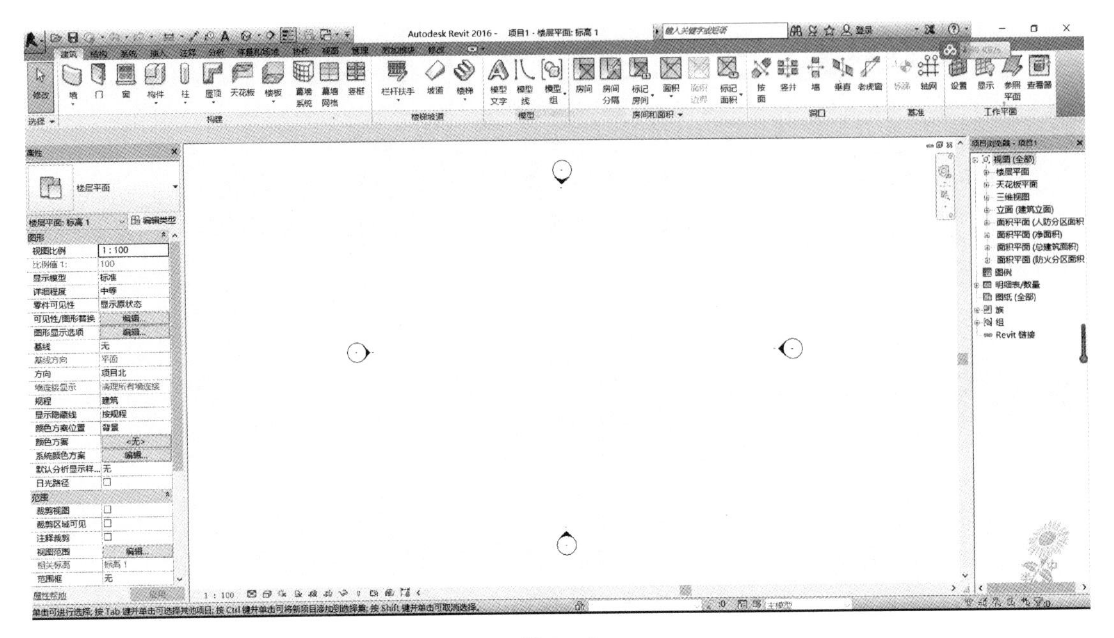
Autodesk Revit 2016 - 项目1 - 楼层平面: 标高 1
属性
楼层平面
视图比例
1 : 100
项目浏览器 - 项目1
视图 (全部)
楼层平面
天花板平面
三维视图
立面 (建筑立面)
图例
明细表/数量
图纸 (全部)
族
组
Revit 链接

图 2-1-2

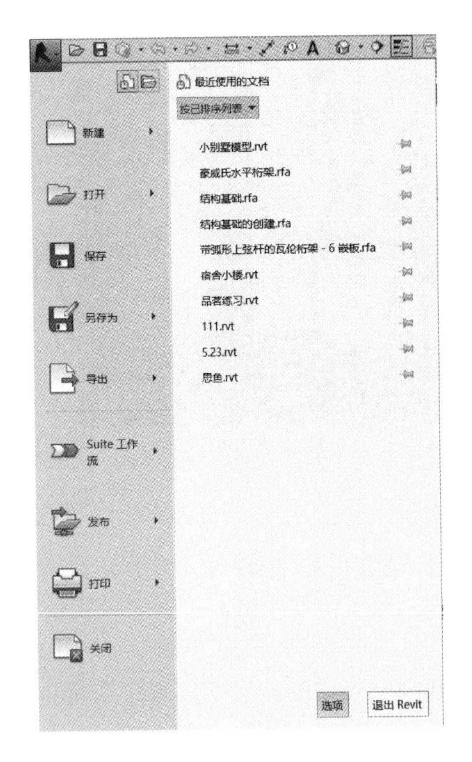
最近使用的文档
按已排序列表
新建
打开
保存
另存为
导出
Suite 工作流
发布
打印
关闭
小别墅模型.rvt
豪威氏水平桁架.rfa
结构基础.rfa
结构基础的创建.rfa
带弧形上弦杆的瓦伦桁架 - 6 嵌板.rfa
宿舍小楼.rvt
品茗练习.rvt
111.rvt
5.23.rvt
思色.rvt
选项
退出 Revit

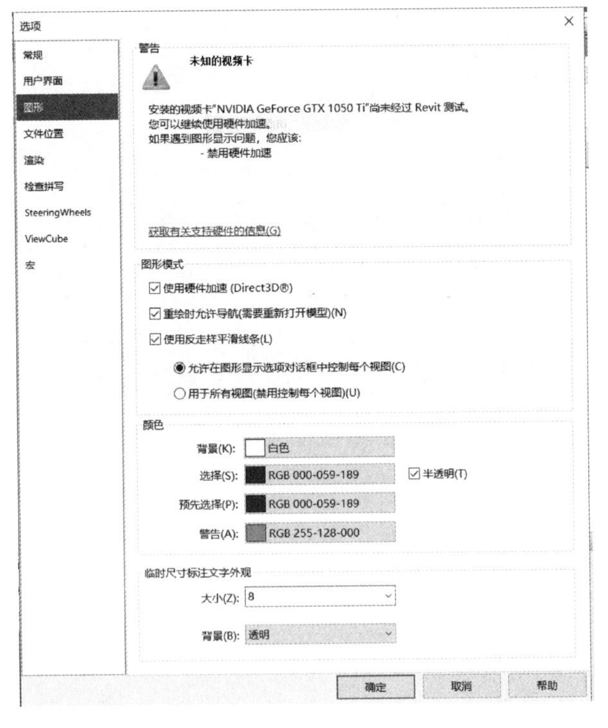
选项
常规
用户界面
图形
文件位置
渲染
检查拼写
SteeringWheels
ViewCube
宏
警告
未知的视频卡
安装的视频卡"NVIDIA GeForce GTX 1050 Ti"尚未经过 Revit 测试。
您可以继续使用硬件加速。
如果遇到图形显示问题，您应该:
- 禁用硬件加速
获取有关支持硬件的信息(G)
图形模式
使用硬件加速 (Direct3D®)
重绘时允许导航(需要重新打开模型)(N)
使用反走样平滑线条(L)
允许在图形显示选项对话框中控制每个视图(C)
用于所有视图(禁用控制每个视图)(U)
颜色
背景(K):
白色
选择(S):
RGB 000-059-189
半透明(T)
预先选择(P):
RGB 000-059-189
警告(A):
RGB 255-128-000
临时尺寸标注文字外观
大小(Z):
8
背景(B):
透明
确定
取消
帮助

图 2-1-3

图 2-1-4

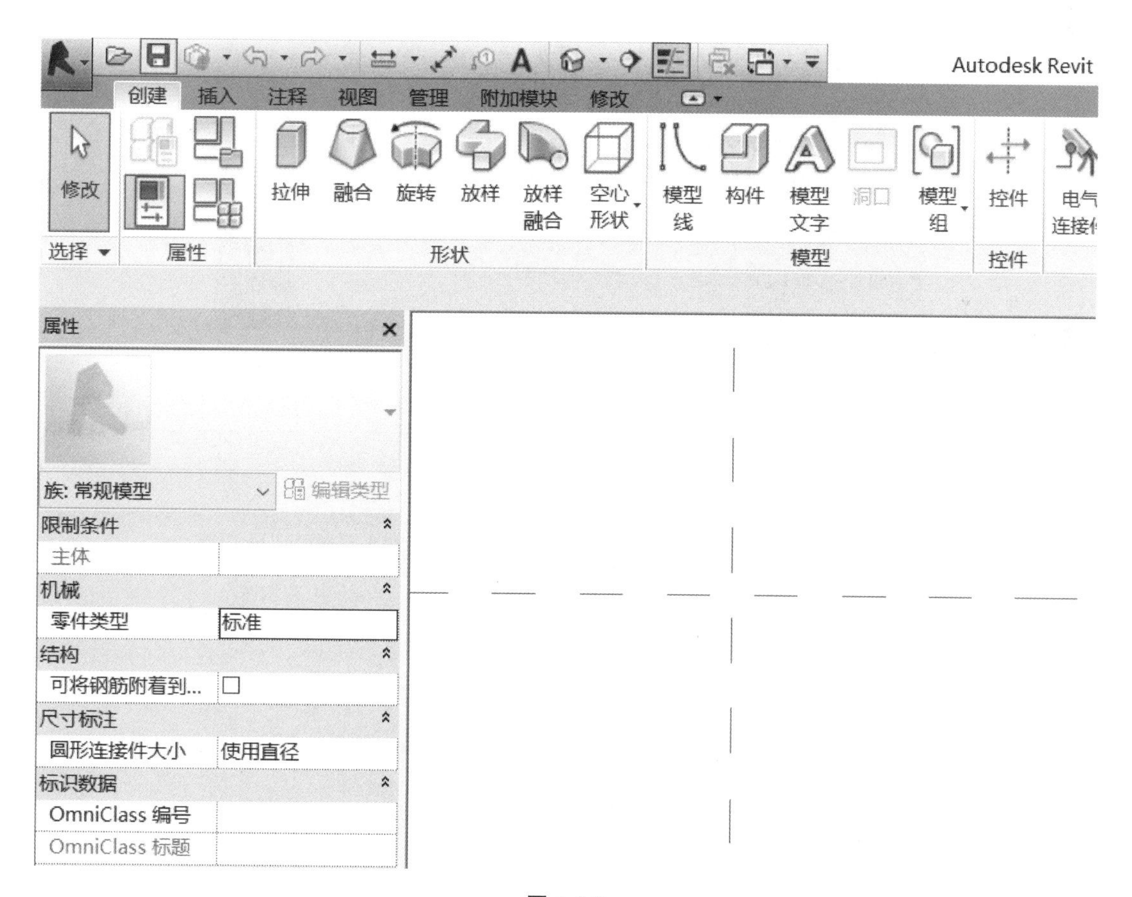

图 2-1-5

还可以通过【放置构件】的方法进行创建，如图 2-1-6 所示。

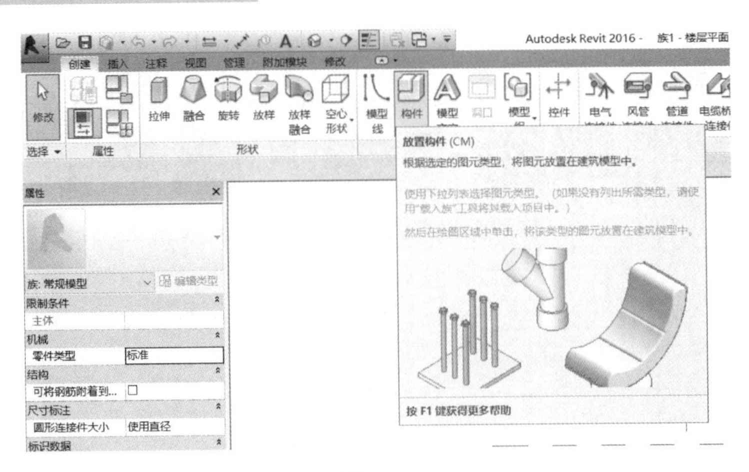

图 2-1-6

3. 概念体量环境

单击【新建概念体量】，在弹出的窗口选择【公制体量】，单击【打开】，如图 2-1-7 所示。

图 2-1-7

进入概念体量环境，默认进入三维视图，可以单击【楼层平面 参照标高】进行绘制，如图 2-1-8 所示。

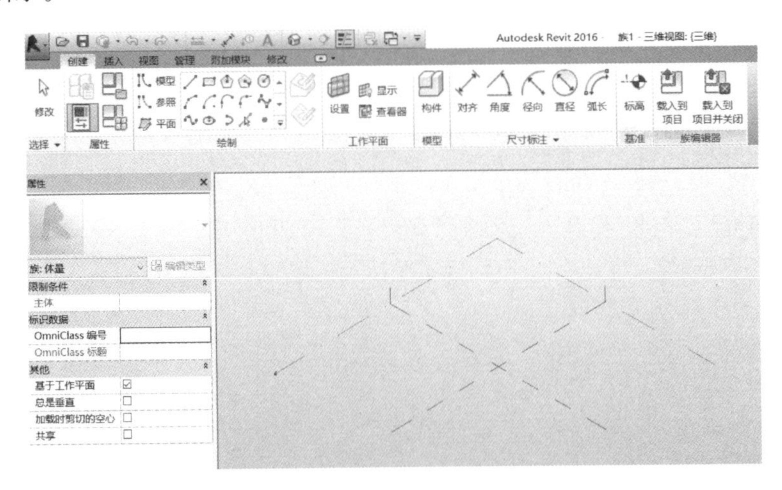

图 2-1-8

2.2 Revit 基本建模规则

1. 软件环境设置

(1) 楼层定义

按照实际项目的楼层，分别定义楼层及其所在标高或层高。其中，楼层标高应按照一套标高体系定义，标高数值宜以“m”为单位表示，层高数值宜以“mm”为单位表示。

注：所有参照标高使用统一的标高体系。

(2) 标高体系

建筑和结构一般来说会分别采用建筑标高和结构标高定义，在设计建模过程中，建筑和结构设计师会根据自己所负责专业采用各自标高体系。在同一专业中设计建模时应采用一种标高体系定义，不应两种标高体系混用。

注：所有参照标高使用统一的标高体系。

(3) 原点定位

为了更好地进行协同工作和碰撞检测工作以及实现模型横向或向下游有效传递，各专业在建模前，应统一规定原点位置并应共同严格遵守。

(4) 分层定义绘制图元

按照构件归属楼层，分层定义、绘制各楼层的构件图元，严禁在当前层采用调整标高方式定义绘制非当前层图元。

如：二层的柱，就在二层定义绘制；严禁在一层或三层采用调整标高方式绘制二层的柱，其他构件图元同理。

(5) 内外墙体定义

内外墙对于设计来说，其受力、配筋、构造等都会有所不同，但设计时一般都是人为根据图纸来判断内外。使用 BIM 进行设计建模应考虑后续的承接应用以及自动化的需要，因此，需要在建模时严格区分内外墙。使用 Revit 建模时，区分内外墙的方法如下：墙构件定义界面，选择“编辑类型”，弹出窗体后选择功能属性项，其属性值有“内部”“外部”两个属性值，按照内外墙选择相应的是内部还是外部即可。

2. 详细构件文件命名

专业（A/S）-名称/尺寸-混凝土等级/砌体强度-构件类型字样。举例：S-厚 800-C40P10-筏形基础。

说明：

A——代表建筑专业，S——代表结构专业；

名称/尺寸——填写构件名称或者构件尺寸（如：厚 800mm）；

混凝土等级/砌体强度——填写混凝土或者砖砌体的强度等级（如：C40）；

具体构件类型——详见表 2-2-1。

构件类型表　　　　表 2-2-1

GCL 构件类型	对应 Revit 族名称	必须包含字样	禁止出现字样	样例
筏形基础	结构基础/楼板	“筏形基础”标识 文字放在最后	—	S-厚 800-C35P10-筏形基础
垫层	结构板/基础楼板	“垫层”标识 文字放在最后	—	S-厚 150-C15-垫层
集水坑	结构基础	“集水坑”标识 文字放在最后	—	S-J1-C35-集水坑
桩承台	结构基础/独立基础	“桩承台”标识 文字放在最后	—	S-CT1-C35-桩承台
桩	结构柱/独立基础	“桩”标识 文字放在最后	—	S-Z1-C35-桩
现浇板	结构板/建筑板/楼板边缘	—	“垫层/桩承台/散水/台阶/挑檐/雨篷/屋面/坡道/天棚/楼地面”	结构板：S-厚 150-C35-厨房 S-PTB150-C35 S-TB150-C35
后浇带		—		S-HJD1-C40
柱	结构柱	—	“桩/构造柱”	S-KZ1-F1-800×800-C35 可简写成： S-KZ-800×800-C35
墙	墙/面墙	弧形墙/直形墙	“保温墙/栏板/压顶/墙面/保温层/踢脚”	S-厚 400-C35-直形墙 A-厚 200-M10
梁	梁族	—	“连梁/圈梁/过梁/基础梁/压顶/栏板”	S-KL1-F1-400×700-C35 可简写成： S-KL-400×700-C35
连梁	梁族	连梁	“圈梁/过梁/基础梁/压顶/栏板”	S-LL1-400×800-C35-连梁
圈梁	梁族	圈梁	“连梁/过梁/基础梁/压顶/栏板”	S-QL1-200×400-C20-圈梁
过梁	梁族	过梁	“连梁/基础梁/压顶/栏板”	S-GL1-200×400-C20-过梁
构造柱	结构柱	“构造柱”	—	S-GZ1-300×300-C20-构造柱
导墙	墙	导墙	“保温墙/栏板/压顶/墙面/保温层/踢脚”	S-DQ1-C20-导墙
门	门族	—	—	M1522
窗	窗族	—	—	C1520
楼梯	楼梯	直行楼梯/旋转楼梯	—	LT1-直行楼梯

续表

GCL 构件类型	对应 Revit 族名称	必须包含字样	禁止出现字样	样例
坡道	坡道/楼板	“坡道”标识文字放在最后	—	S-C35-坡道
幕墙	幕墙	—	—	A-MQ1

2.3 设置建模样板的方法

打开 Revit 软件后，在主界面的项目环境区域我们可以看到 Revit 自带了多个样板，如：构造样板、建筑样板、结构样板、机械样板等，在新建项目时，可以根据要创建的不同专业选择不同的样板文件，下面为大家逐一简单介绍：

建筑样板主要针对建筑专业，结构样板针对结构专业，机械样板针对水暖电全机电专业，根据不同专业的划分，对单位、填充样式、线样式、线宽、视图比例等不同构件、不同建筑的显示不同。

以“建筑样板”和“结构样板”举例如下：

例如门、窗都属于建筑样板，而柱、梁属于结构样板，首先打开建筑样板，可以看到载入的门窗是实例，而梁和柱只有一个工字型轻钢梁和常规柱，如图 2-3-1 和图 2-3-2 所示。

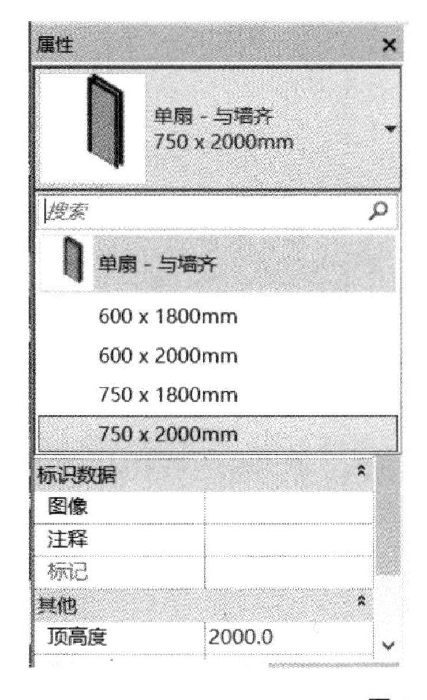

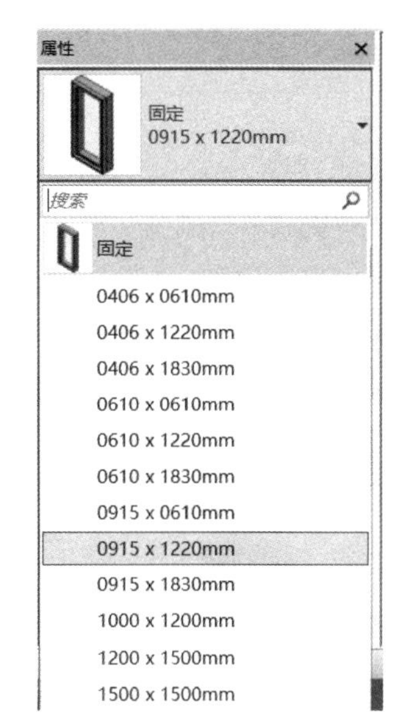

图 2-3-1

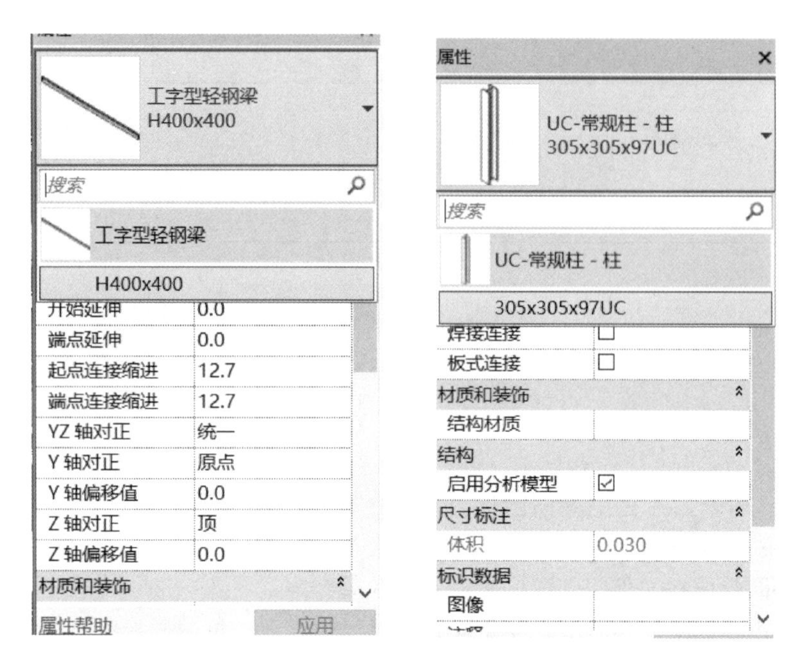

图 2-3-2

接下来打开结构样板，可以看到载入的门窗不再是实例，而是洞口，而梁和柱的种类更多，如图 2-3-3 和图 2-3-4 所示。

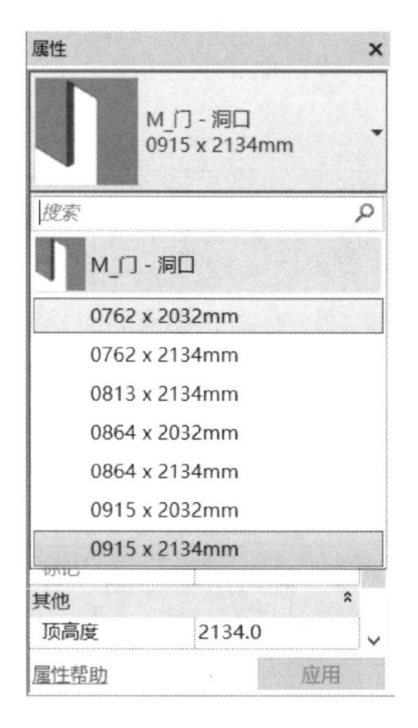

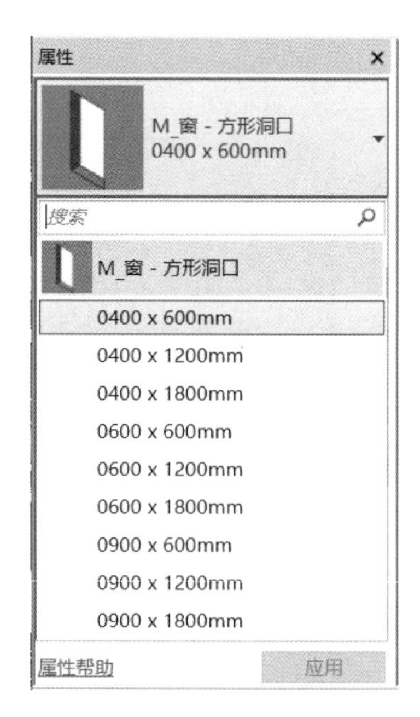

图 2-3-3

我们可以选择新建样板，也可以直接双击与所建模型对应的样板。

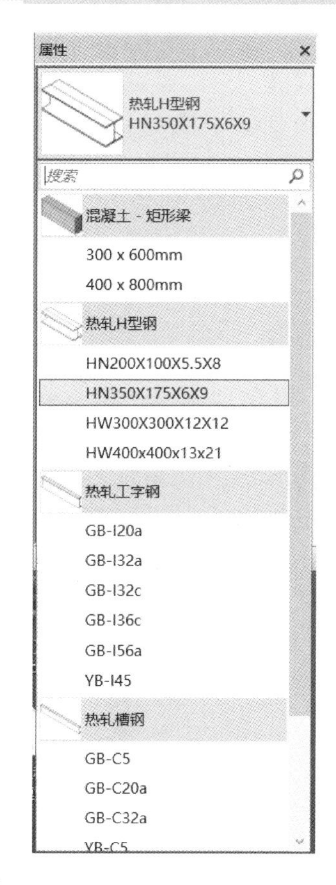

图 2-3-4

2.4 结构梁的绘制步骤

首先，选择【结构】选项卡中的【梁】命令，点击选择梁的类型和尺寸。先确定梁的参照平面，其次输入 Z 的偏移值（也就是梁的偏移高度），结构可以按照主梁或者次梁等用途填写，最后取消勾选“启用分析模型”，设置完成后开始进行绘制，依照柱修改材质的方法，梁也可以增加或者修改材质，如图 2-4-1 和图 2-4-2 所示。

图 2-4-1

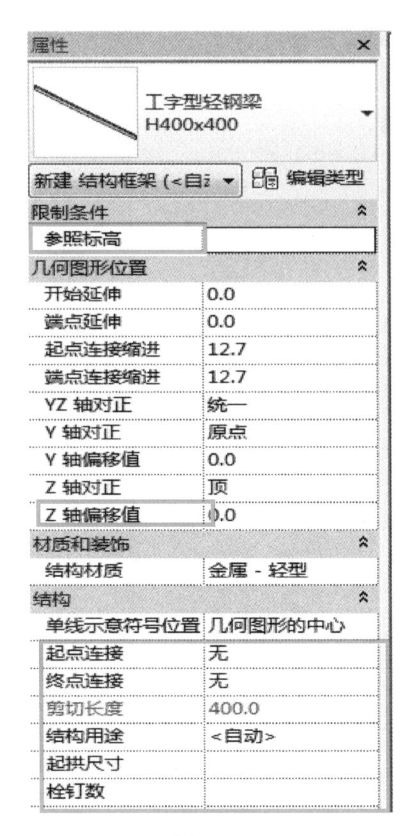

图 2-4-2

其次，在实际项目中有些梁的两端高度不同。因此在绘制时，可以先绘制为水平的梁，然后单击梁，选择梁属性栏中的“起点偏移和终点偏移”，输入不同的数值便可以实现倾斜梁的绘制。

2.5 墙的创建

打开或新建 Revit 文件 选择要创建结构墙的楼层，在建筑或者结构的选项卡中的墙的下拉列表中单击【结构墙】。

【结构】选项卡【构建】面板【墙】下拉列表（墙：结构）如图 2-5-1 所示。

【建筑】选项卡【构建】面板【墙】下拉列表（墙：结构）如图 2-5-2 所示。

在【属性】选项卡上的【类型选择器】下拉列表中选择墙的族类型，如图 2-5-3 所示。

如果需要修改属性，可以通过单击【属性】选项卡，修改要放置的墙的实例属性。或者在【属性】选项卡中单击【编辑类型】，修改要放置的墙的类型参数，两个位置的参数相同，如图 2-5-4 所示。

建筑
结构
系统
插入
注释
分析
体量和场地
协作
视图
修改
梁
墙
柱
楼板
桁架
支撑
梁
系统
独立
条形
板
钢筋
选择
基础
墙:结构
墙:建筑
墙:饰条
墙:分隔条
项目浏览器 - 项目
视图 (全部
结构平面
场地
标高
标高

图 2-5-1

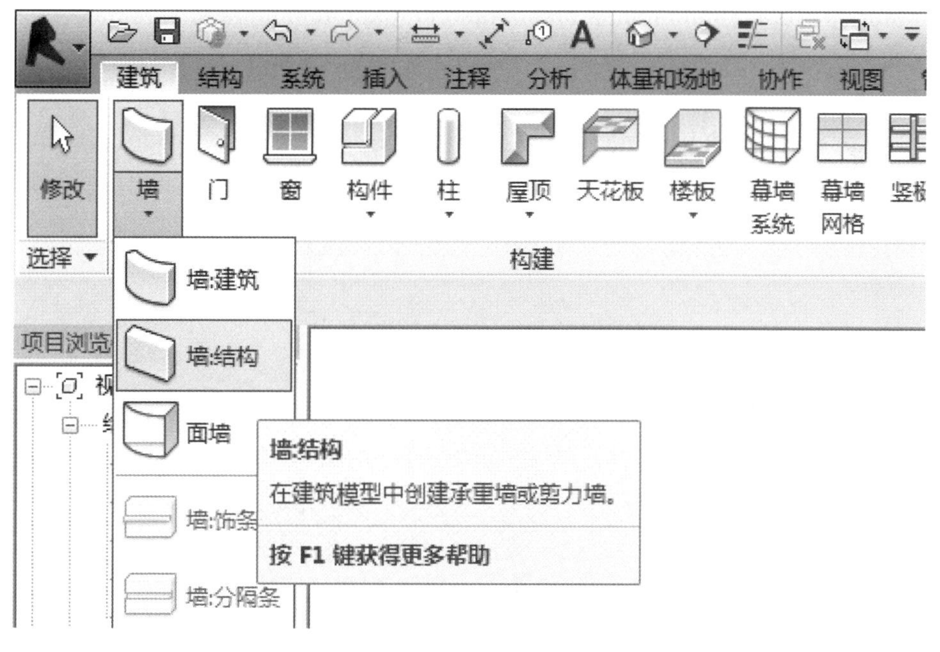
建筑
结构
系统
插入
注释
分析
体量和场地
协作
视图
修改
墙
门
窗
构件
柱
屋顶
天花板
楼板
幕墙
系统
幕墙
网格
选择
构建
墙:建筑
墙:结构
面墙
墙:饰条
墙:分隔条
墙:结构
在建筑模型中创建承重墙或剪力墙。
按 F1 键获得更多帮助

图 2-5-2

建筑
结构
系统
插入
修改
粘贴
连接
剪切
连接
选择
属性
剪贴板
属性
基本墙
常规 - 200mm
新建 墙
编辑类型
限制条件
定位线
墙中心线
底部限制条件
标高 1
底部偏移
-3000.0
已附着底部
底部延伸距离
0.0
顶部约束
直到标高: 标高 2
无连接高度
6000.0
顶部偏移
0.0
已附着顶部
顶部延伸距离
0.0
房间边界
与体量相关
结构
结构
启用分析模型
结构用途
非承重
尺寸标注

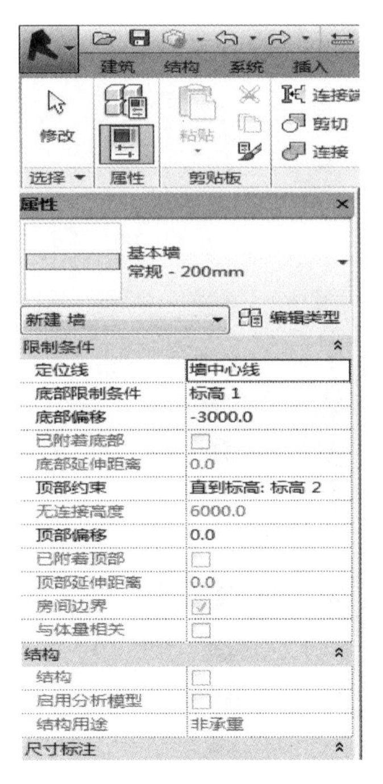

图 2-5-3

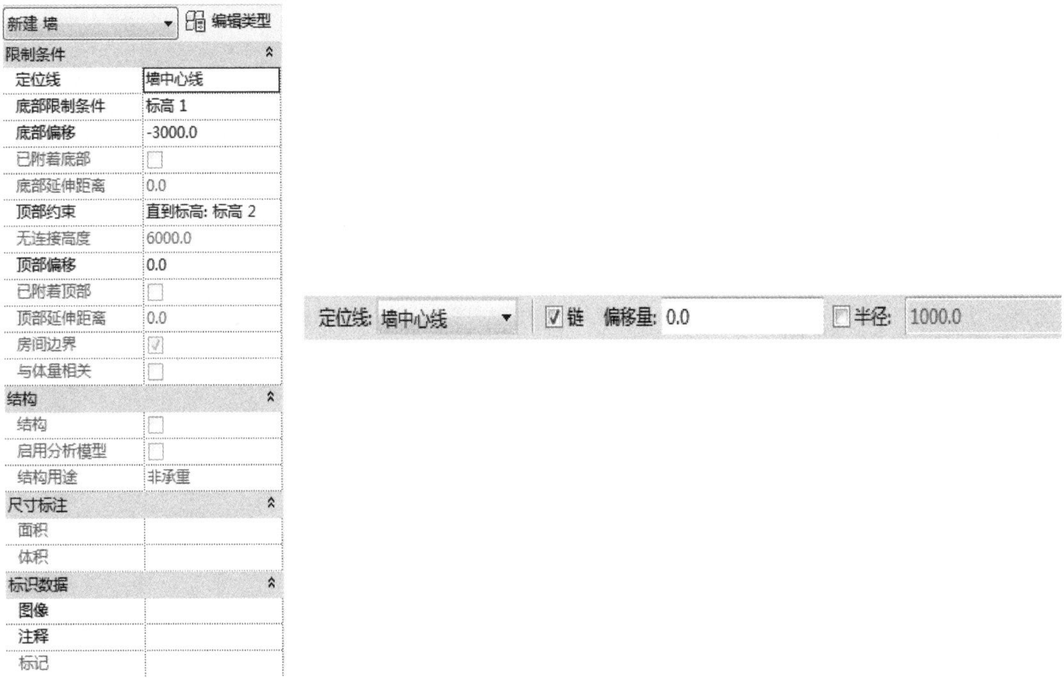

新建 墙
编辑类型
限制条件
定位线
墙中心线
底部限制条件
标高 1
底部偏移
-3000.0
已附着底部
底部延伸距离
0.0
顶部约束
直到标高: 标高 2
无连接高度
6000.0
顶部偏移
0.0
已附着顶部
顶部延伸距离
0.0
房间边界
与体量相关
结构
结构
启用分析模型
结构用途
非承重
尺寸标注
面积
体积
标识数据
图像
注释
标记
定位线: 墙中心线
链
偏移量: 0.0
半径: 1000.0

图 2-5-4

编辑完成，绘制完成墙的平面图以及三维效果图，如图 2-5-5 和图 2-5-6 所示。

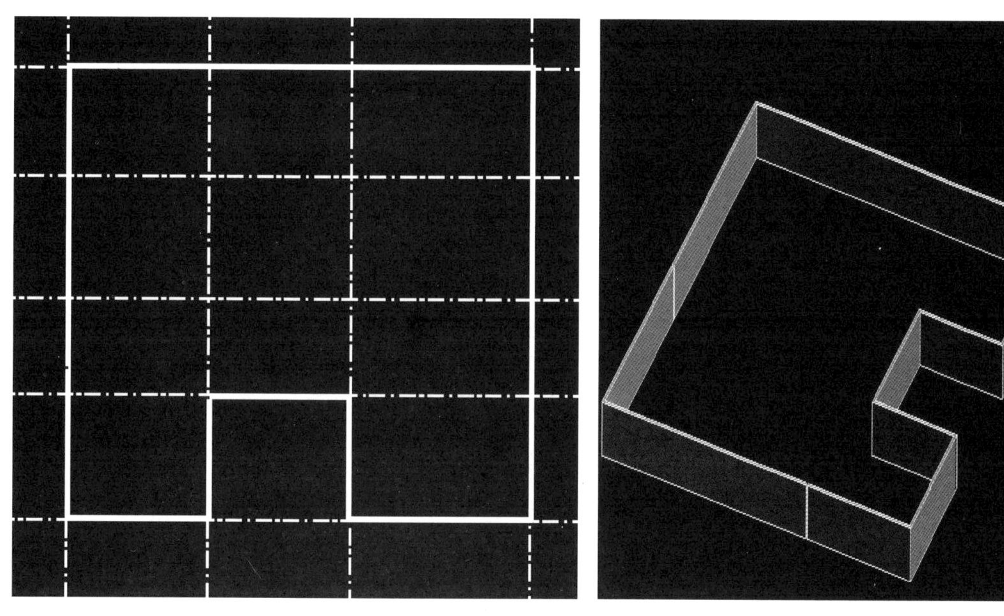

图 2-5-5　　　　　　　　　　　　　图 2-5-6

2.6 柱的创建

首先选择【结构】选项卡中的【柱】命令，编辑柱的尺寸，选择标高 1，使用【高度】，输入柱的高度，单击【确定】是指结构柱由本层标高向下偏移；【高度】是指由本层标高向上偏移，如图 2-6-1 所示。

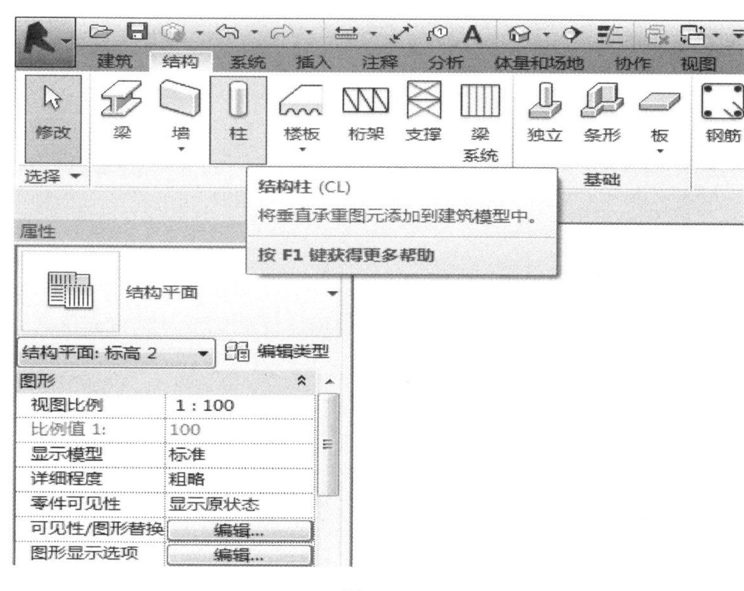

图 2-6-1

绘制完成后，如果柱的高度有问题可以单击选中柱，在左侧属性栏中对其进行修改，同时点击【编辑属性】，可以复制新的柱尺寸类型，以便于其他位置的模型绘制。选中柱子时，属性栏中的【材质和装饰】里面可以对柱子的材质及色彩进行调整。如图 2-6-2～图 2-6-4 所示。

图 2-6-2

图 2-6-3

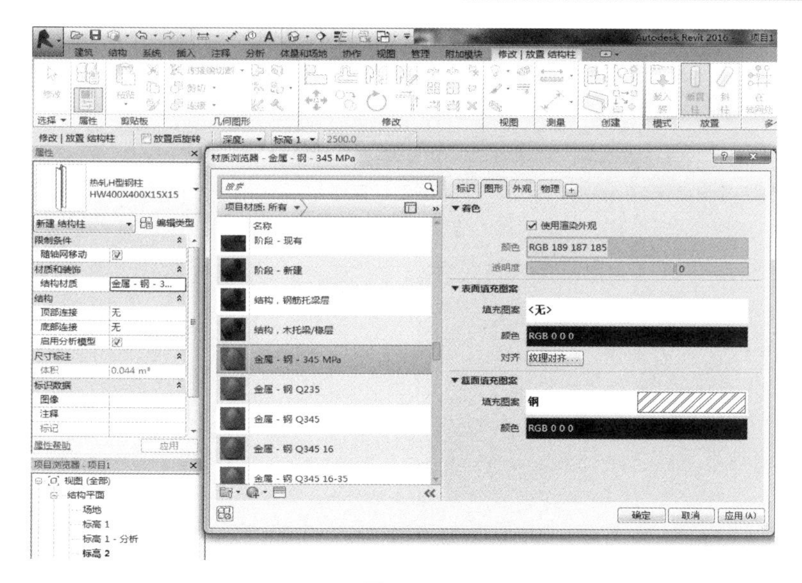

图 2-6-4

2.7 桁架

随着时代发展，近年来桁架结构应用广泛。桁架结构中的桁架指的是桁架梁，是格构化的一种梁式结构。桁架结构常用于大跨度的厂房、展览馆、体育馆和桥梁等公共建筑中。由于大多用于建筑的屋盖结构，桁架通常也被称作屋架。只受结点荷载作用的等直杆的理想铰接体系称为桁架结构。

1. 结构桁架族的创建

打开 Revit 软件，在族环境中，选择【新建】族样板，在弹出来的界面中，选择【公制结构桁架】，如图 2-7-1 所示。

图 2-7-1

绘制参照平面，用来控制桁架的高度与宽度，进行标注，并赋予参数 a、b，如图 2-7-2 所示。

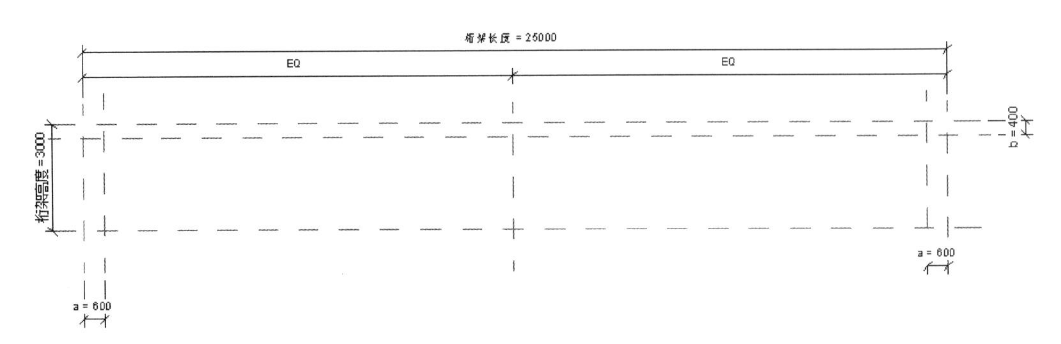

图 2-7-2

在横向创建两条参照平面，赋予参数 h_1、h_2，竖向绘制几条参照平面，进行 EQ 均分，绘制参照平面会对即将绘制的桁架起到限制作用，所以根据桁架进行参照平面的绘制，如图 2-7-3 所示。

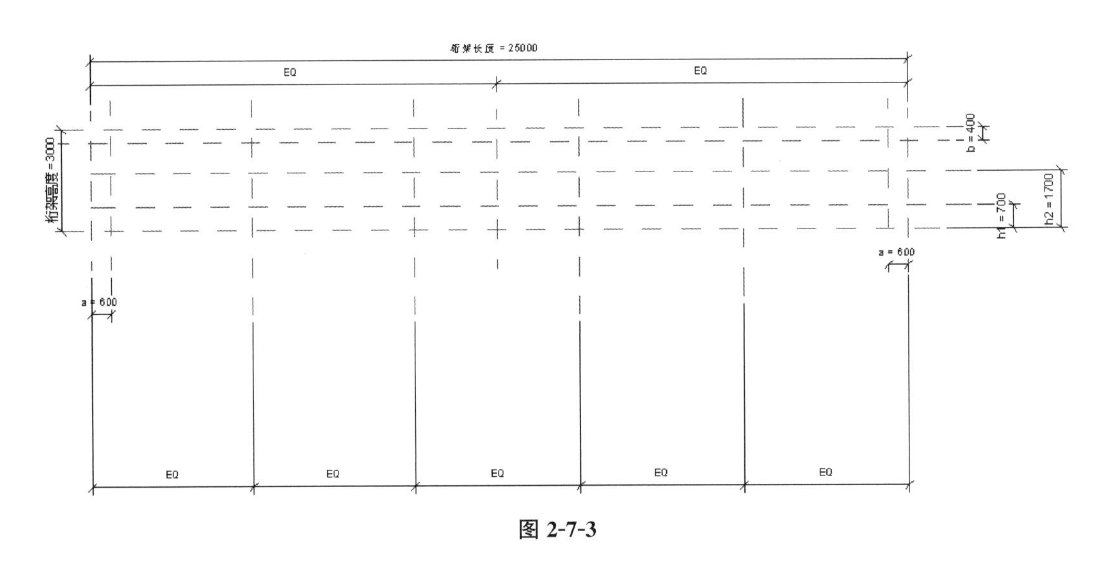

图 2-7-3

在【创建】选项卡【详图】面板中，分为上弦杆、下弦杆和腹杆三种，如图 2-7-4 所示。

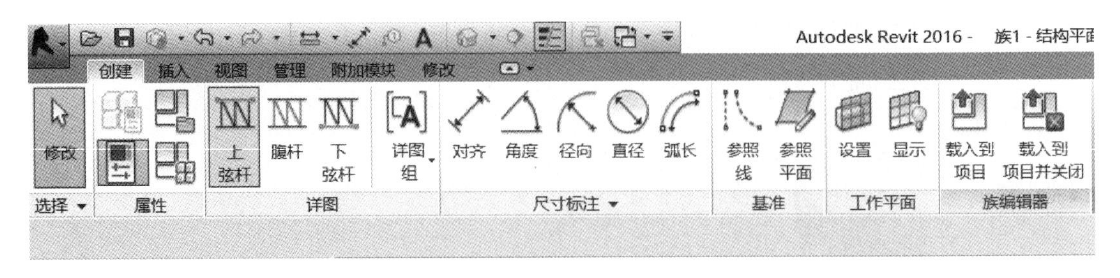

图 2-7-4

粉色线为上弦杆，蓝色线为下弦杆，绿色线为下弦杆，如图 2-7-5 所示。

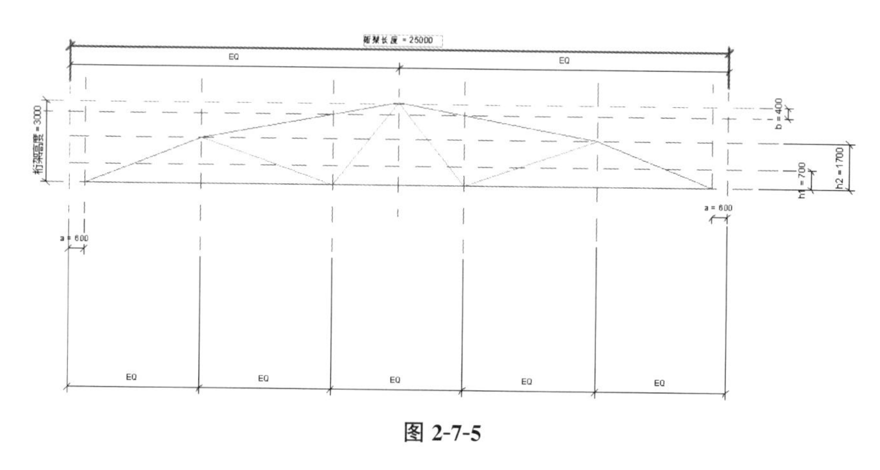

图 2-7-5

【新建】一个项目为结构样板，单击确定，如图 2-7-6 所示。

新建项目
样板文件
结构样板
浏览(B)...
新建
项目(P)
项目样板(T)
确定
取消
帮助(H)

图 2-7-6

默认界面【标高一】，按住键盘【Ctrl】+【Tab】键，返回绘制族界面，单击【载入到项目】，通过绘制【参照平面】进行放置桁架，这样桁架就创建并载入完成了。

可以通过【阵列】命令进行多个放置，在【项目】中，单击【插入】选项卡，【从库中载入】面板【载入框架族】，如图 2-7-7 所示。

图 2-7-7

结构桁架族样板提供了五个永久性参照平面：顶、底、左、中心和右；左平面和右平面指示桁架的跨度距离，可以通过【类型属性】进行编辑，如图 2-7-8 所示。

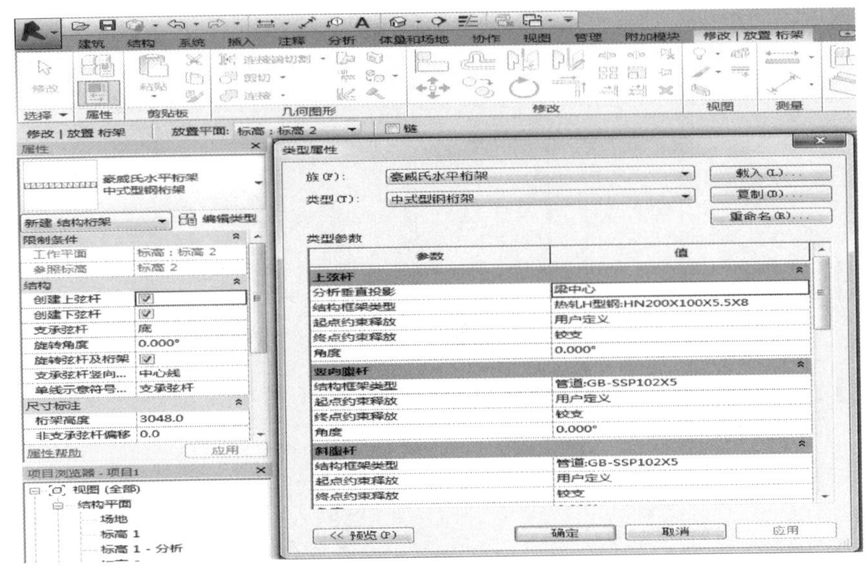

图 2-7-8

2. 删除桁架

可以从项目中删除桁架族，并将其弦杆和腹杆保持在原来的位置。

选择桁架，单击“修改 | 结构桁架”选项卡【修改桁架】面板【删除桁架族】，如图 2-7-9 所示。

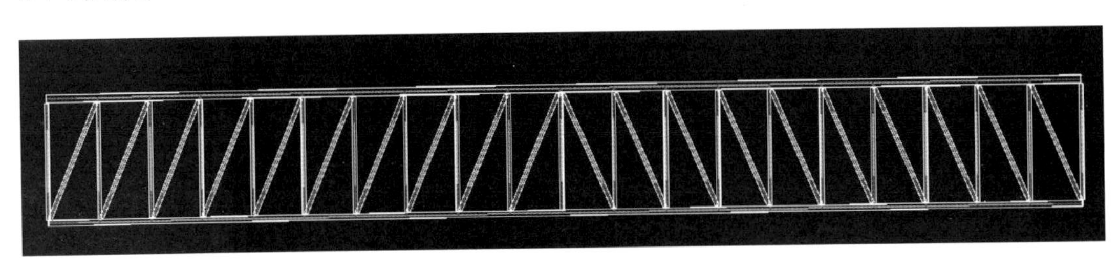

图 2-7-9

2.8 支撑

打开项目文件并打开要放置的平面视图，如图 2-8-1 所示。

单击【结构】选项卡【结构】面板【支撑】命令，如图 2-8-2 所示。

从【属性】选项卡上的【类型选择器】下拉列表中选择适当的支撑，如图 2-8-3 所示。

在选项栏和编辑类型里面编辑定位信息要放置的支撑的属性，如图 2-8-4～图 2-8-6 所示。

图 2-8-1

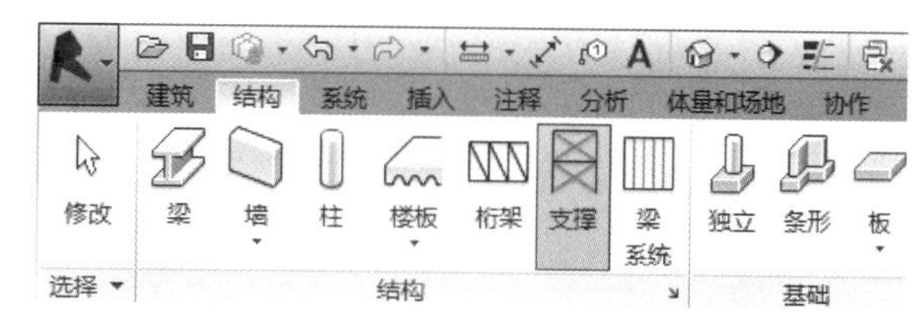

图 2-8-2

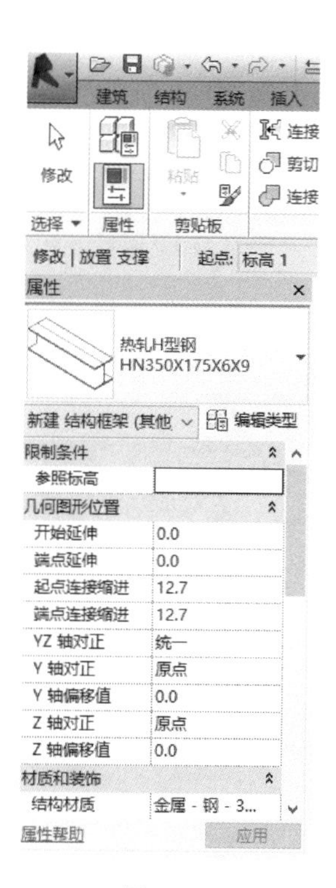

图 2-8-3

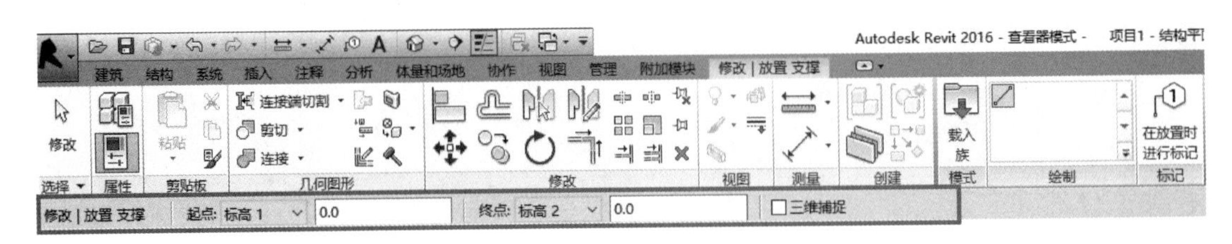

图 2-8-4

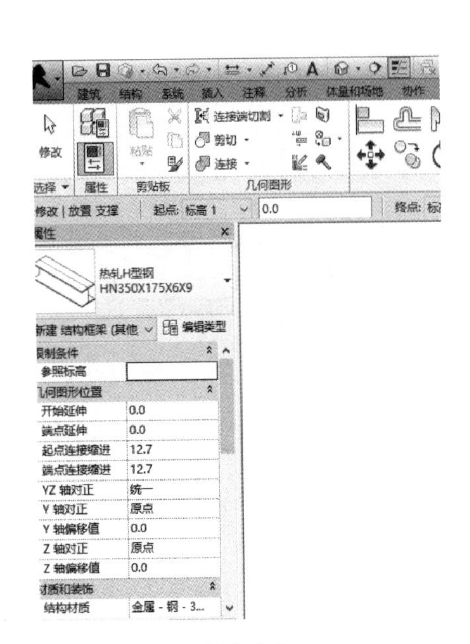

图 2-8-5

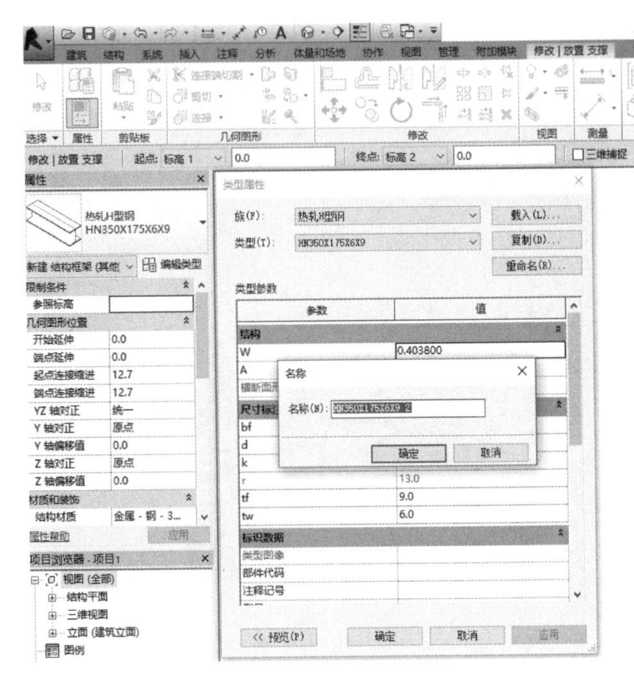

图 2-8-6

没有合适的支撑通过载入族方式加载相应的族，如图 2-8-7 所示。

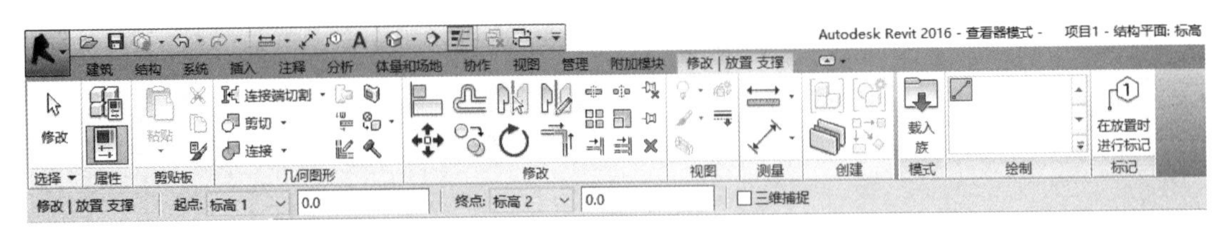

图 2-8-7

在绘制区域中高亮显示从中开始支撑上的捕捉点，例如在结构柱上单击以放置起点，按对角线方向移动指针以绘制支撑，并将光标靠近另一结构图元以捕捉到已放置终点，如图 2-8-8 所示。

进入三维视图查看效果，如图 2-8-9 所示。

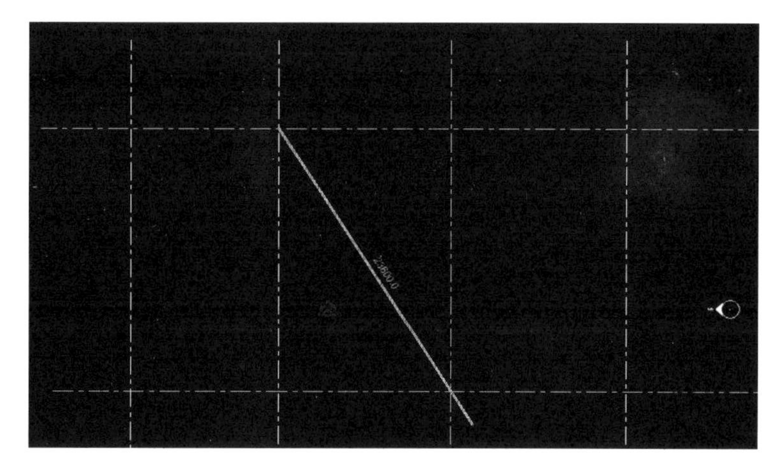

图 2-8-8

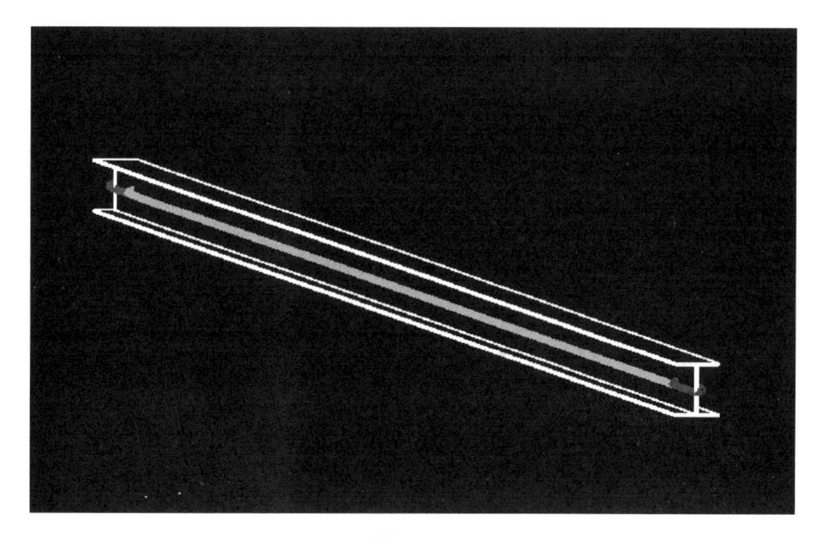

图 2-8-9

2.9 梁系统

在新建的【结构模型】里面选择【结构】选项卡，单击【梁】，如图 2-9-1 所示。

图 2-9-1

选择即将绘制梁的平面标高，梁的【结构用途】也可以修改为【大梁】，如图 2-9-2 所示。

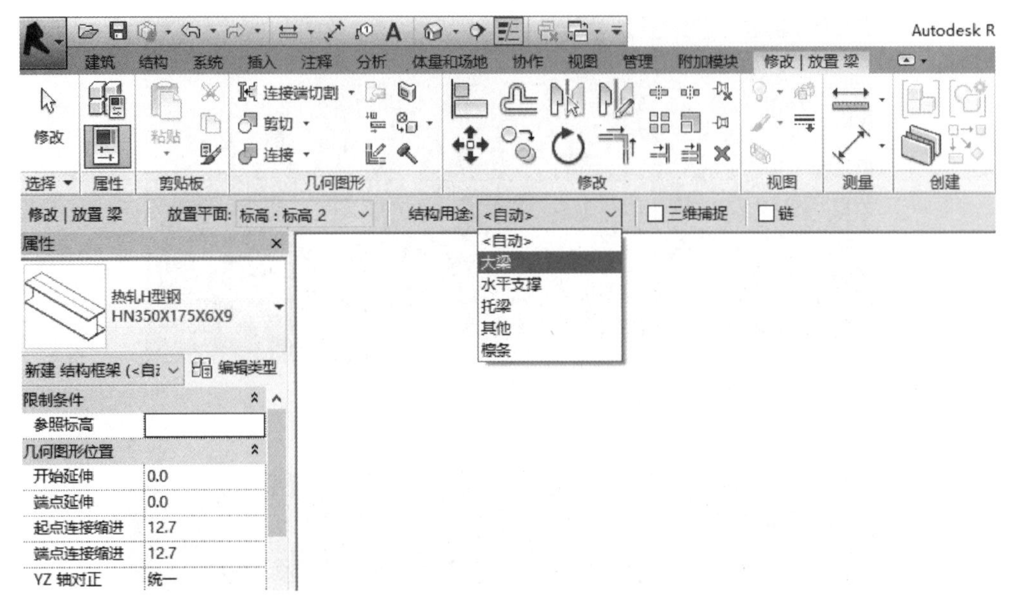

图 2-9-2

进入到选择好的标高平面内，绘制好一条梁在平面视图里面（可能不可见）如图 2-9-3 所示。

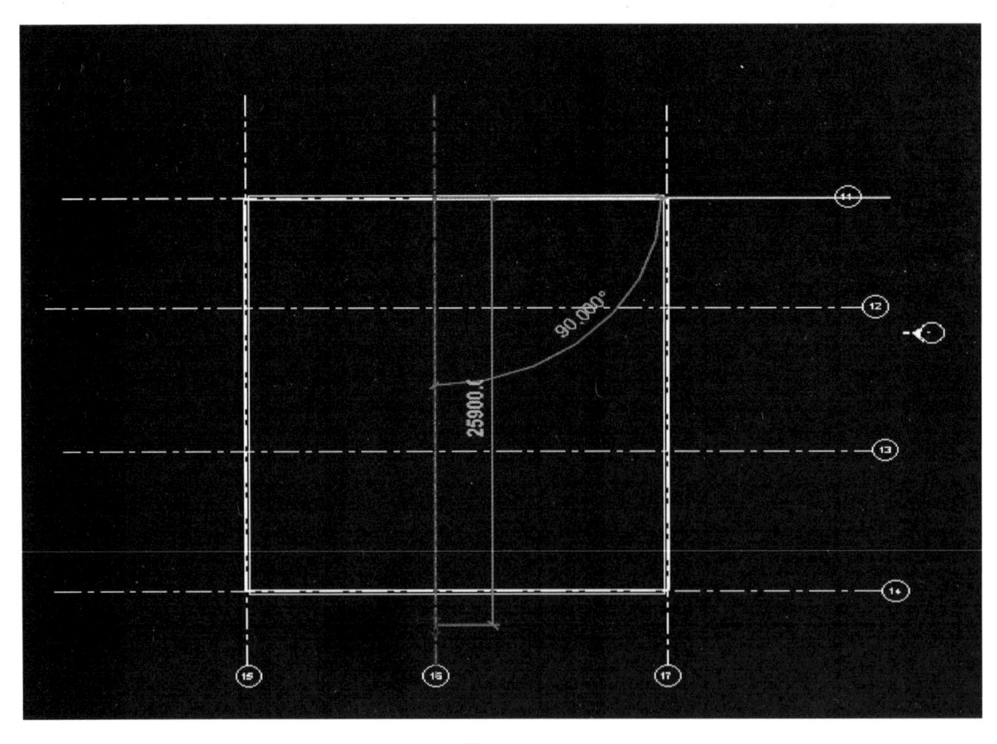

图 2-9-3

当转到 3D 的视图下就可以看到刚刚的标高下放置有一根梁，梁的形式可以导入，如图 2-9-4 和图 2-9-5 所示。

图 2-9-4

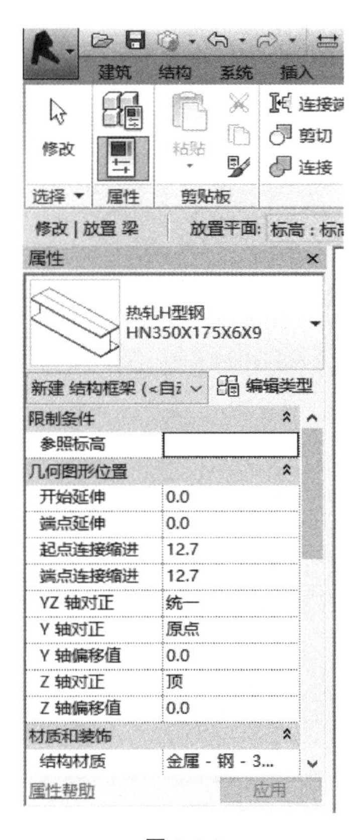

图 2-9-5

在梁的【修改｜放置梁】的选项卡中，也和柱子一样有【多个】，可以选择【在轴网上】就可以同时布置【多个】梁，如图 2-9-6 所示。

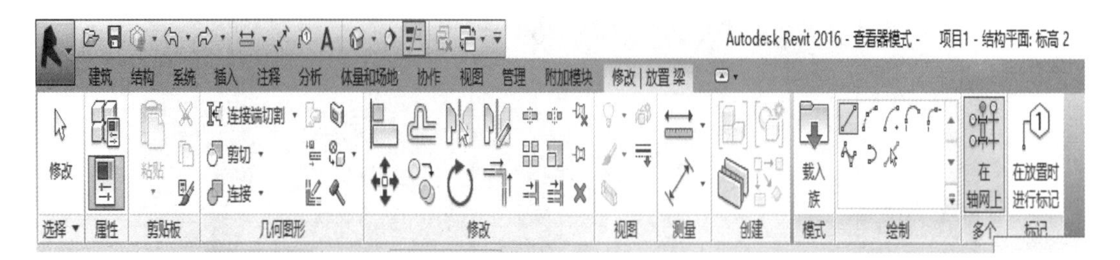

图 2-9-6

框选好位置，里面就会自动生成一排梁，如图 2-9-7 和图 2-9-8 所示。

梁的细节和类型，可以在【属性】中进行调整，如图 2-9-9 所示。

图 2-9-7

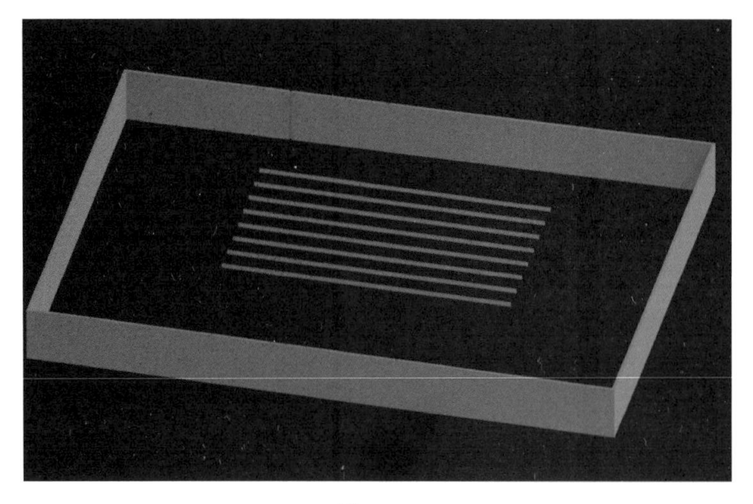

图 2-9-8

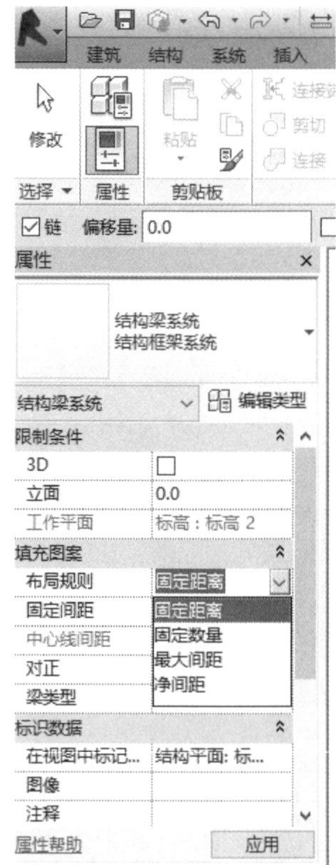

图 2-9-9

2.10 独立基础

打开一个 Revit 项目文件，如图 2-10-1 和图 2-10-2 所示。

2.4 标高、轴网、基础的创建

图 2-10-1

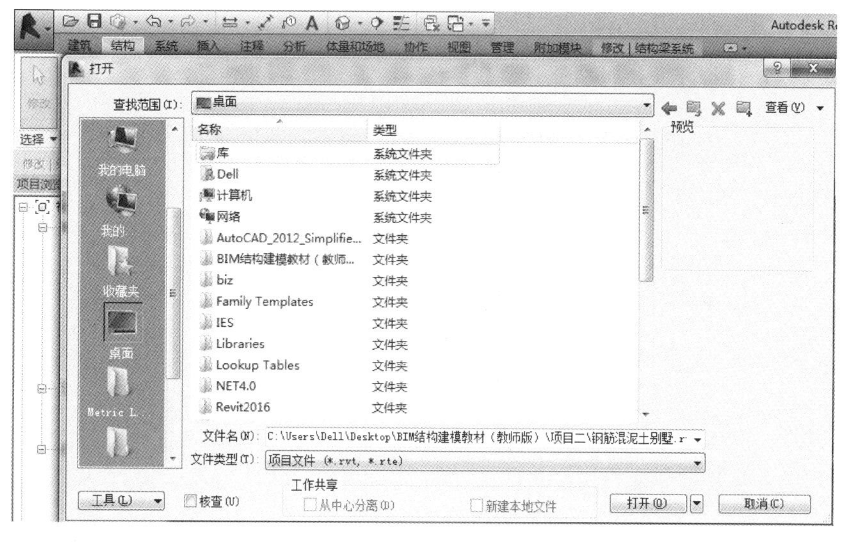

图 2-10-2

选择要创建独立基础的视图，如图 2-10-3 所示。

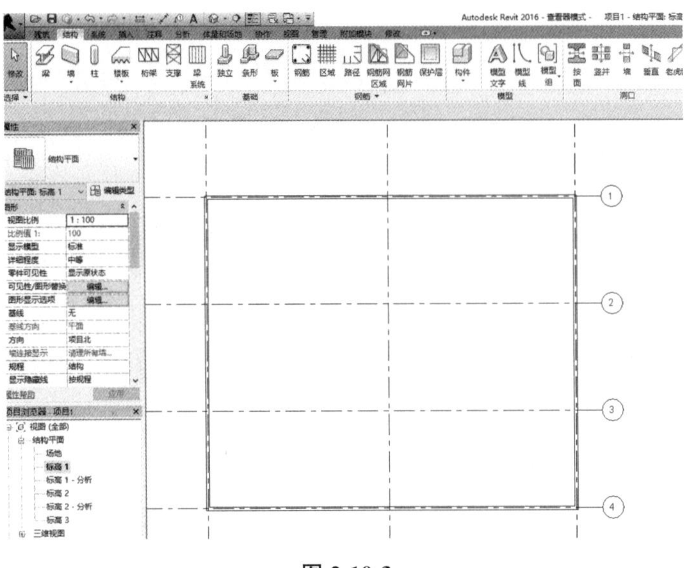

图 2-10-3

单击【结构】选项卡【基础】面板中【独立】命令，如图 2-10-4 所示。

图 2-10-4

从【属性】选项板上的【类型选择器】中，选择一种独立基础，如图 2-10-5 所示。

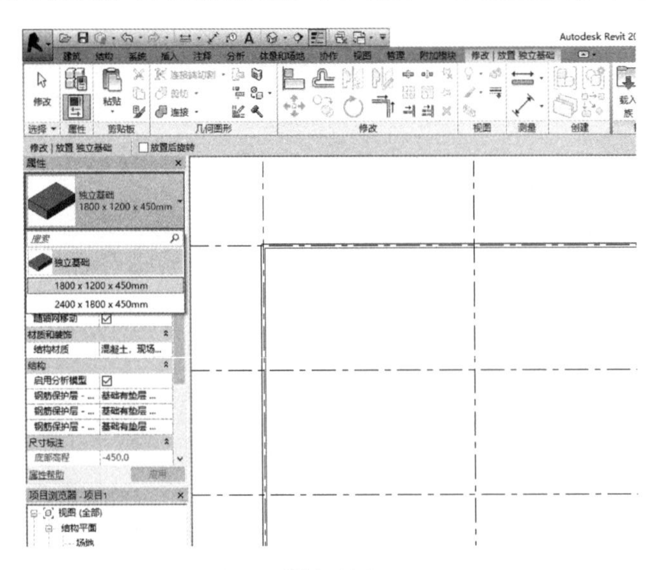

图 2-10-5

单击平面视图或三维视图中的绘图区域以放置独立基础，如图 2-10-6 所示。

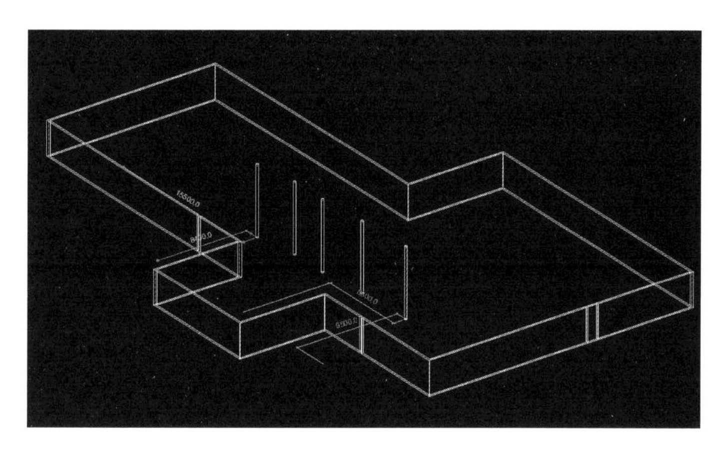

图 2-10-6

2.11 条形

打开一个 Revit 项目文件，如图 2-11-1 所示。

选择一个要创建条形基础的视图，如图 2-11-2 所示。

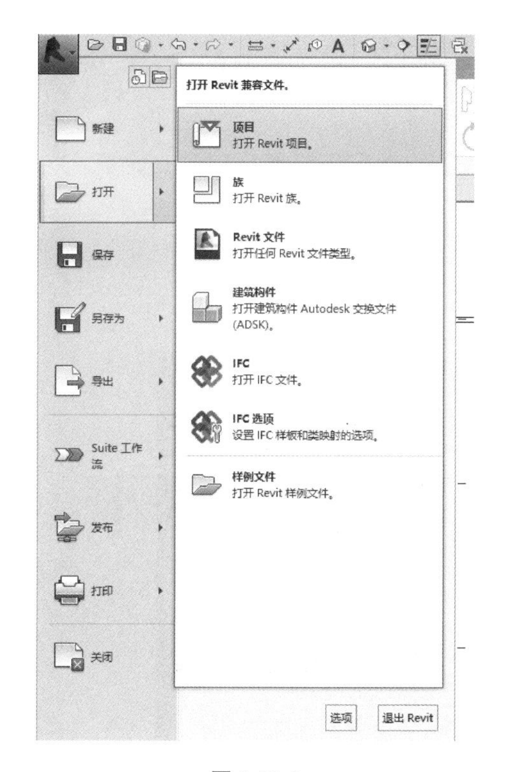

图 2-11-1

图 2-11-2

单击【结构】选项卡【基础】面板中【墙】命令，如图 2-11-3 所示。

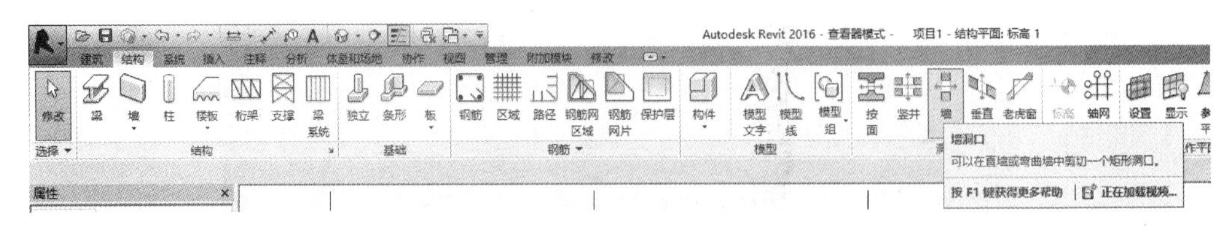

图 2-11-3

从【类型选择器】中选择【挡土墙基础】或【承重基础】类型，如图 2-11-4 所示。编辑类型，如图 2-11-5 所示。

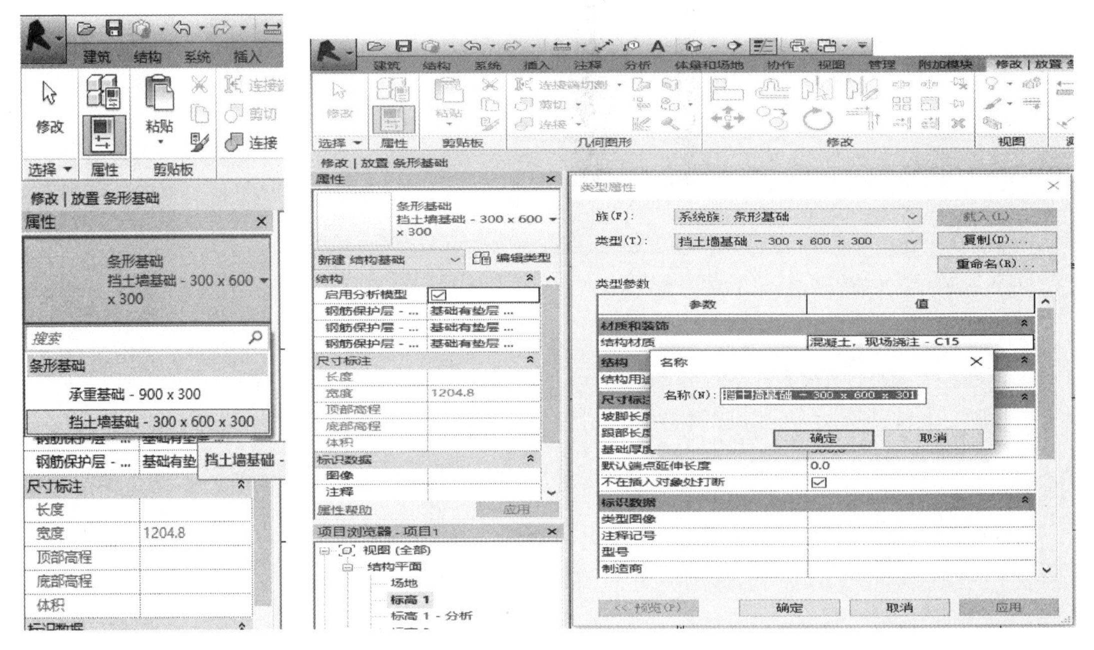

图 2-11-4　　　　　　图 2-11-5

选择要使用条形基础的墙并进入三维视图查看效果，如图 2-11-6 所示。

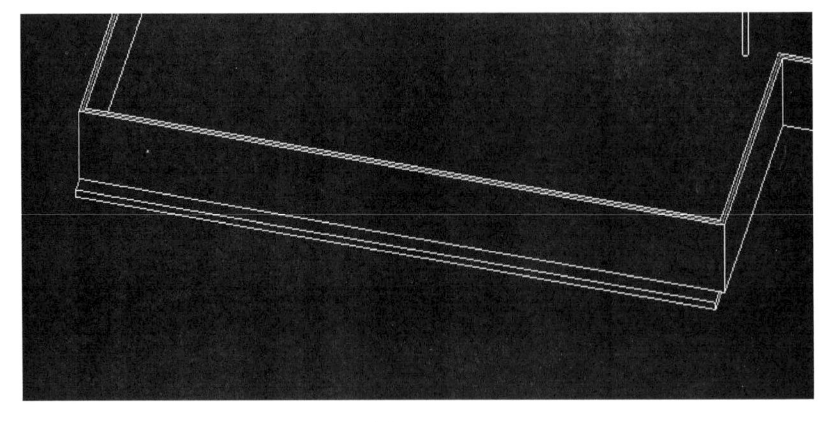

图 2-11-6

2.12 结构底板的绘制步骤

首先，单击【结构】面板中的【楼板】工具。在【修改｜创建楼板边界】选项卡下，【绘制】面板中，单击【拾取线】工具，拾取导入的 CAD 图纸上的边线作为楼板的边界，然后单击【修改】面板中的【修剪】工具，使楼板边界闭合，如图 2-12-1 所示。

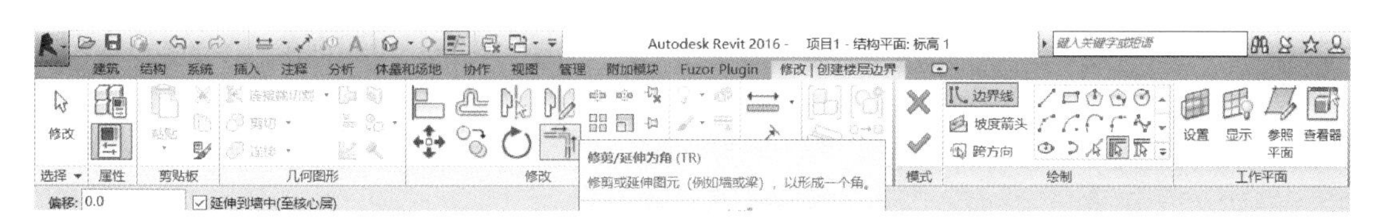

图 2-12-1

其次，点击【确定】，在底板左侧的属性栏中，单击【编辑类型】工具，然后可以对结构底板的材质及厚度进行更改，设置完成后点击【确定】，结构底板便绘制完成，如图 2-12-2 和图 2-12-3 所示。

2.5
楼板的
创建

2.6
女儿墙
的创建

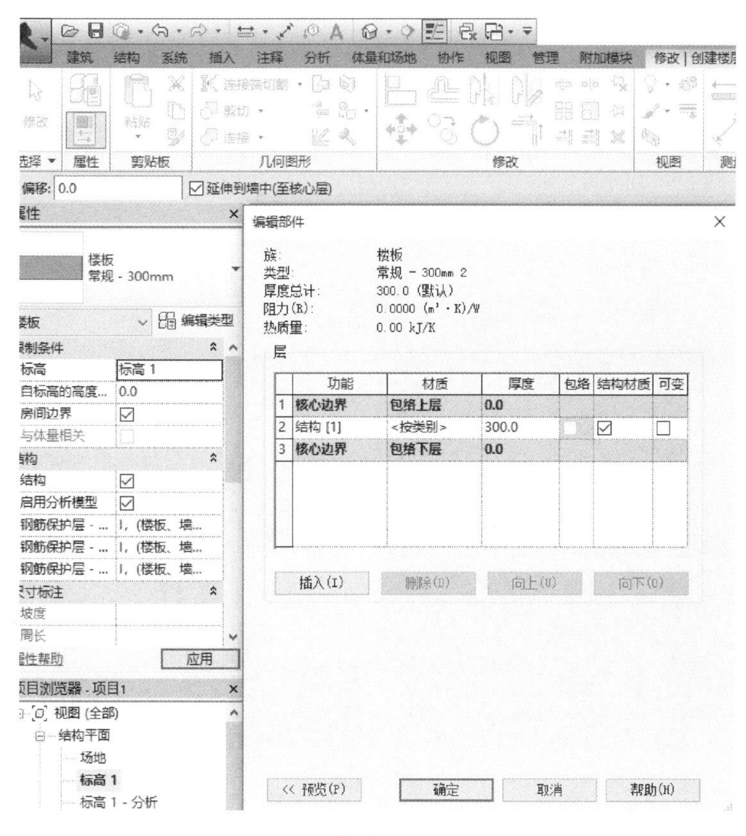

图 2-12-2

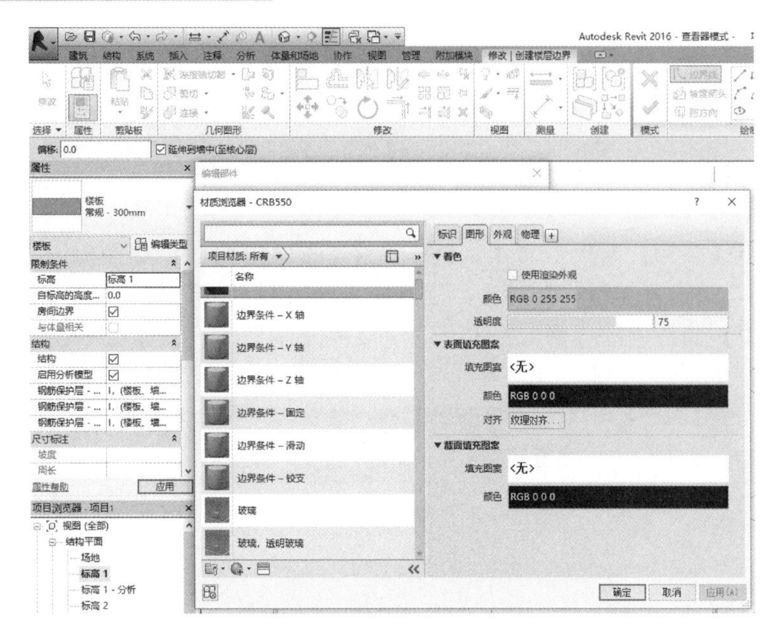

图 2-12-3

2.13 构件

用 Revit 打开项目文件，打开用于要放置的构件类型的项目，如图 2-13-1 和图 2-13-2 所示。

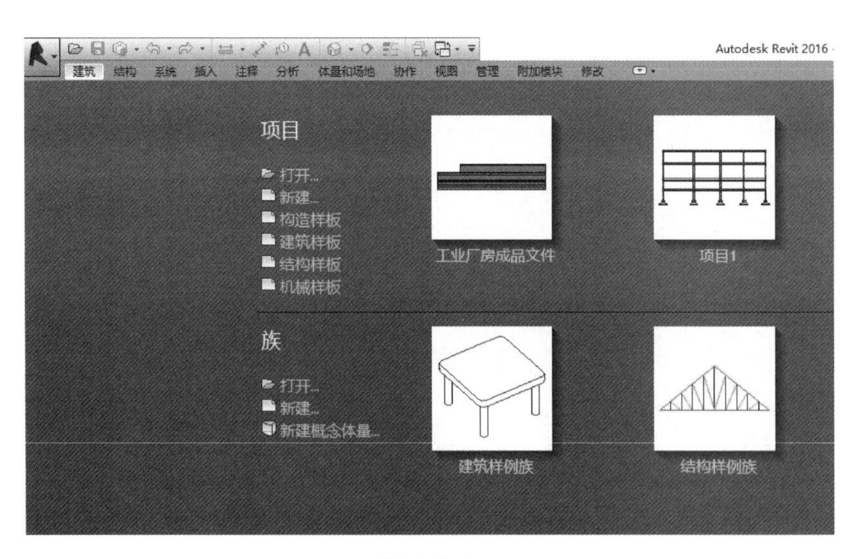

图 2-13-1

在功能区上，单击相应功能按钮，打开【构建】面板中【构件】命令。下图分别为

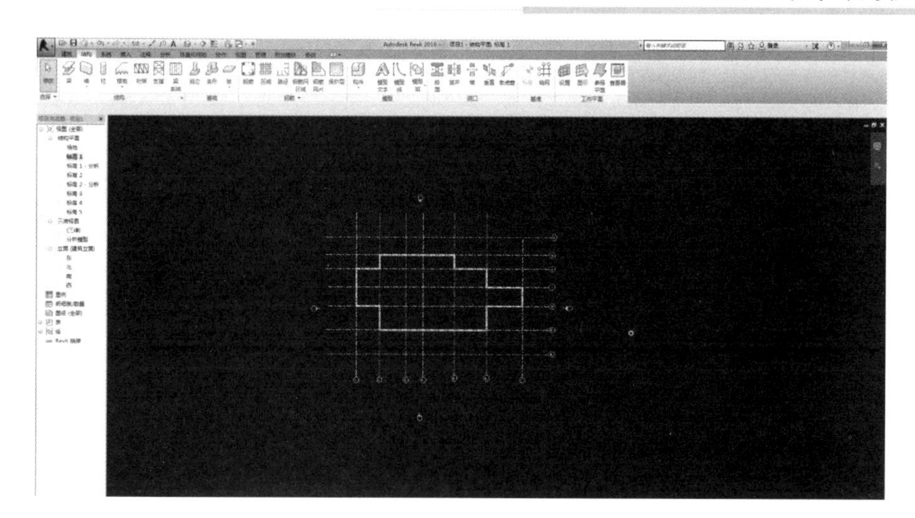

图 2-13-2

【建筑】选项卡打开方式，【结构】选项卡打开方式，如图 2-13-3 和图 2-13-4 所示。

图 2-13-3

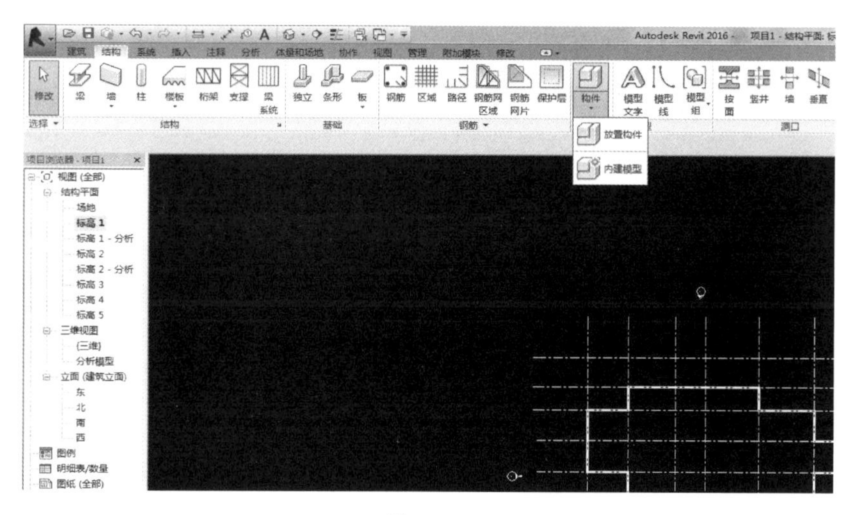

图 2-13-4

单击【属性】选项卡顶部的【类型选项器】中，选择所需的构件类型，如图 2-13-5 所示。

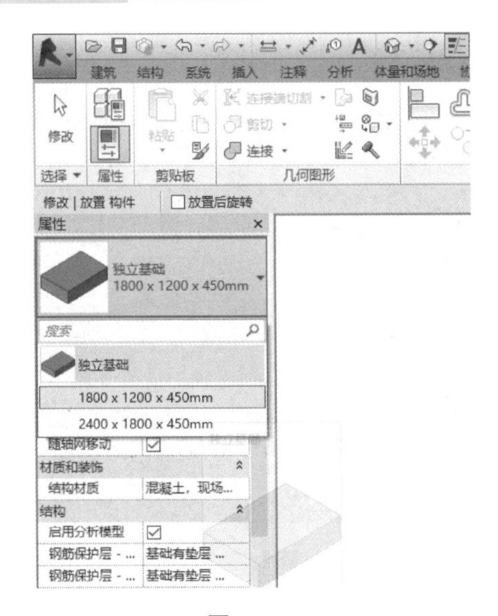

图 2-13-5

在绘图区域中，移动光标直到构件的预览图像位于所需位置，如图 2-13-6 所示。

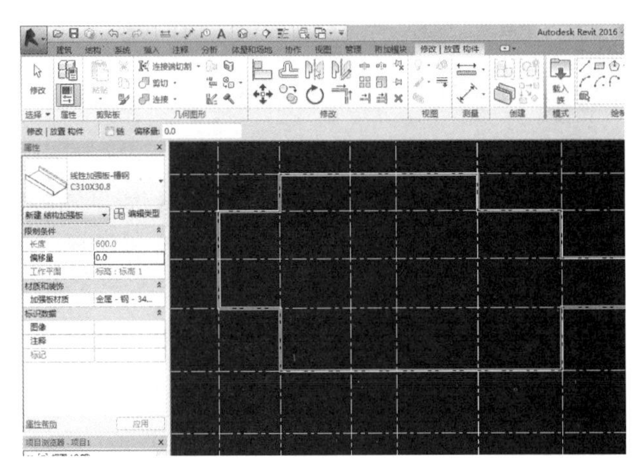

图 2-13-6

当预览图像位于所需位置和方向后，单击以放置构件，如图 2-13-7 所示。

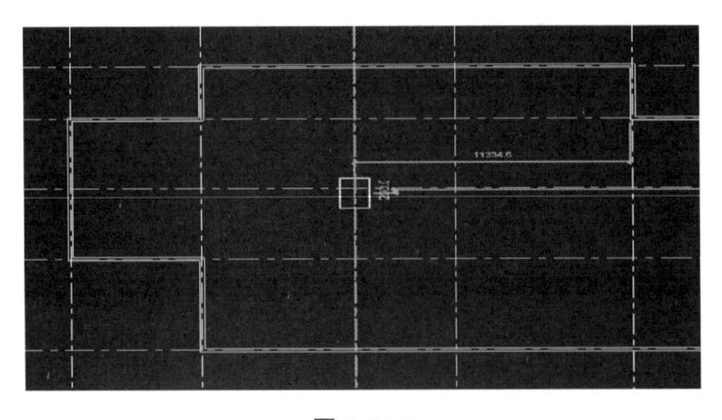

图 2-13-7

2.14 内建模型

模型文字是基于工作平面的三维图元，可用于建筑墙上的标志和字母。

对于能以三维方式显示的族（如墙、门、窗和家具族），可以在项目视图和族编辑器中添加模型文字。模型文字不可用于只能以二维方式表示的族，如注释、详图构件和轮廓族。

可以指定模型文字的多个属性，包括字体、大小和材质。

模型文字上的剖切面效果：如果模型文字与视图剖切面相交，则前者在平面视图中显示为截面。

如果族显示为截面，则与族一同保存的模型文字将在平面视图或天花板投影平面视图中被剖切。如果该族不可剖切，则它不会显示为截面。

1. Revit 添加模型文字的具体步骤

（1）设置要在其中显示文字的工作平面。

（2）单击 A（模型文字）。

【建筑】选项卡，【模型】面板，A（模型文字）。

【结构】选项卡，【模型】面板，A（模型文字）。

（3）在【编辑文字】对话框中输入文字，并单击【确定】将光标放置到绘图区域中。

（4）移动光标时，会显示模型文字的预览图像。

（5）将光标移到所需的位置，并单击鼠标以放置模型文字。

2. Revit 编辑模型文字的具体步骤

（1）注意与族一同保存的且载入到项目中的模型文字不可在项目视图中编辑。

（2）在绘图区域中，选择模型文字。

（3）单击【修改 | 常规模型】选项卡，【文字】面板，A（编辑文字）。

（4）在【编辑文字】对话框中，根据需要修改文字。

（5）单击【确定】。

2.15 模型线

使用【模型线】工具将三维直线添加到设计中。

打开或者新建一个模型项目，并三维视图或要创建模型线的平面视图，如图 2-15-1 所示。

单击【建筑】选项卡【模型】面板中【模型线】命令，如图 2-15-2 所示。

或者【结构】选项卡【模型】面板中【模型线】命令，如图 2-15-3 所示。

在【绘制】里面要选择添加的模型线方式，如图 2-15-4 所示。

选择与要添加的线型，如图 2-15-5 和图 2-15-6 所示。

图 2-15-1

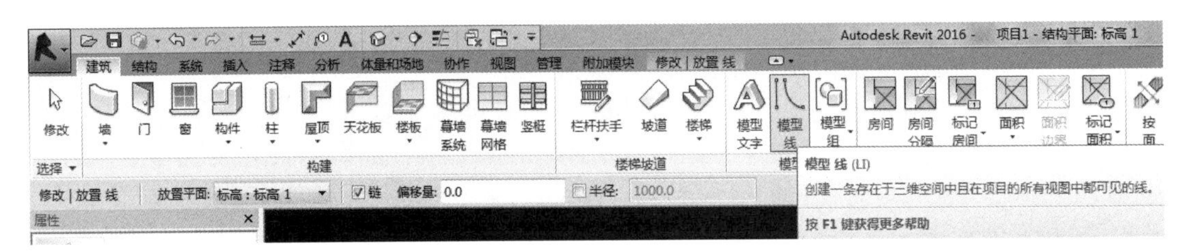

图 2-15-2

图 2-15-3

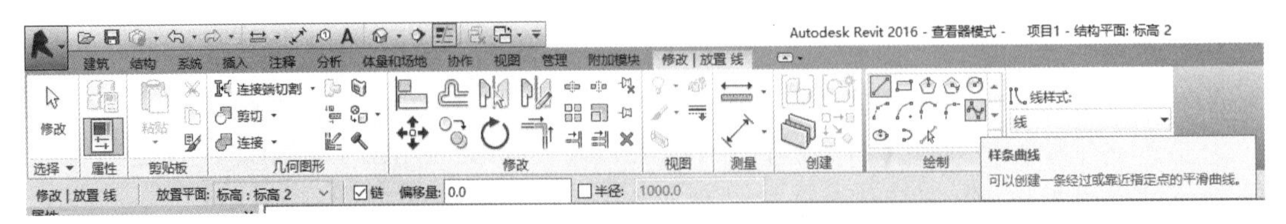

图 2-15-4

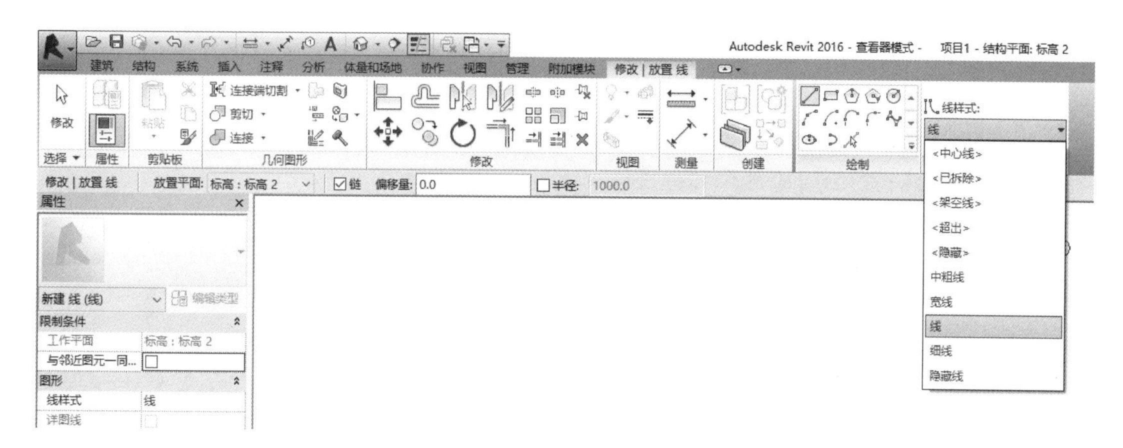

图 2-15-5

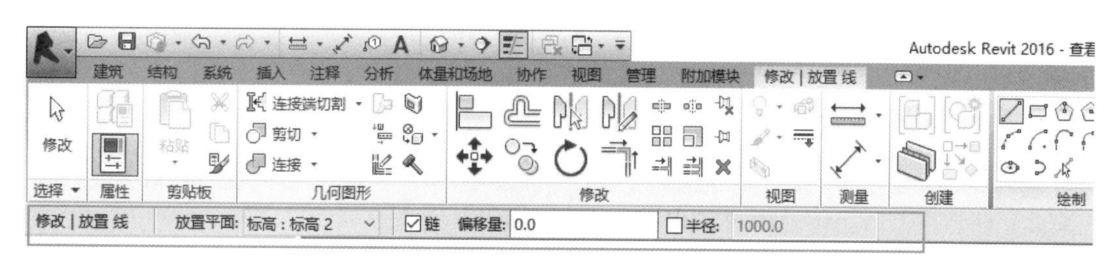

图 2-15-6

绘制模型线，并进入三维视图查看效果，如图 2-15-7 所示。

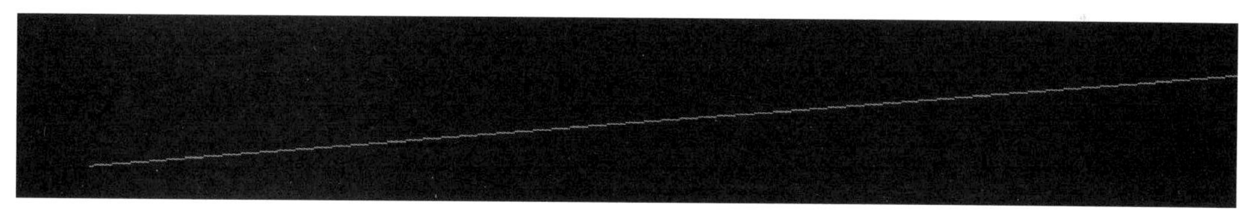

图 2-15-7

2.16 洞口

在 Revit 中使用【洞口】工具，可以在墙、楼板、天花板、屋顶、结构梁、支撑和结构柱上剪切洞口。

在剪切楼板、天花板或屋顶时，可以选择竖直剪切或垂直于表面进行剪切。还可以使用绘图工具来绘制复杂形状。

在墙上剪切洞口时，可以在直墙或弧形墙上绘制一个矩形洞口（对于墙，只能创建矩形洞口，不能创建圆形或多边形形状。创建族时，可以在族几何图形中绘制洞口）。

Revit 在直墙或弯曲墙上剪切矩形洞口，方式如下：

打开可访问作为洞口主体的墙的立面或剖面视图，选择将作为洞口主体的墙，绘制一个矩形洞口，待指定洞口的最后一点之后，将显示此洞口，若要修改洞口，单击【修改】，然后再选择洞口。也可以使用拖拽控制柄修改洞口的尺寸和位置，将洞口拖拽到同一面墙上的新位置，然后为洞口添加尺寸标注。

Revit 在楼板、屋顶和天花板上剪切洞口，方式如下：

可以在屋顶、楼板或天花板上剪切洞口（例如用于安放烟囱）。可以选择这些图元的面剪切洞口，也可以选择整个图元进行垂直剪切。如果选择了【按面】，则在楼板、天花板或屋顶中选择一个面；如果选择了【垂直】，则选择整个图元，Revit 将进入草图模式，可以在此模式下创建任意形状的洞口，通过绘制线或拾取墙来绘制竖井洞口。

提示：通常会在主体图元上绘制竖井，例如在平面视图中的楼板上。如果需要，可将符号线添加到洞口，绘制完竖井后，单击【完成洞口】。要调整洞口剪切的标高，则选择洞口，然后在【属性】选项板上进行下列调整，为【墙底定位标高】指定竖井起点的标高。

BIM 技术在抗击新冠疫情中大显身手

（一）案例简介

2020 年 2 月 2 日上午，武汉火神山医院正式交付。从方案设计到建成交付仅用 10 天，总建筑面积 3.39 万 m^2。1 月 25 日，武汉市防疫指挥部举行调度会，决定在武汉火神山医院之外，再建一所武汉雷神山医院，该医院 2 月 5 日交付使用。两所医院以小时计算的建设进度、万众瞩目下演绎了新时代的中国速度。

这两个医院的建设采用了行业最前沿的装配式建筑和 BIM 技术，最大限度地采用拼装式工业化成品，大幅减少现场作业的工作量，节约了大量的时间。

在 10 天建造工期中，体现了 BIM 技术应用的三大关键点。第一，项目精细化管理，使用 BIM 技术保证施工质量、缩短工期进度、节约成本和降低劳动力成本等，提高建设项目管理效率和沟通协作效率。第二，仿真模拟，利用 BIM 技术提前进行场布及各种设施模拟，按照医院建设的特点，对采光、管线布置、能耗分析等进行优化模拟，确定最优建筑方案和施工方案。第三，数字化管控，参数化设计、构件化生产、装配化施工、数字化运维，全过程都充分应用了 BIM 技术的优势，使项目的全生命周期都处于数字化管控之下。

（二）编写点评

本案例主要体现 BIM 技术在应急管理中的巨大作用。通过本案例的学习，我们认识到 BIM 技术的重要性及强大性，提高学习 BIM 技术的兴趣。“两山”的建设充分体现了“中国速度”。

练习题

一、单选题

1. 以下不包括在 Revit【结构】,【基础】的命令是（　　）。

A. 条形　　B. 独立　　C. 筏板　　D. 板

2. 在以下 Revit 用户界面中可以关闭的界面是（　　）。

A. 绘图区域　　B. 项目浏览器

C. 功能区　　D. 视图控制栏

3. 定义平面视图主要范围的平面不包括以下哪个面？（　　）

A. 顶部平面　　B. 标高平面　　C. 剖切面　　D. 底部平面

4. 视图详细程度不包括（　　）。

A. 精细　　B. 粗略　　C. 中等　　D. 一般

5. 在 Revit 中，应用于尺寸标注参照的相对限制条件的符号是（　　）。

A. EO　　B. OE　　C. EQ　　D. QE

二、多选题

1. Revit 中族分类有以下几种？（　　）

A. 可载入族　　B. 系统族　　C. 嵌套族　　D. 体量族

E. 内建族

2. Revit 中进行图元选择的方式有哪几种？（　　）

A. 按鼠标滚轮选择　　B. 按过滤器选择

C. 按 Tab 键选择　　D. 单击选择

E. 框选

三、填空题

1. 按照实际项目的楼层，在标高体系定义中，标高数值宜以________为单位表示，层高数值宜以________为单位表示。

2. 在详细构件文件命名中，________代表建筑专业，________代表结构专业。

3. 在 GCL 构件类型中，筏形基础对应 Revit 族名称有________________。

4. 只受________作用的等直杆的理想铰接体系，被称为桁架结构。

教学单元 3　综合楼结构建模解析

3.1 新建项目

启动 Revit 软件，在界面的左侧【项目】中，单击【结构样板】，如图 3-1-1 所示。

项目创建完成后要对已创建的项目进行保存，单击软件界面左上角图标，在弹出的下拉菜单中依次单击【另存为】→【项目】，如图 3-1-2 所示。

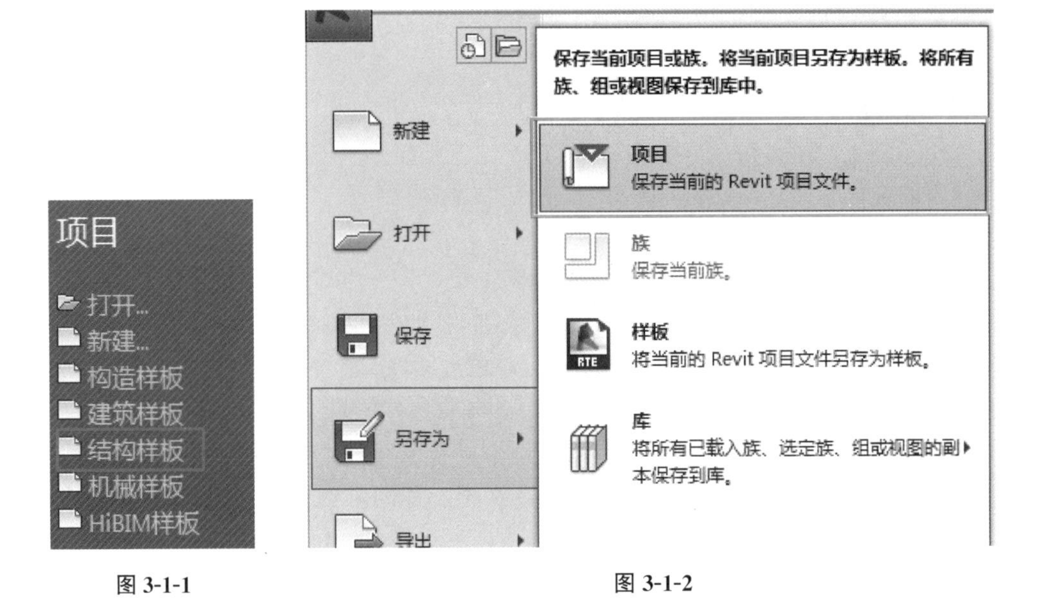

图 3-1-1　　　　图 3-1-2

3.2 创建标高和轴网

在 Revit 当中首先要创建标高轴网部分，几乎所有的结构构件都是基于标高轴网进行创建的。标高的改动，构件也会随之改动。标高代表着一个平面的高度，轴网则是对平面尺寸的细部划分。

1. 创建标高

在 Revit 中任意立面绘制标高，其他立面中都会显示，首先在东立面视图绘制所需要的标高，双击项目浏览器中【立面（建筑平面）】，然后双击【东】进入东立面视图，如图 3-2-1 所示，系统默认设置两个标高——标高 1 和标高 2。单击【结构】选项卡中【基准】面板的【标高】命令，根据所给的尺寸进行标高的绘制。由于所需绘制的楼层层数较多，可用【复制】命令来进行多个间距的标高绘制，勾选【约束】、【多个】，如图 3-2-2 所示。修改绘制的标高的标头与楼层高度改为一致，鼠标双击标头位置即可对标头的名称进行修改如图 3-2-3 所示。

标高绘制完成后，在【项目浏览器】中的【结构平面】中，通过复制命令绘制的标高未生成在相应的视图中，如图 3-2-4 所示。

单击【视图】选项卡，依次单击【平面视图】-【结构平面】，如图 3-2-5 所示。在弹出的【新建结构平面】对话框中单击第一个标高，图例 0.0，按住键盘上【Shift】，移动到最后一项，图例“12.250”，全选所有标高，单击【确定】，如图 3-2-6 所示再次观察【项目浏览器】，所有复制和阵列生成的标高已创建了相应的平面视图。

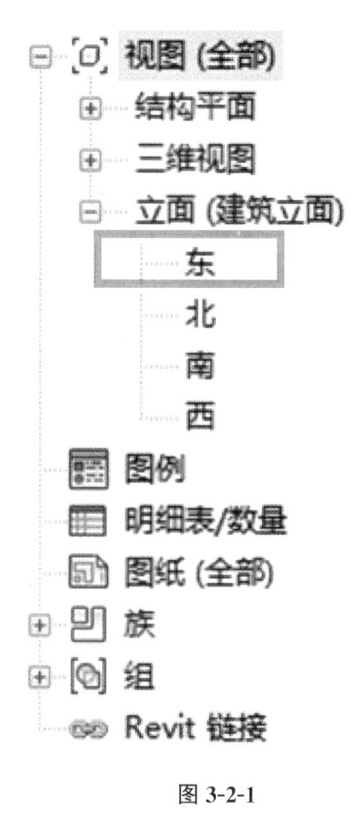

图 3-2-1

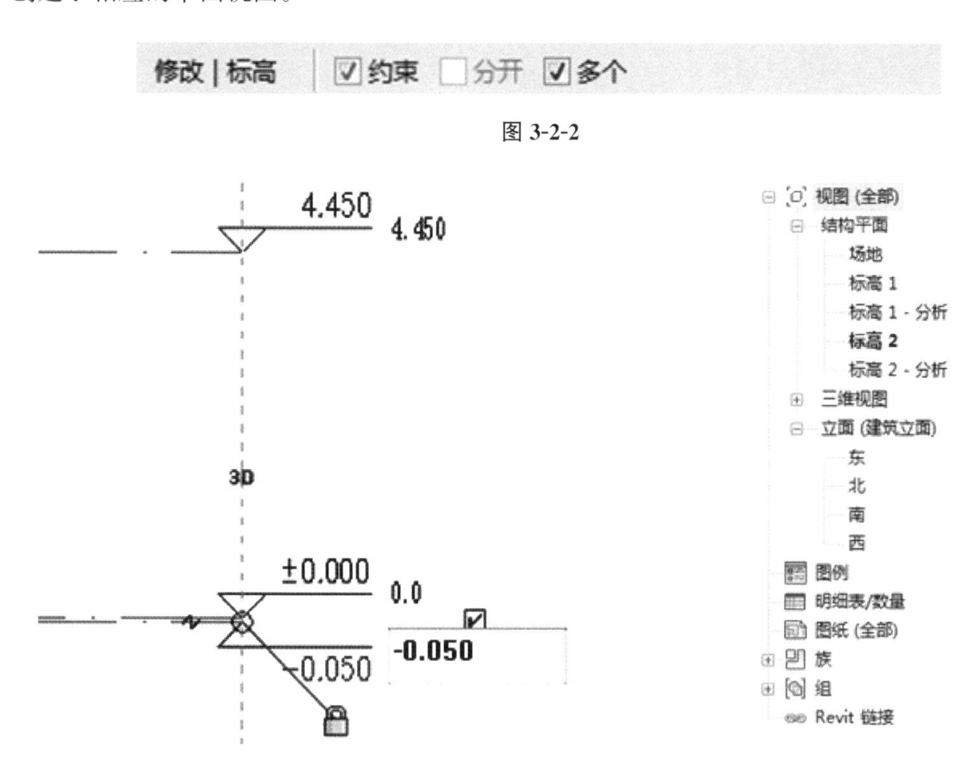

图 3-2-2

图 3-2-3

图 3-2-4

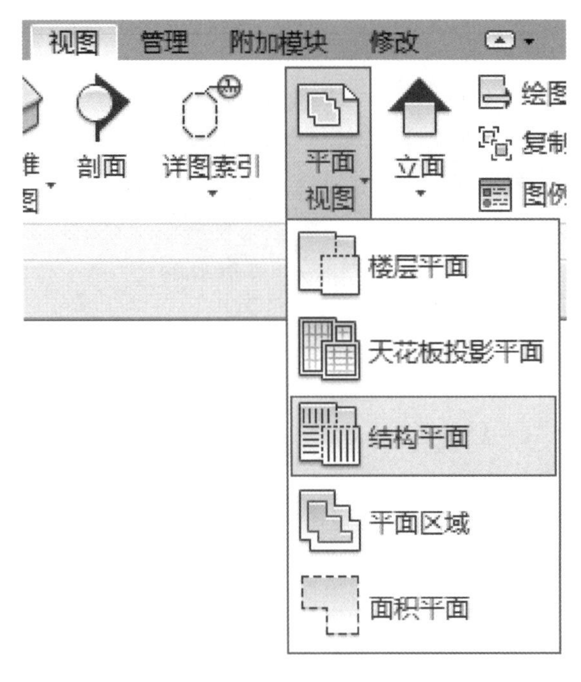

图 3-2-5

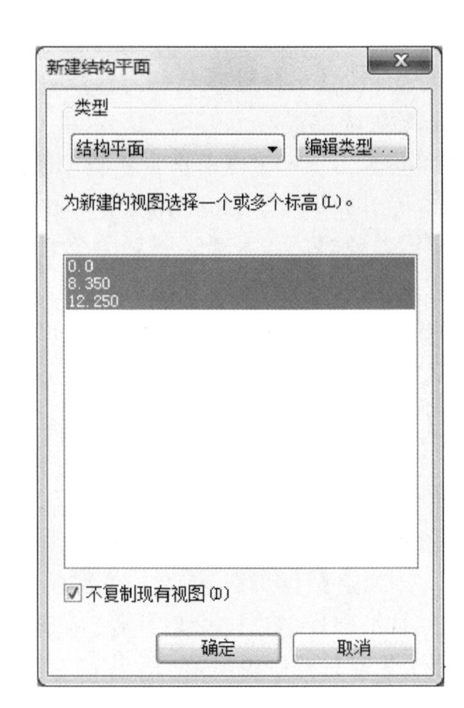

图 3-2-6

在标高绘制完成之后，如与出图标准不符需要对标高的样式进行修改。例如标头样式、标高名称、标高线型等。选择需要进行修改的标高，点击【编辑类型】可以对标头、线宽、颜色、线型图案进行修改，如果标高之间的间距较近，导致标头出现重合情况。单击“添加弯头”图标 标高 2 4000 将标头拖曳到适当位置。

2. 创建修改轴网

在 Revit 中轴网的绘制与 Autodesk CAD 的绘制方式没有太大区别。但需要注意的是，Revit 当中的轴网具有三维属性，它与标高共同构成了模型当中的三维网格定位体系。多数构件与轴网也有密切联系，如结构柱与梁。

使用轴网工具在【结构平面】中选择任意平面绘制都会关联到其他平面，单击【基准】中的【轴网】命令，在【绘制】面板中选择【直线】在草图绘制区任意选择，单击确定起始点，当轴线满足一定宽度时单击完成。Revit 会自动为每个轴线编号，可以使用阿拉伯数字或英文字母作为轴线的值，将第一个轴网编号后，则后续的轴网将进行相应更新。单击功能区的【复制】命令，在选项栏勾选多重复制选项【多个】和正交约束选项【约束】。移动光标到 1 号轴线上，单击一点为复制参考点，水平向右移动光标，依次输入间距值，如图 3-2-7 所示。

竖向轴网绘制完成之后，使用同样的方法在竖向轴线自下而上绘制水平轴线。

单击【建筑】选项卡-【基准】面板-【轴网】命令，单击刚创建的水平轴线的标头，

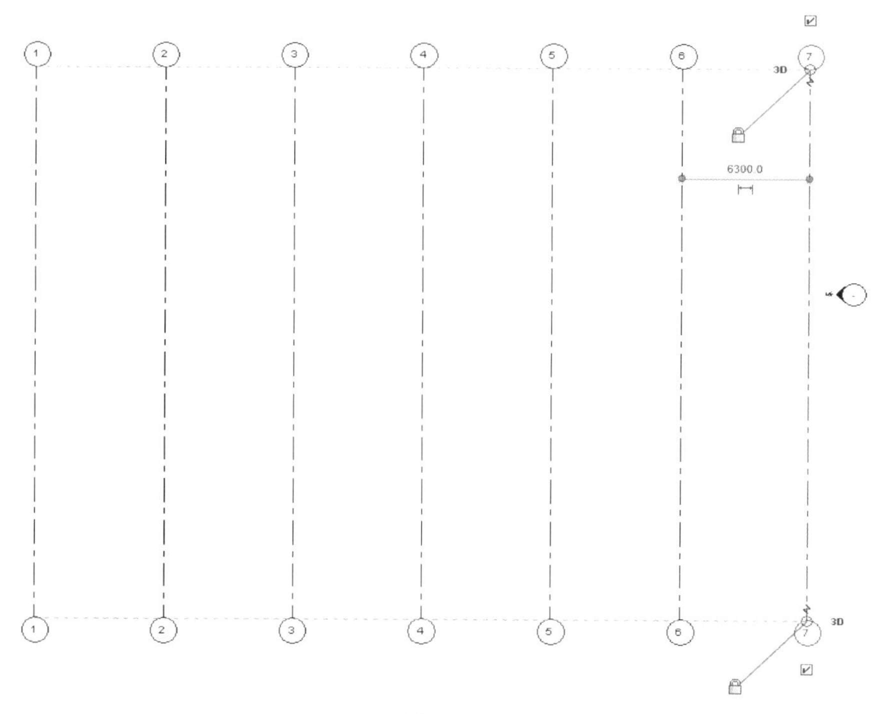

图 3-2-7

标头数字被激活，输入新的标头文字【A】，选择轴线 A，单击选项卡【复制】命令，选项栏勾选【多个】和【约束】，单击轴线 A 捕捉一点为参考点，水平向上移动光标至较远位置，依次在键盘上输入间距值完成轴线的复制，如图 3-2-8 所示。

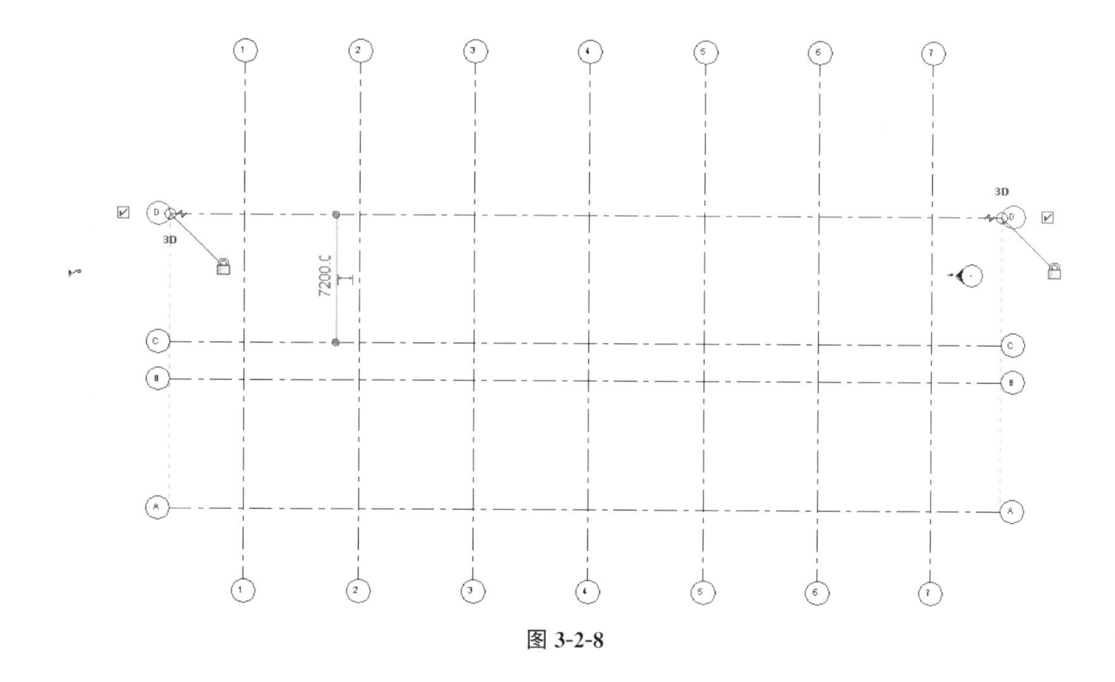

图 3-2-8

绘制完成后轴网的长短可通过拖动来进行修改，如果轴网处于锁定状态，可以对“平齐同向”的轴网进行拖拽，解除锁定可对轴网单条进行拖拽，如图 3-2-9 所示。

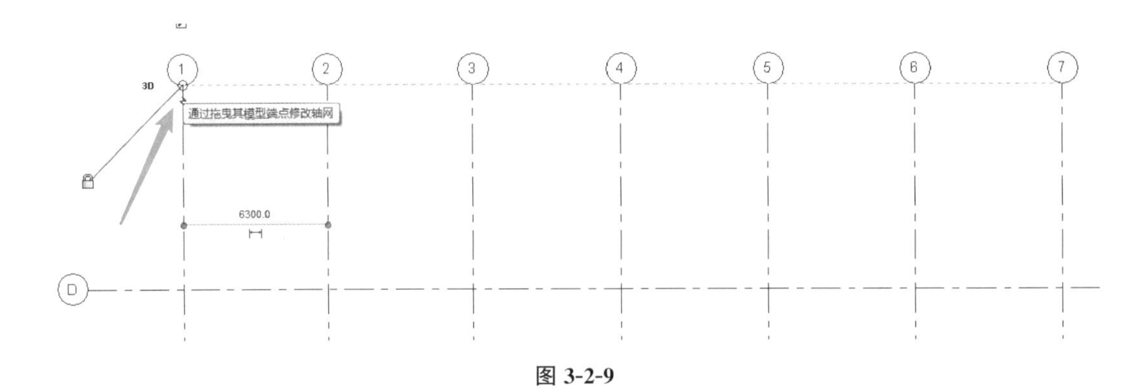

图 3-2-9

当轴网创建完成后，通常需要对轴网进行一些修改。如果绘制轴网之后发现轴网不是连续的，单击需要修改的轴网，在【类型选择器】中选择【6.5mm 编号】，如图 3-2-10 所示。

在轴线的末端，轴线的表头上处方框如图所示 可以显示或隐藏视图中各轴线的编号。

框选全部轴线，单击【修改 | 轴网】选项卡-【基准】面板-【影响范围】命令，在弹出的【影响基准范围】对话框中，单击选择【结构平面：标高】，按住【Shift】键选中视图名称【楼层平面：场地】，所有楼层及场地平面，单击被选择的视图名称左侧矩形选框，勾选所有被选择的视图，单击【确定】按钮完成应用，如图 3-2-11 所示。

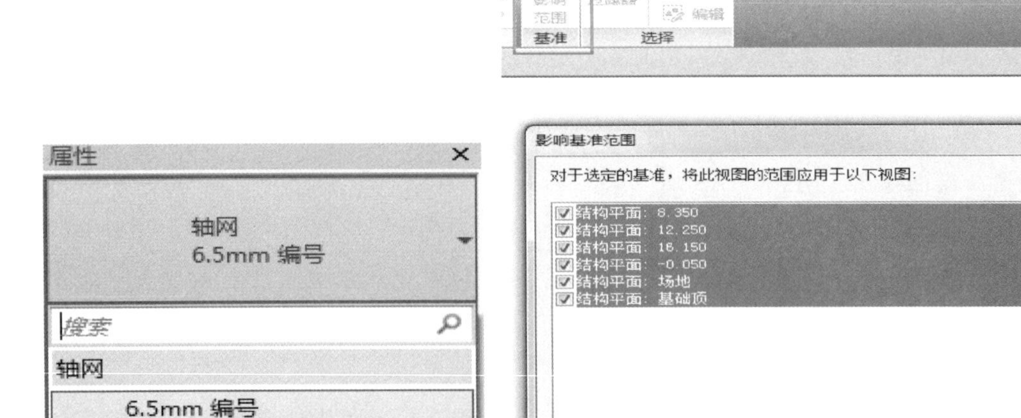

图 3-2-10　　　　图 3-2-11

3.3 创建基础

3.3 基础的创建

建筑埋在地面以下的部分称为基础。承受由基础传来荷载的土层称为地基，位于基础底面下第一层土称为持力层，在其以下土层称为下卧层。地基和基础都是地下隐蔽工程，是建筑物的根本，它们的勘察、设计和施工质量关系到整个建筑的安全和正常使用。

在创建基础之前，需要绘制所需的可变参数族。打开【项目浏览器】单击【结构平面】在【基础底】标高中绘制基础。在 Revit 中点击【结构】选项卡在【基础】面板中点击【独立基础】命令，如图 3-3-1 所示。

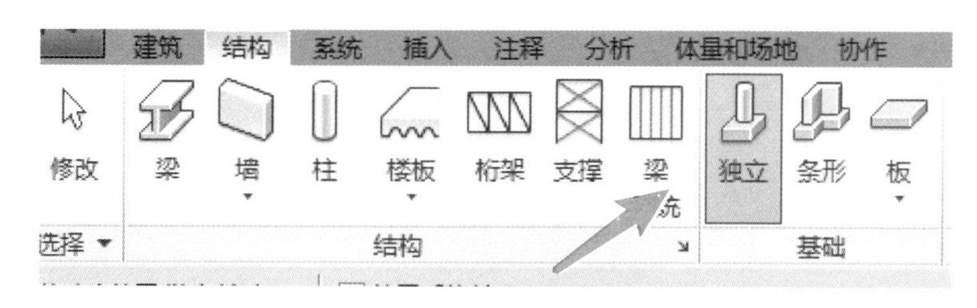

图 3-3-1

单击【属性】选项卡中的【编辑类型】载入所绘制好的可变参数族，点击【载入】找到绘制完成的可变参数族，如图 3-3-2 所示。

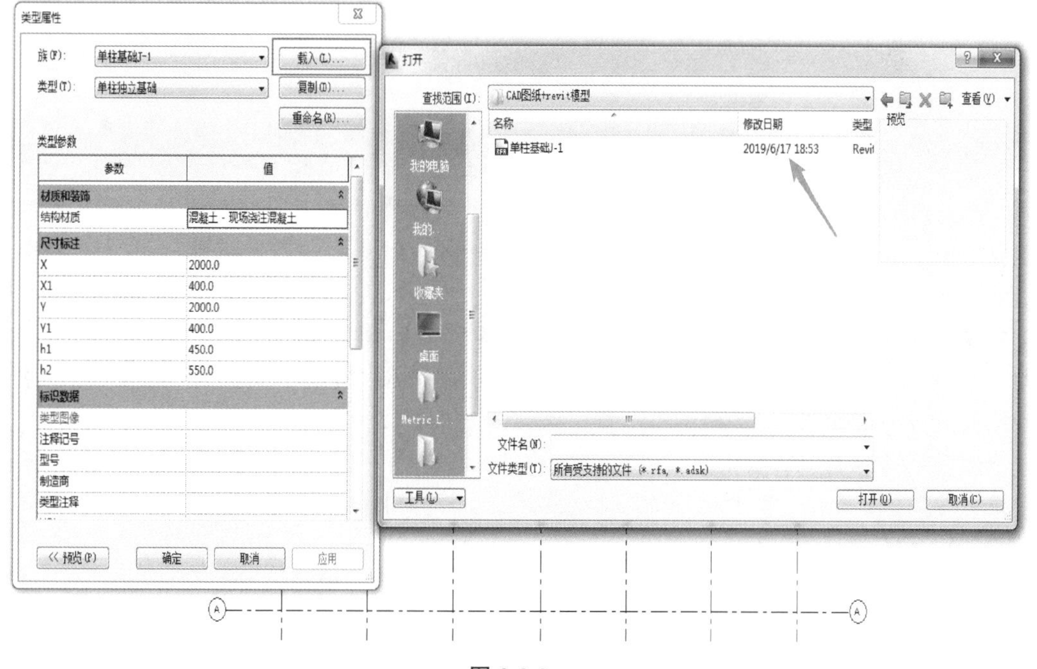

图 3-3-2

注：可变参数族需要自己创建，载入的文件夹中未给出可变参数族。可变参数族通过修改数值对族进行修改。

对载入的可变参数族的数据进行修改并重新赋予一个名称，如图 3-3-3 所示。根据图纸在轴网的交点处布置基础【J-1】对其余基础的参数进行修改，当第【J-1】绘制完成后，再次绘制时需要进行复制并重新命名，如图 3-3-4 所示。依次布置【J-2】、【J-3】、【J-4】。

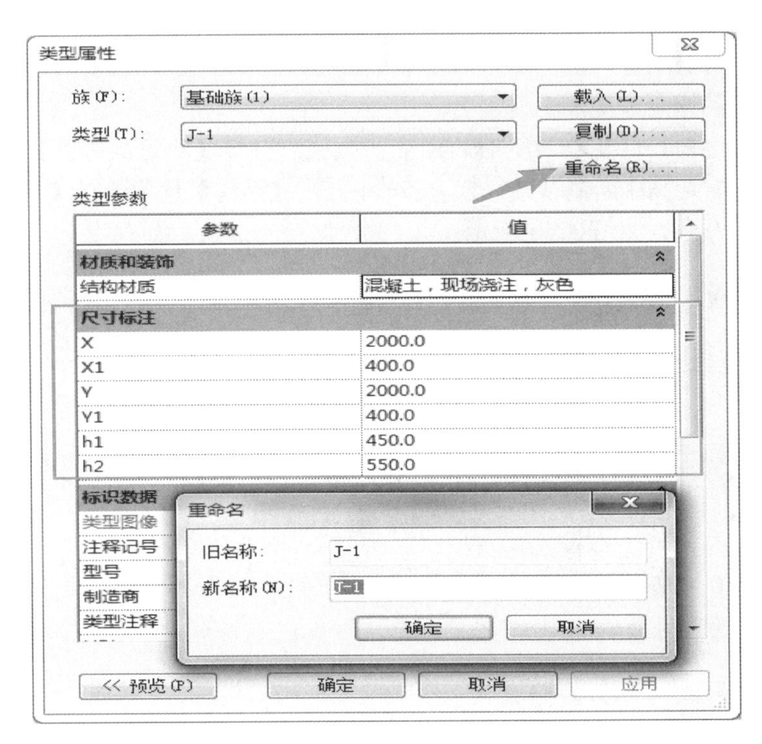

图 3-3-3

由于【J-4】的基础并未在轴网的交点上，此时需要做一条辅助线。点击【结构】选项卡在【工作平面】中找到【参照平面】，在 B 轴与 C 轴之间绘制一条参照平面。点击选项卡最上方的【尺寸标注】，如图 3-3-5 所示，连续标注 C 轴、参照平面与 B 轴，拖曳到空白处单击鼠标左键完成尺寸标注。点击标注之间的【EQ】即等分命令，即可找到 B、C 轴中点如图 3-3-6 所示。

载入的基础与图中基础样式不符则单击【空格】键，即可对基础方向的修改，如图 3-3-7 所示。如果基础尺寸插入有偏差，可对基础进行标注后，再次点击基础可对基础的位置进行修改如图 3-3-8 所示。

如果轴网的类型参数相同，可选择在轴网交点处布置。在【修改 | 放置　独立基础】中找到【多个】选项卡，单击【在轴网交点处】可对相同的基础进行框选布置，布置的基础会自动在轴网的交点处生成基础。

注：此项目中基础类型较多不易用【在轴网交点处】，如果基础样式相同可采用此种办法，本章不做详细讲解。

图 3-3-4

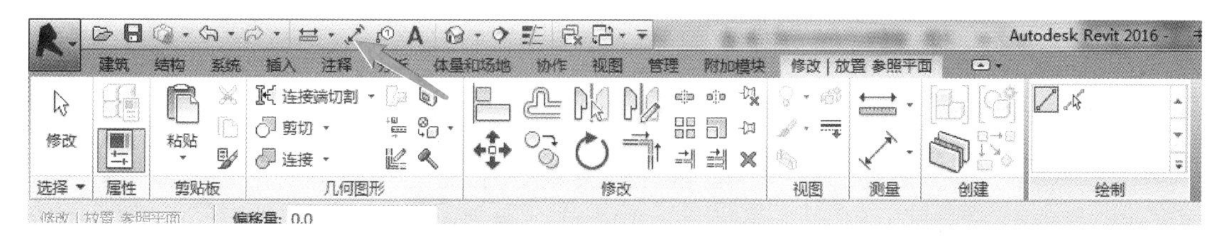

图 3-3-5

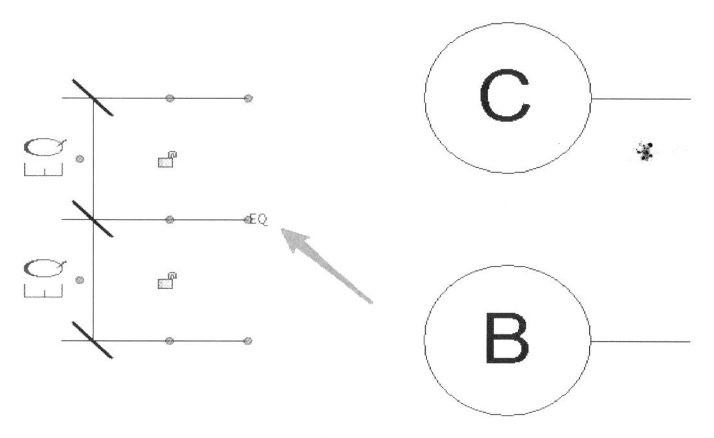

图 3-3-6

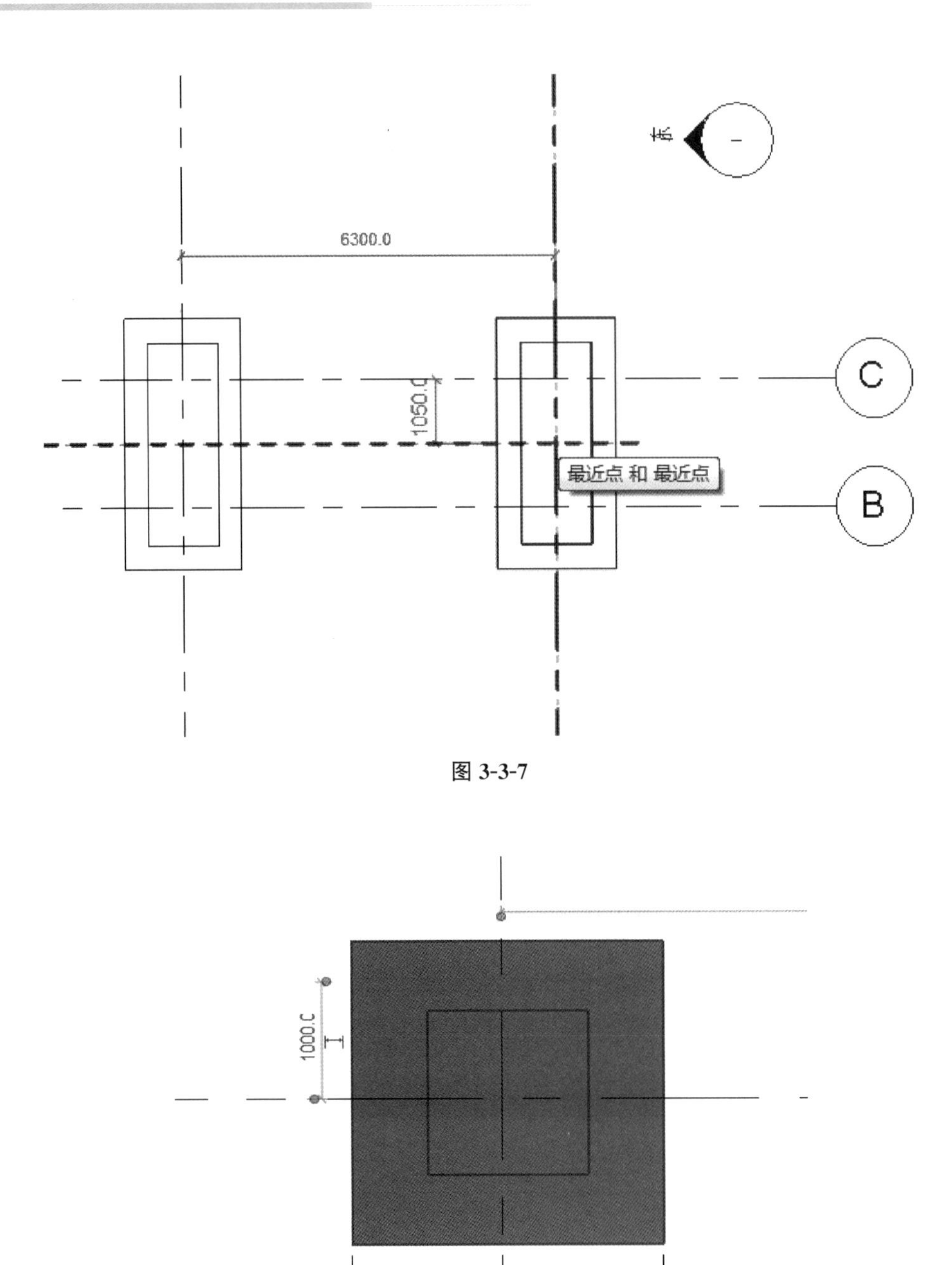

图 3-3-7

图 3-3-8

3.4 创建柱

构造柱是指为了增强建筑物的整体性和稳定性，多层砖混结构建筑的墙体中还应设置钢筋混凝土构造柱，并与各层圈梁相连接，形成能够抗弯抗剪的空间框架，它是防止房屋倒塌的一种有效措施。在 Revit 中结构柱的形式比较单一，一般与截面形式与截面尺寸紧密相关。单击【结构】→【柱】→【编辑类型】命令，在弹出的【类型属性】对话框中，点击【复制】命名为【KZ-1】并修改尺寸标注，如图 3-4-1 所示。

3.4 柱的创建

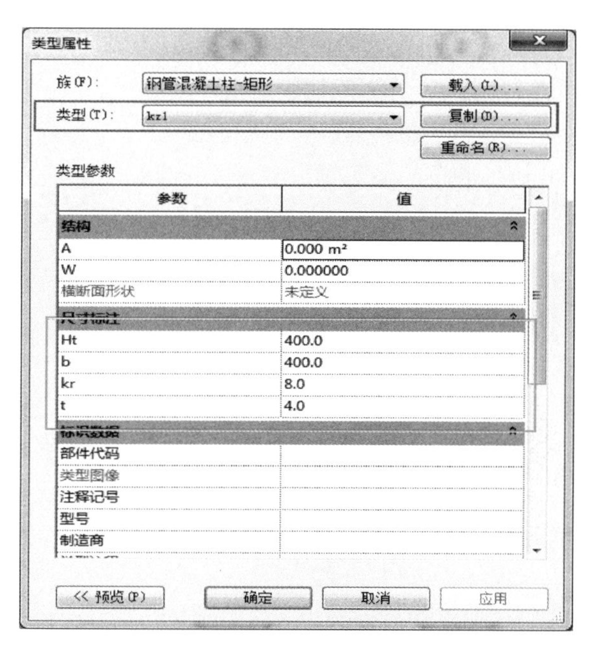

图 3-4-1

在柱命令对应的选项栏里，选择【高度/深度】则表示柱子从当前标高（基础顶）向上/向下添加。用户可以在基础顶选取【未连接】选择构造柱到达的高度，如图 3-4-2 所示。

图 3-4-2

注：由于 CAD 图纸中明确说明框架柱的尺寸说明，基础顶～4.450 框架柱，4.450～屋面框架柱不同，如图 3-4-3 所示。

根据图纸，在轴网的交点上布置框架柱依次绘制【KZ-1】、【KZ-2】、【KZ-3】、【KZ-4】、【KZ-5】、【KZ-6】，如图 3-4-4 所示。

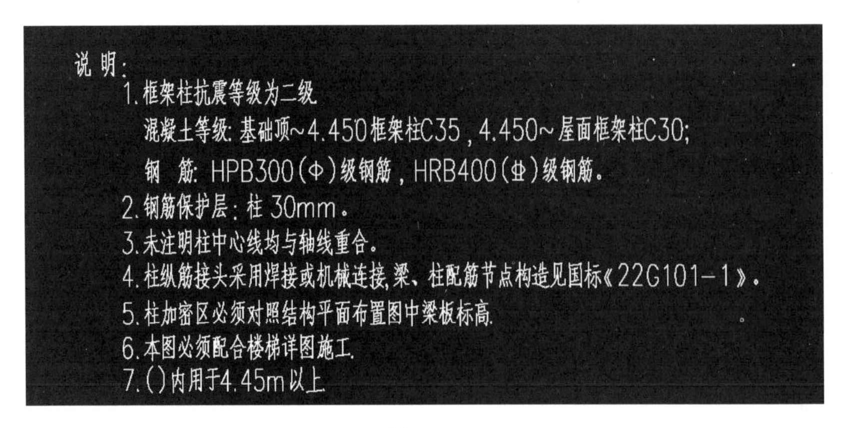

说 明：

1. 框架柱抗震等级为二级

 混凝土等级：基础顶~4.450框架柱C35，4.450~屋面框架柱C30；

 钢　筋：HPB300(Φ)级钢筋，HRB400(⌀)级钢筋。

2. 钢筋保护层：柱 30mm。

3. 未注明柱中心线均与轴线重合。

4. 柱纵筋接头采用焊接或机械连接，梁、柱配筋节点构造见国标《22G101-1》。

5. 柱加密区必须对照结构平面布置图中梁板标高。

6. 本图必须配合楼梯详图施工。

7. ()内用于4.45m以上。

图 3-4-3

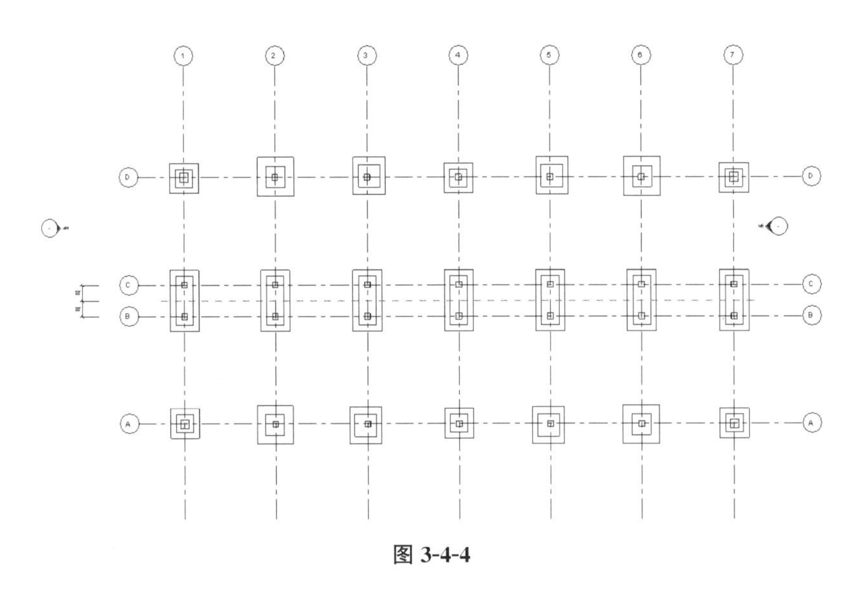

图 3-4-4

绘制完可进入到三维视图来进行查看，点击屏幕最上方的【三维视图】，如图 3-4-5 所示。

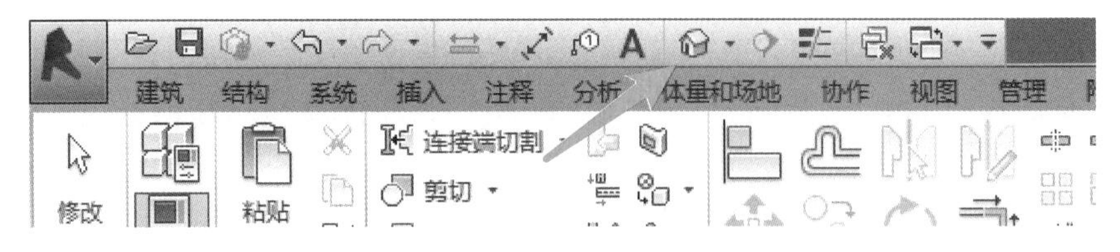

图 3-4-5

进入到三维视图之后，拖动右上角标志进行三维查看，如图 3-3-8 所示，也可以按住【Shift】与【鼠标滚轮】进行查看，如图 3-4-6 所示。

由于基础顶～4.450 柱的尺寸不同，现在需要进入到 4.450 标高进行绘制。点击【结构平面】打开【4.450 标高】。选择【结构】→【柱】，因为在之前已经创建了框架柱【KZ-1～KZ-5】只需要创建【KZ-6】，所有创建好的框架柱都可以在属性栏里面找到，创建时只需要选择对应的框架柱即可，如图 3-4-7 所示。

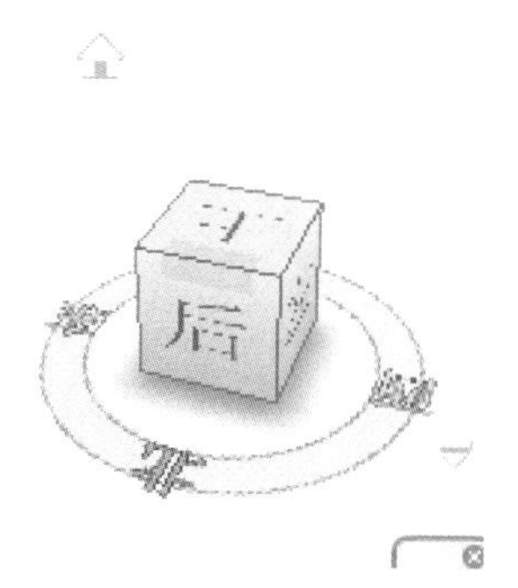

图 3-4-6

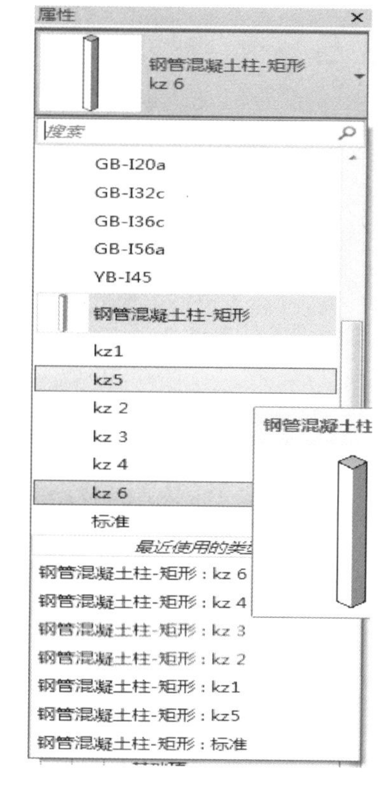

图 3-4-7

当所有的柱绘制完成之后，进入到三维视图查看柱的连接、尺寸是否正确，如图 3-4-8 所示。

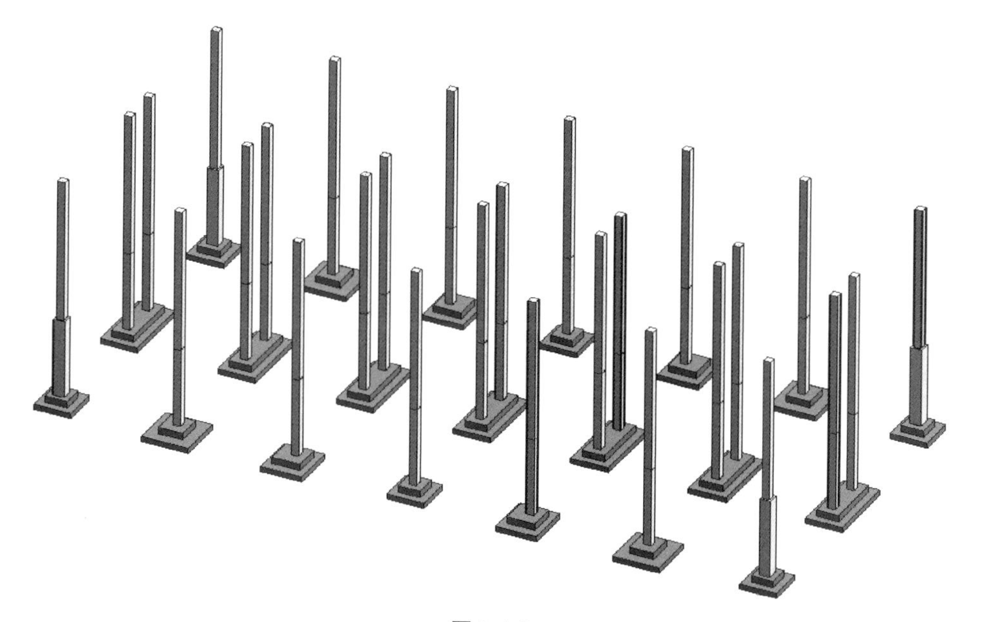

图 3-4-8

3.5 创建梁

框架梁（KL）是指两端与框架柱（KZ）相连的梁，或者两端与剪力墙相连但跨高比不小于 5 的梁。现在结构设计中，对于框架梁还有另一种观点，即需要参与抗震的梁。框架梁时锚入柱中，柱锚入基础梁内。在 Revit 中框架梁的形式多种多样，以截面尺寸、梁标高、相对应位置等基本信息作为绘制框架梁的基本重点。

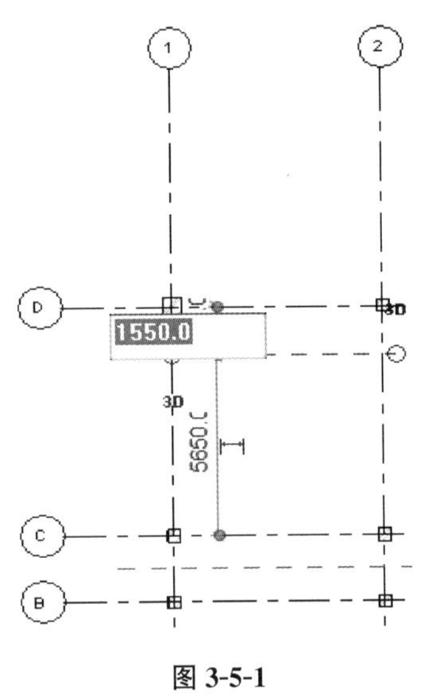

图 3-5-1

根据 CAD 图纸绘制的梁分别在标高【−0.050】、【4.450】、【8.350】、【12.250】、【16.150】自低到高依次绘制，在绘制梁之前，根据图纸补充缺少的拾取点。点击【结构】→【参照平面】在缺少轴网的位置绘制【参照平面】，如图 3-5-1 所示，依据图纸将轴网补充完整如图 3-5-2 所示。

点击【结构】→【梁】→【编辑类型】命令，在弹出的【编辑类型】对话框中，单击【复制】按钮，在弹出的对话框中输入【JLL-1】，单击【确定】。单击【载入】→【结构】文件夹→【框架】文件夹→【混凝土】文件夹中找到【混凝土—矩形梁】单击【打开】，如图 3-5-3 所示。

在【尺寸标注】栏中输入 b、h 数值单击【确定】，如图 3-5-4 所示。

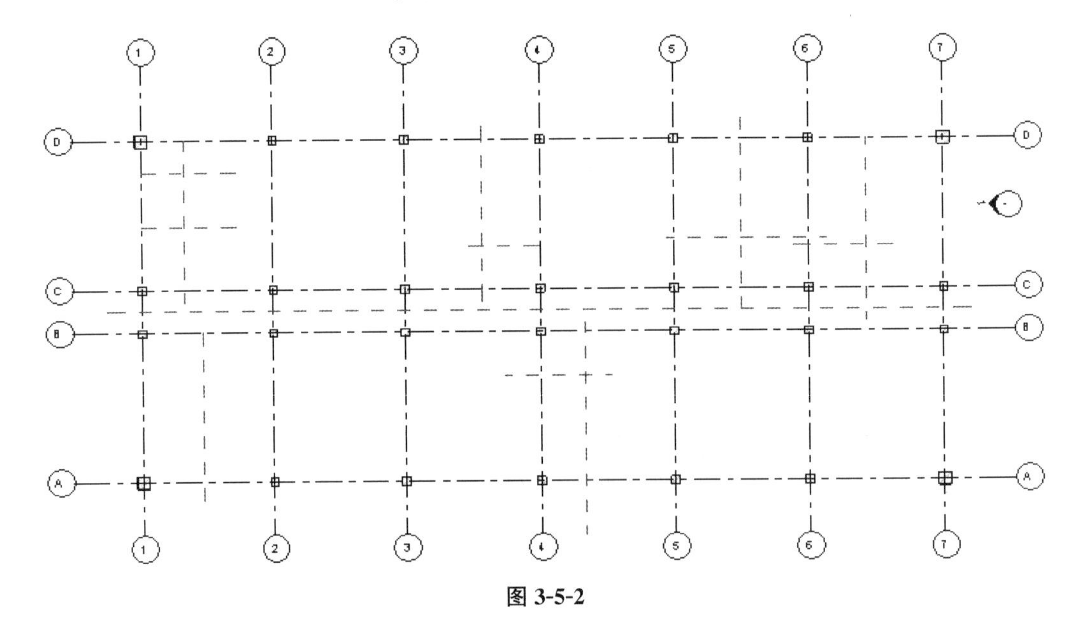

图 3-5-2

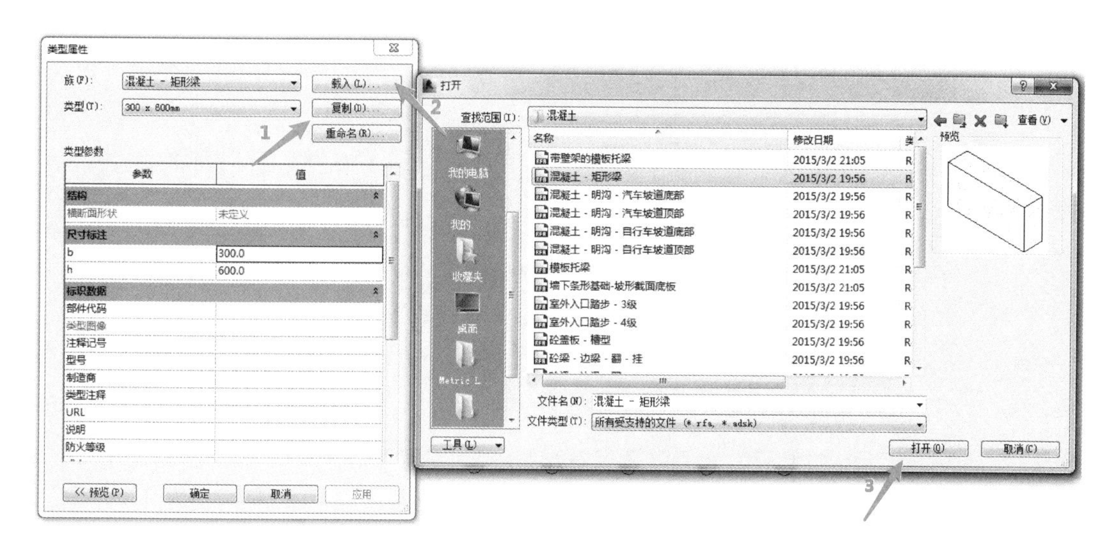

图 3-5-3

类型属性

族(F)：	混凝土 - 矩形梁	载入(L)...
类型(T)：	300 x 600mm	复制(D)...
		重命名(R)...

类型参数

参数	值
结构	
横断面形状	未定义
尺寸标注	
b	300.0
h	800.0
标识数据	
部件代码	
类型图像	
注释记号	
型号	
制造商	
类型注释	
URL	
说明	
防火等级	

<< 预览(P)　确定　取消　应用

图 3-5-4

根据图纸完成【－0.050】标高完成基础连系梁的绘制，依次建立【JLL-1～JLL1-4】，如图 3-5-5 所示。

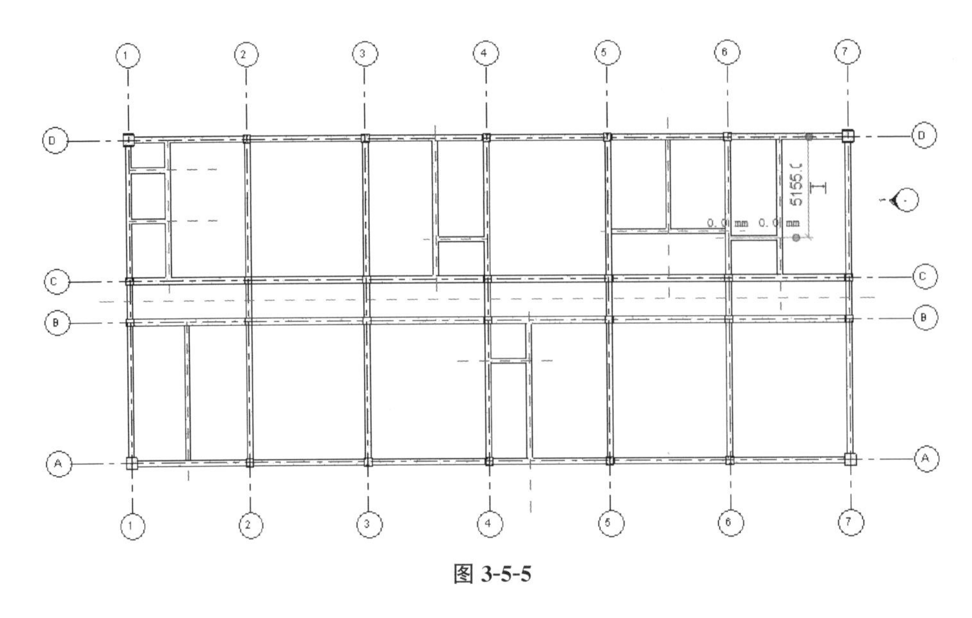

图 3-5-5

由于【4.450】以上为结构楼层，将梁的名称改为框架梁【kl1】。根据相同的方法对标高【4.450】进行绘制。单击标高【4.450】点击【结构】→【梁】→【编辑类型】命令，在弹出的对话框中，单击【复制】在弹出的对话框中输入【KZ-1】单击【确定】在【尺寸标注】栏中输入 b、h 尺寸点击【确定】，如图 3-5-6 所示。可将之前绘制的参照平面删除后重新创建参照平面，绘制完成后进入到三维视图中进行查看，如图 3-5-7 所示。

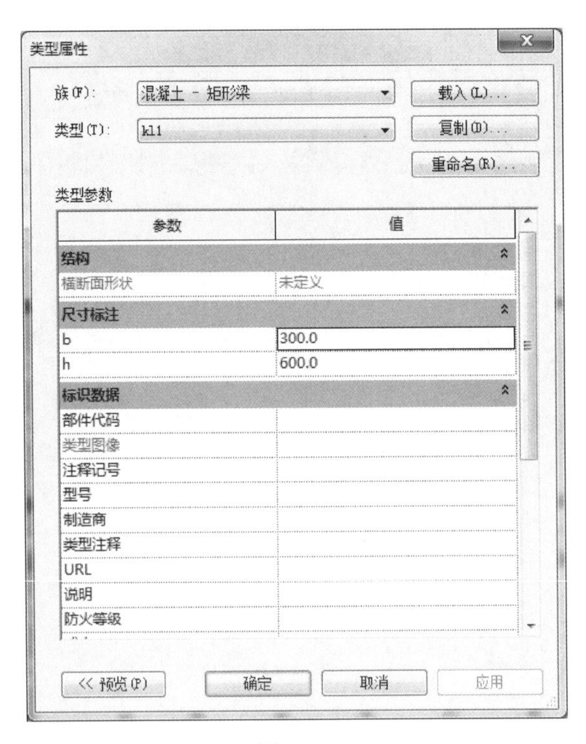

图 3-5-6

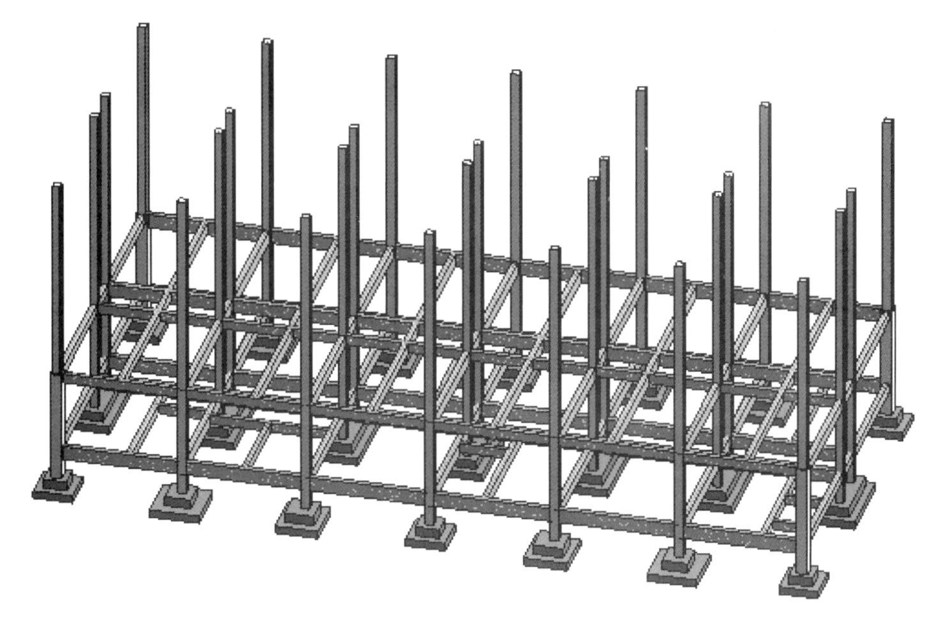

图 3-5-7

如果进入三维视图发现与视图不符，点击左下角【视觉样式】进行修改，如图 3-5-8 所示，单击【真实】。还可滑动鼠标滚轮对三维视图进行放大，查找细部构造连接。

图 3-5-8

标高【4.450】绘制完成后，进入到【8.350】标高进行创建，对之前创建的参照平面进行修改，并【复制】框梁命名为【KZ1-1】【kl2-2】依次类推，创建连梁单击【结构】→【梁】→【编辑类型】命令，在弹出的对话框中，单击【复制】，在弹出的对话框中输入【L-1】，单击【确定】，在【尺寸标注】栏中输入 b、h 尺寸，点击【确定】，如图 3-5-9 所示，完成标高【8.850】梁的绘制，如图 3-5-10 所示。

由于标高【8.850】与标高【12.250】梁的图纸完全相同，可以通过楼层复制来创建【12.250】标高位置的梁。单击结构平面内标高【8.350】，回到此平面，按住鼠标左键框选此楼层中全部的梁构件，如图 3-5-11 所示，所框选中的图形中存在其他构件如轴网、视图等。

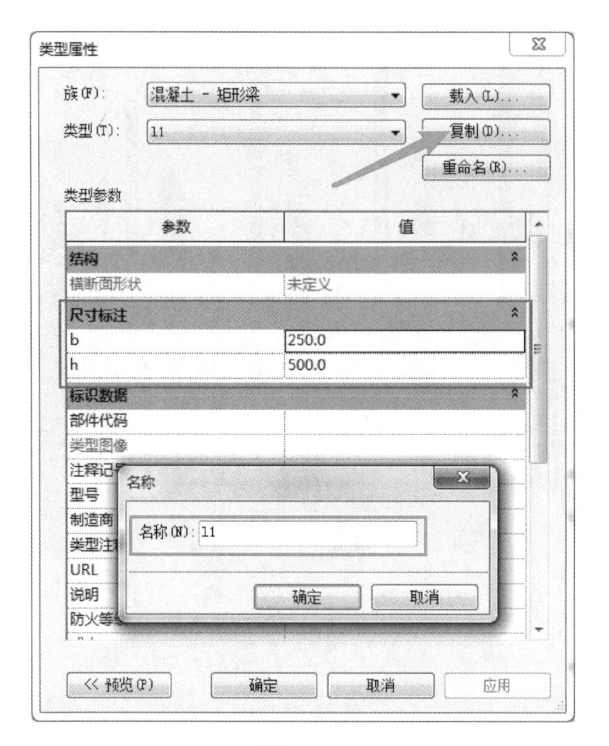

图 3-5-9

3.6
楼层的
复制

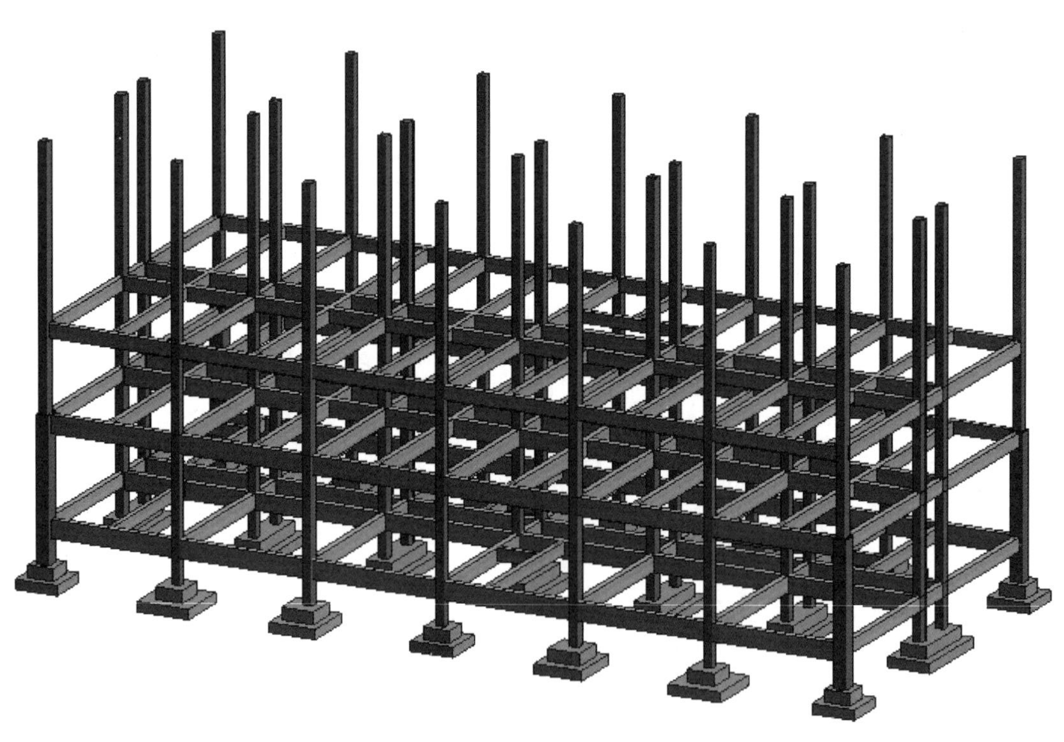

图 3-5-10

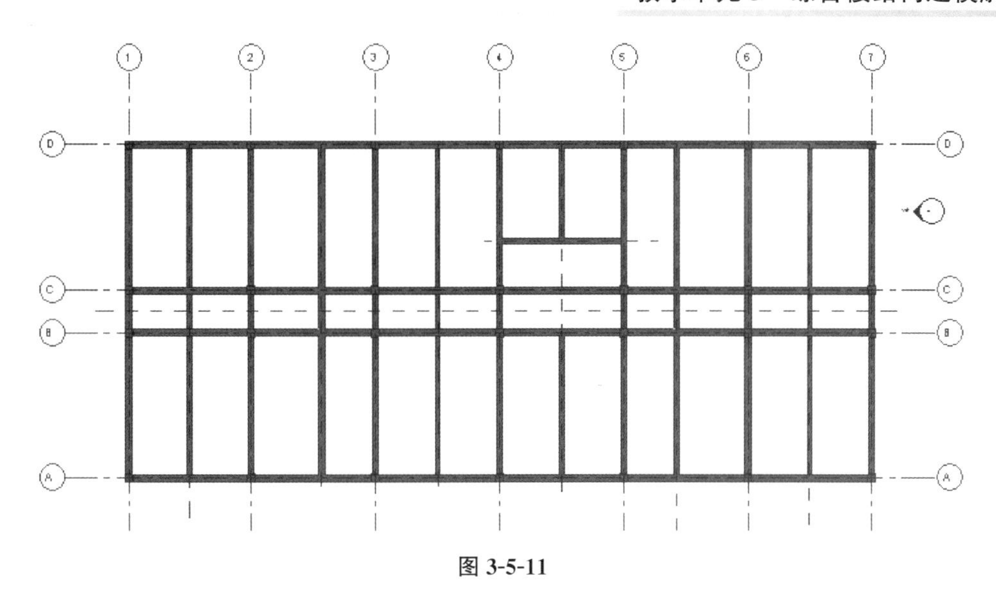

图 3-5-11

在【选择】面板中单击【过滤器】命令，如图 3-5-12 所示。

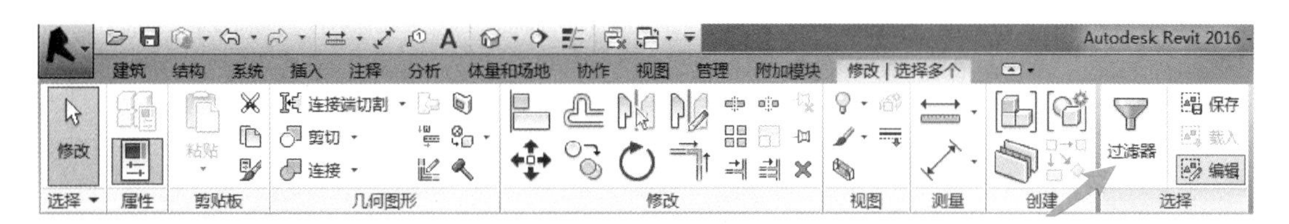

图 3-5-12

在弹出的【浏览器】对话框中，单击【放弃全部】勾选【结构框架】单击【确定】按钮，如图 3-5-13 所示。

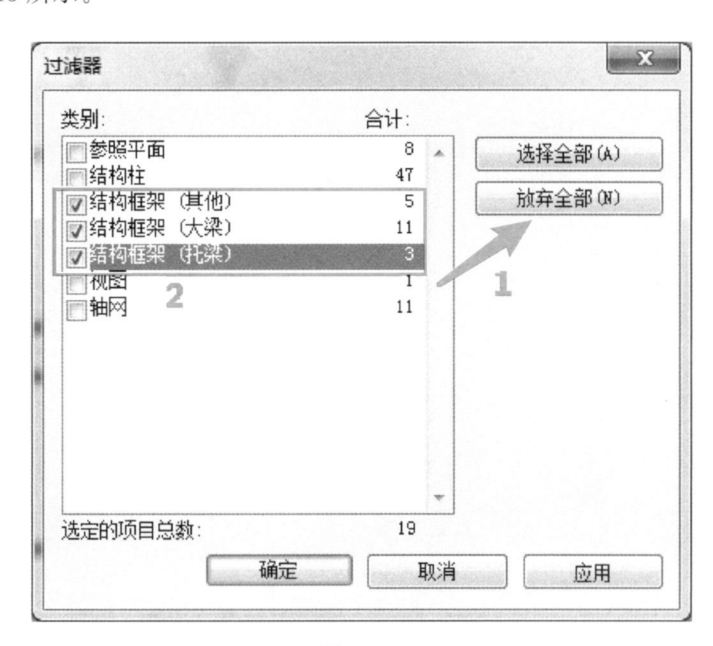

图 3-5-13

在【剪贴板】面板单击【复制】→【粘贴】选择【与选定标高对齐】，如图 3-5-14 所示。在弹出的【选择标高】对话框中，单击标高【12.250】点击【确定】，如图 3-5-15 所示。

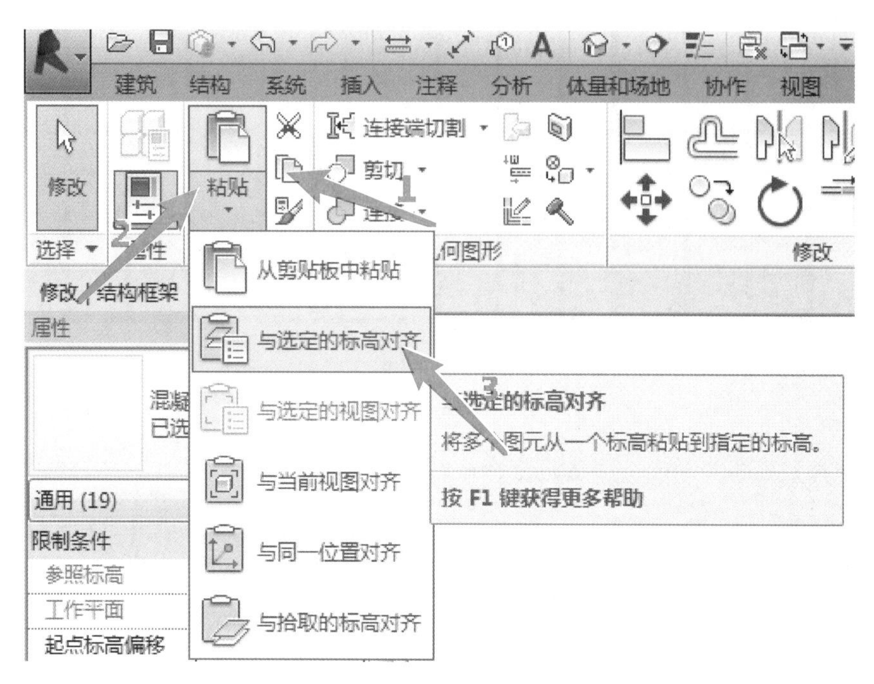

图 3-5-14

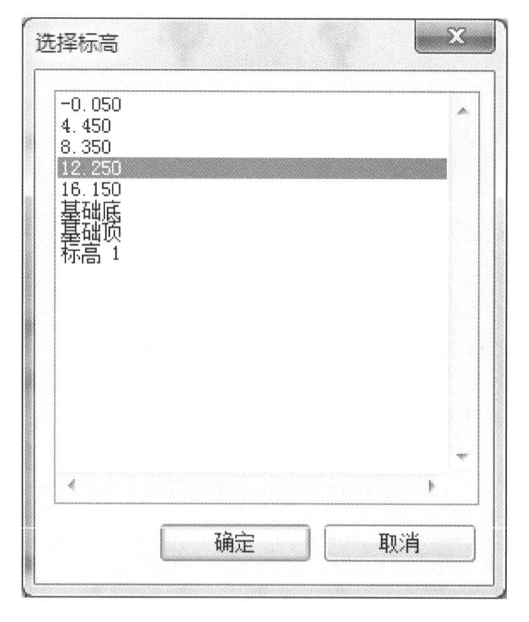

图 3-5-15

复制好的标高，如图 3-5-16 所示，此时已经完成 4 层梁的创建。

注：楼层平面图不同不可进行复制，完全相同的楼层可用复制楼层来创建。

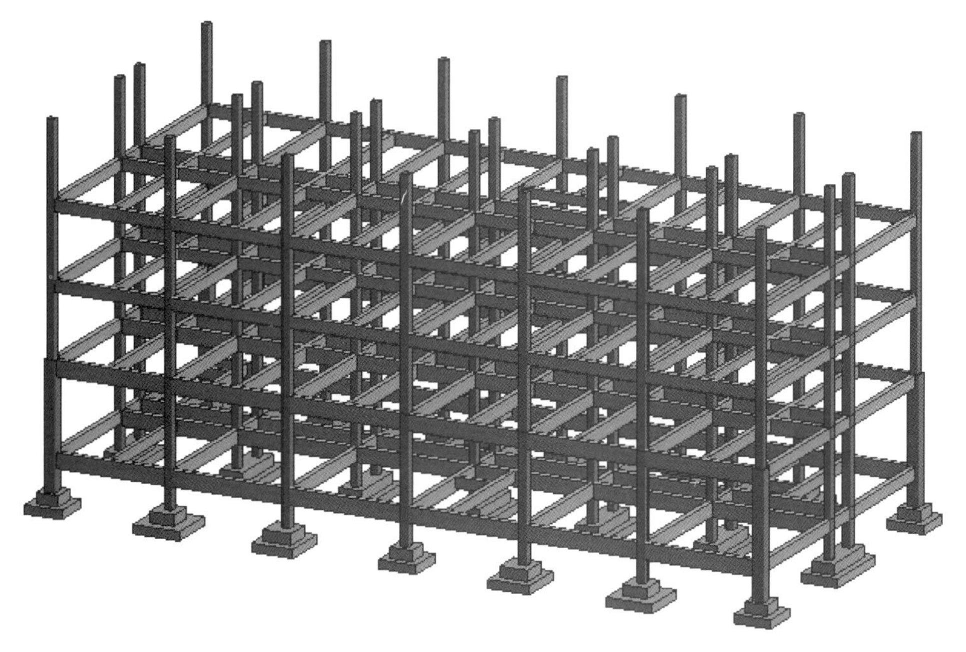

图 3-5-16

最后进入到标高【16.150】进行创建。创建连梁单击【结构】→【梁】→【编辑类型】命令，在弹出的对话框中，单击【复制】在弹出的对话框中输入【WKL-1】，单击【确定】在【尺寸标注】栏中输入 b、h 尺寸点击【确定】，如图 3-5-17 所示。

类型属性

族(F): 混凝土 - 矩形梁　载入(L)...

类型(T): kl1-1　复制(D)...

重命名(R)...

类型参数

参数	值
结构	
横断面形状	未定义
尺寸标注	
b	300.0
h	600.0
标识数据	
部件代码	
类型图像	
注释记号	
型号	
制造商	
类型注释	
URL	
说明	
防火等级	

名称

名称(N): wkl 1

确定　取消

<< 预览(P)　确定　取消　应用

图 3-5-17

依次创建【WKL-2】、【WKL-3】、【WKL-4】，并对已经创建的连梁进行选取绘制，完成全部的梁的创建，如图 3-5-18 所示。

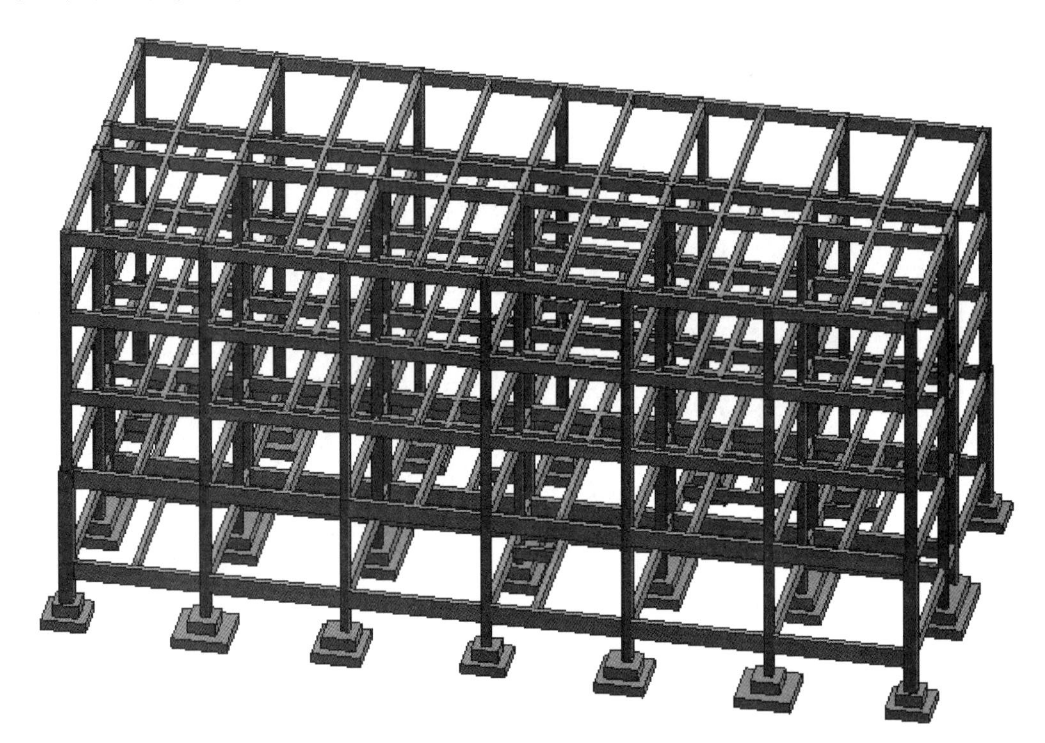

图 3-5-18

3.6 创建楼板

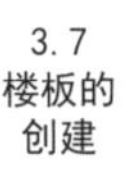

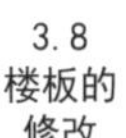

3.7 楼板的创建

3.8 楼板的修改

建筑物中水平方向分隔空间的构件。又称楼层、楼盖。如预制场生产加工的混凝土预制件、现浇房盖。创建楼板单击【结构】→【楼板】→【编辑类型】命令，在弹出的对话框中，单击【复制】在弹出的对话框中输入【LB-1】，单击【确定】，在【构造】栏【结构参数值】单击【编辑】，可在弹出的【编辑部件】对话框中选择、编辑图纸对应的【结构、厚度】。可以看到栏中结构材质是被勾选的，也就是在绘制完成后，单击楼板或其他构件，可以在其属性中，得出该构件的材质组成，这也是 BIM 优于 CAD 的理由之一。对此楼板的材质进行编辑，在材质栏单击【按类别】后，单击此栏右上角出现的三点图标，如图 3-6-1 所示。

在弹出的【材质浏览器】中，搜索【混凝土】选择【现场浇筑混凝土】，如图 3-6-2 所示。

注：在图 3-6-2 右半部分中，可以对其标识、图形、外观对应图纸进行调整，调整完毕要勾选【使用渲染外观】，这样就可以在所绘制完成的三维图中，清晰明了地看到材质

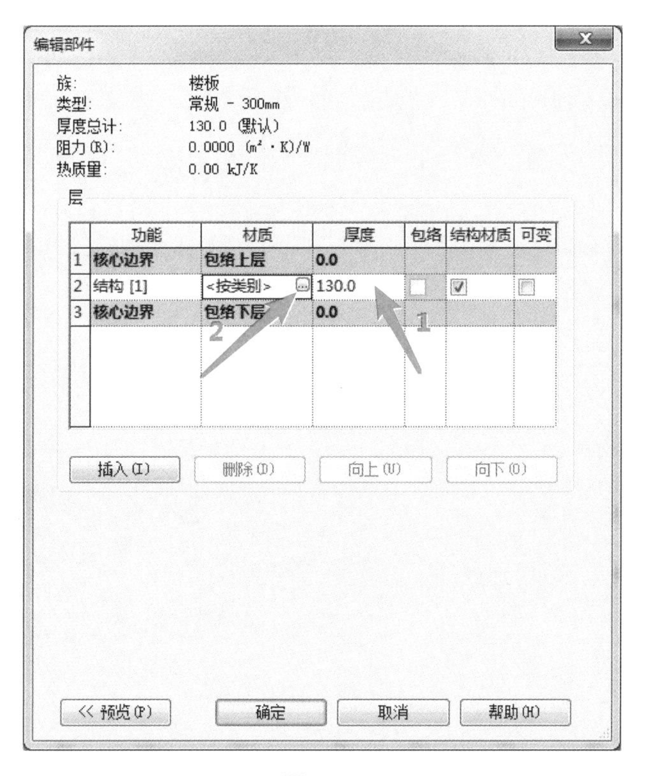
编辑部件
族: 楼板
类型: 常规 - 300mm
厚度总计: 130.0 (默认)
阻力(R): 0.0000 (m²·K)/W
热质量: 0.00 kJ/K
层
功能
材质
厚度
包络
结构材质
可变
1 核心边界 包络上层 0.0
2 结构 [1] <按类别> 130.0
3 核心边界 包络下层 0.0
1
2
插入(I)
删除(D)
向上(U)
向下(O)
<< 预览(P)
确定
取消
帮助(H)

图 3-6-1

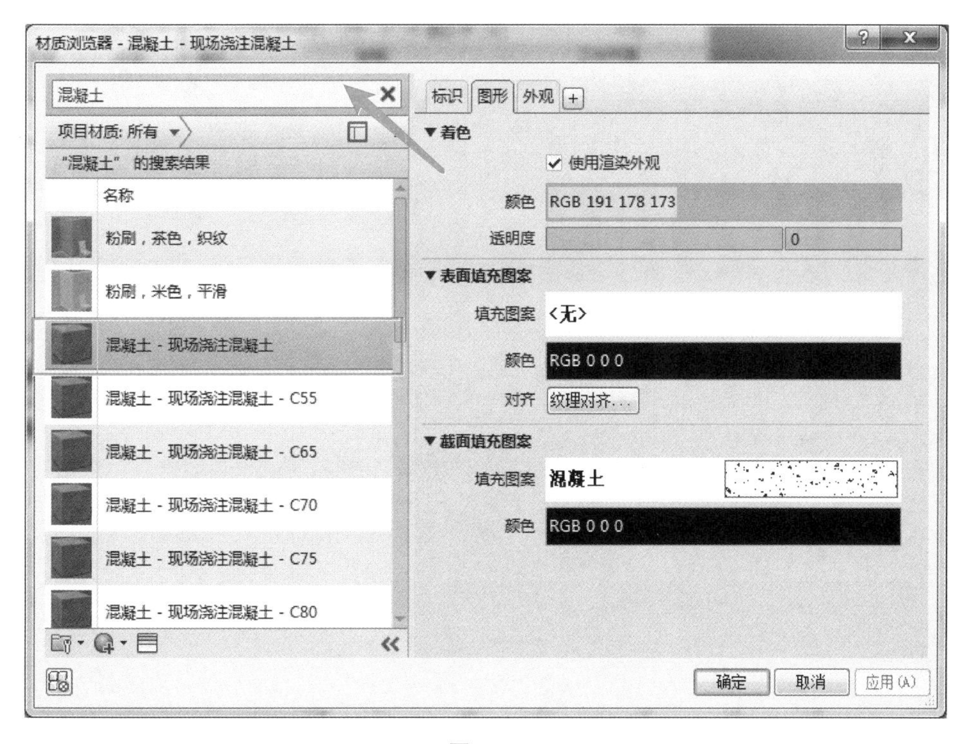
材质浏览器 - 混凝土 - 现场浇注混凝土
混凝土
项目材质: 所有
"混凝土" 的搜索结果
名称
粉刷，茶色，织纹
粉刷，米色，平滑
混凝土 - 现场浇注混凝土
混凝土 - 现场浇注混凝土 - C55
混凝土 - 现场浇注混凝土 - C65
混凝土 - 现场浇注混凝土 - C70
混凝土 - 现场浇注混凝土 - C75
混凝土 - 现场浇注混凝土 - C80
标识
图形
外观
着色
使用渲染外观
颜色 RGB 191 178 173
透明度 0
表面填充图案
填充图案 <无>
颜色 RGB 0 0 0
对齐 纹理对齐...
截面填充图案
填充图案 混凝土
颜色 RGB 0 0 0
确定
取消
应用(A)

图 3-6-2

的颜色。

如果【材质浏览器】中没有所需材料，可进行新建材质：点击【新建并复制材质】图标-【新建材质】，如图 3-6-3 所示。将新建的材质重命名为所需名称点击【鼠标右键】→【重命名】，如图 3-6-4 所示，打开资源浏览器进行搜索，并选定所需材料，如图 3-6-5 所示。

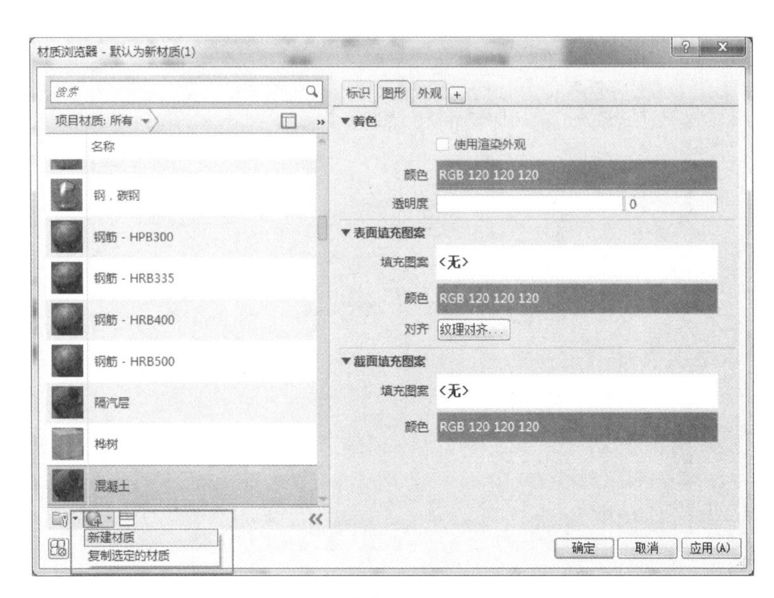

图 3-6-3

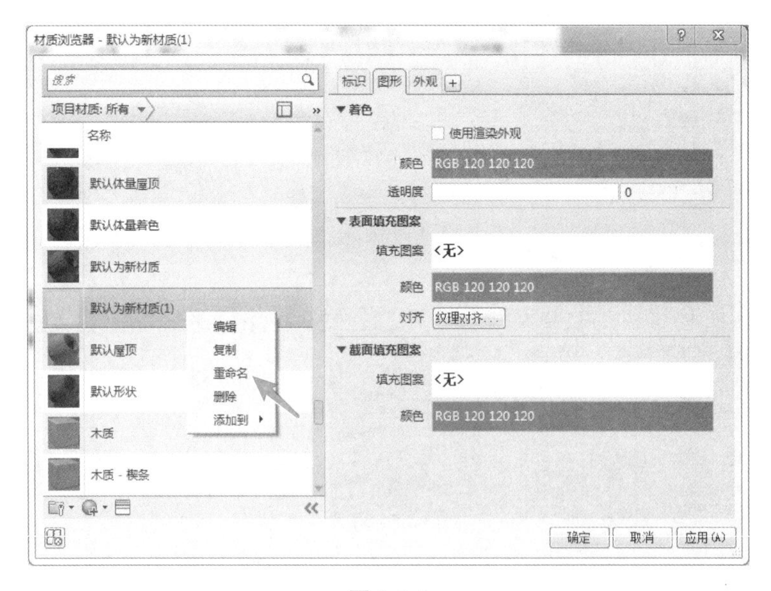

图 3-6-4

关闭【资源浏览器】，依次点击【确定】完成楼板参数的修改。开始对楼板进行绘制，单击【修改 | 创建楼板边界】选项卡-【绘制】面板-【边界线】的【矩形】命令，挪动光标到绘图区域绘制楼板，如图 3-6-6 所示。

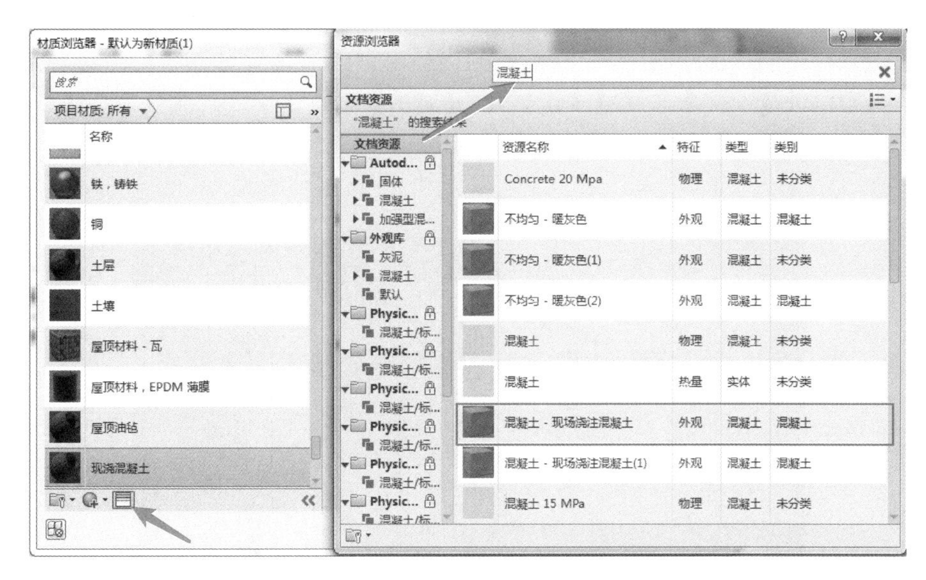

图 3-6-5

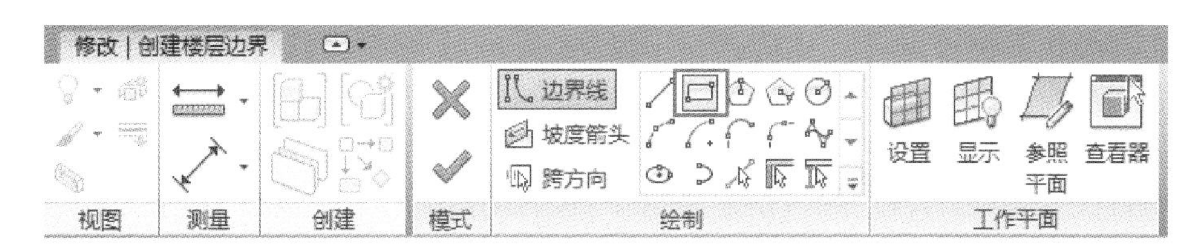

图 3-6-6

注：由于图纸中楼板的厚度不同、没有剪力墙结构，不能使用【拾取墙】、【拾取支座】命令。

对 130mm 板厚的楼板进行绘制，选择图形的角点拖曳到另一个角点，如图 3-6-7 所示，点击【模式】面板中的【对勾】完成板的绘制。对每块板厚 130mm 依次绘制，按【Enter】

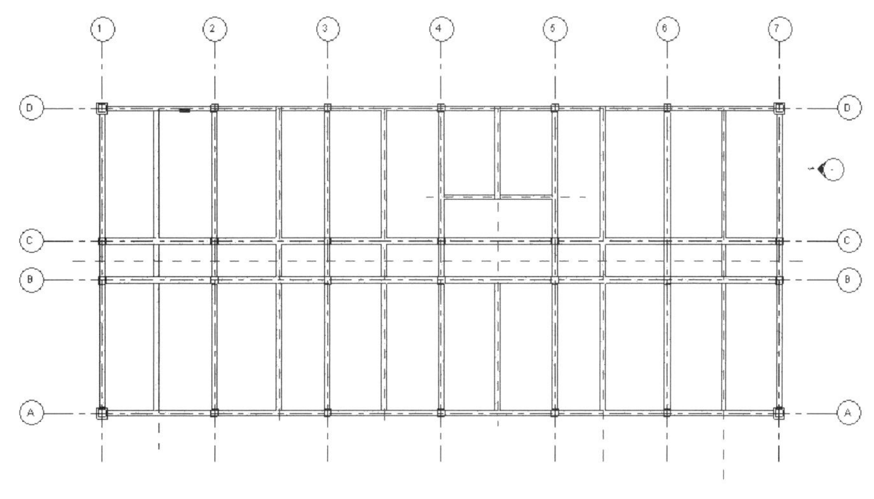

图 3-6-7

键重复上一次命令，方便对楼板的绘制。完成 130mm 板厚的楼板创建后，同样对 140mm 板厚的楼板进行绘制。在绘制 140mm 板厚的楼板时，点击【编辑类型】→【复制】在弹出的对话框中输入【LB-2】点击【确定】，在【结构】中点击编辑修改板厚为【140】单击【确定】。

Autodesk CAD 图纸中说明未标注的楼板均为 120mm，如图 3-6-8 所示。

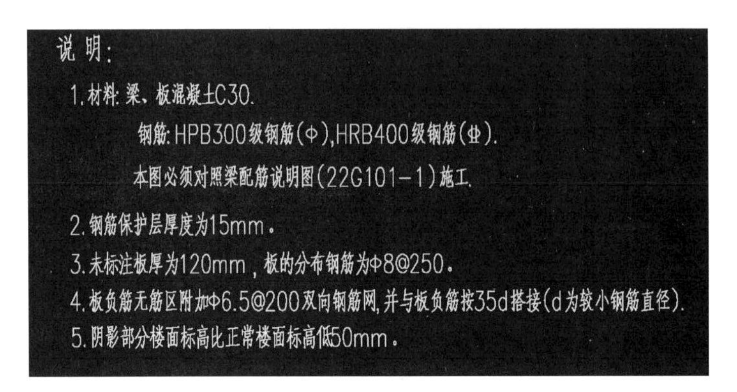

图 3-6-8

单击【结构】→【楼板】→【编辑类型】→【复制】在弹出的对话框中命名【LB-3】，在【结构参数】中编辑其楼板厚度为 120mm。当楼板绘制完成之后需要对楼板的连接进行查看，查看楼板是否连接到梁边界处。在【工作平面】中点击【查看器】可对当前楼层内所有构件进行查看，如图 3-6-9 所示，可以看到部分楼板未能连接到梁边界，回到平面视图中进行修改。

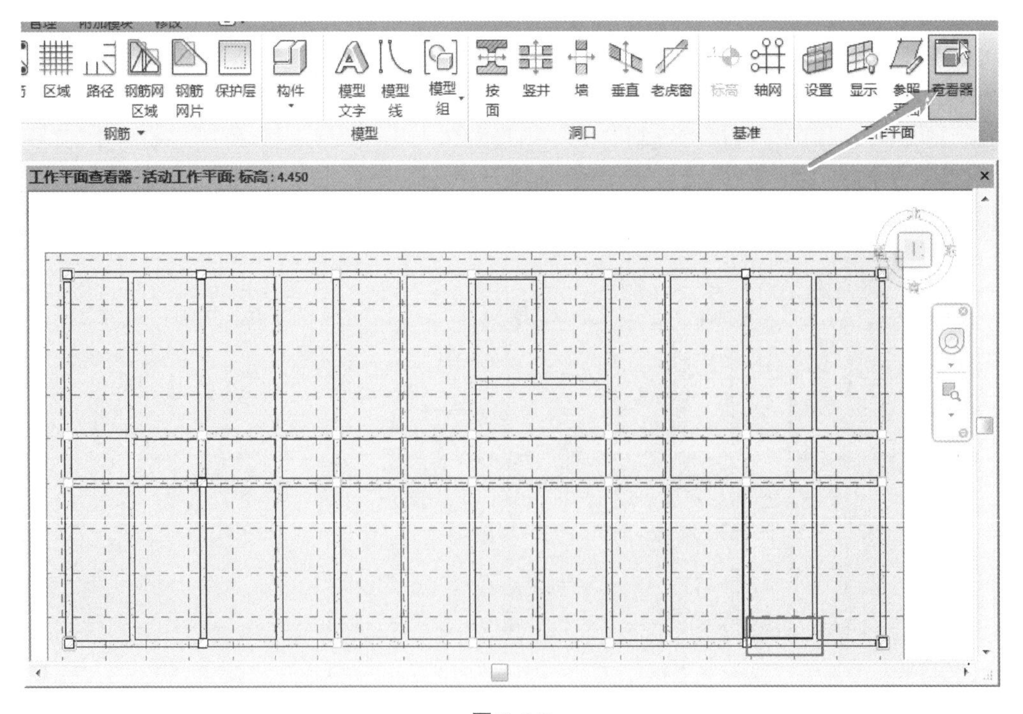

图 3-6-9

在所在视图中找到未连接到梁边界的楼板，【双击楼板】将楼板边界线拖曳到与梁边对齐，如图 3-6-10 所示，单击【对勾】完成对板的修改。

图纸中④轴与⑤轴之间的楼板需要开设洞口，可通过修改楼板边界进行开洞，也可通过竖井两种方法进行绘制。

方法一：双击需要开洞的楼板，点击【边界线】用【直线】命令绘制出需要开设洞口的尺寸，在【修改】面板中单击【拆分图元】分割多余边界线，如图 3-6-11 所示，分割完成后删除多余的线段。拆分完成后如图 3-6-12 所示。

方法二：在【结构】选项卡中找到【洞口】点击【竖井】命令，如图 3-6-13 所示，在【边界线】中选择【直线】绘制洞口尺寸点击【对号】完成绘制，如图 3-6-14 所示，竖井可通过拖曳切割多个楼板，切换到三维视图当中，找到所绘制竖井的位置，点击【竖井】可进行拖曳，如图 3-6-15 所示，或者在【竖井洞口】编辑属性中【底部限制条件】-【底部偏移】,【顶部约束】-【顶部偏移】对竖井进行限制，效果相同。

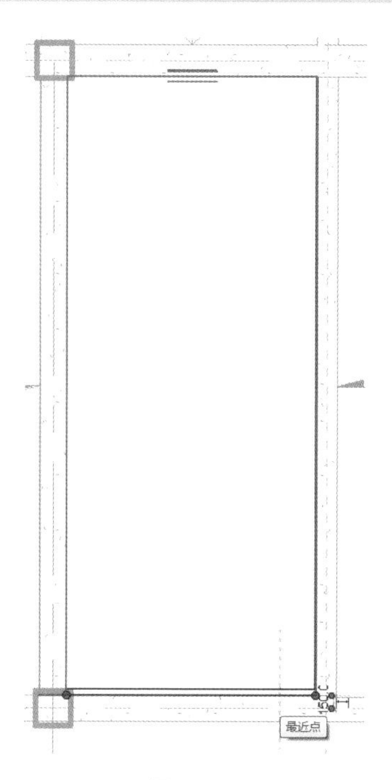

图 3-6-10

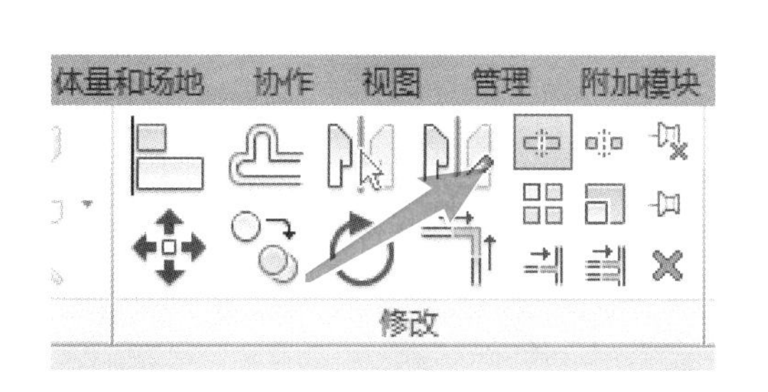

图 3-6-11

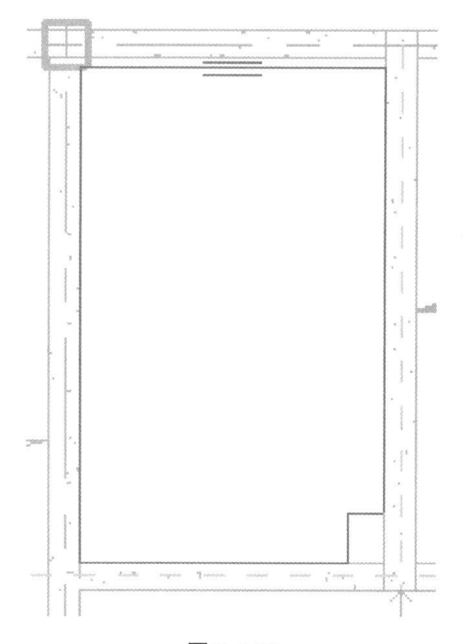

图 3-6-12

图 3-6-13

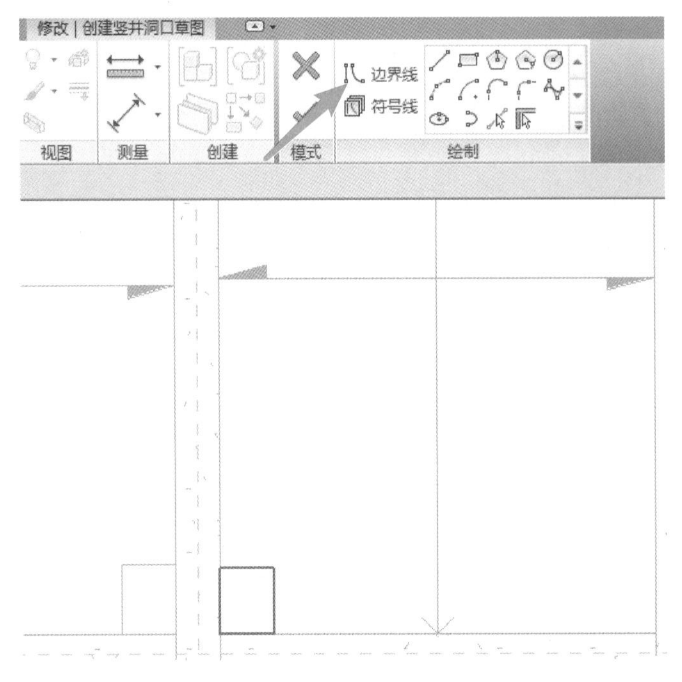

图 3-6-14

图 3-6-15

图纸中给出阴影部分楼板比正常标高低 50mm，点击【阴影处楼板】按住【Ctrl】进行多个选择（选择楼板时要选择楼板边界），如图 3-6-16 所示，选择完成后在【属性】中选择【限制条件】中的【自标高的高度偏移】，如图 3-6-17 所示，输入负值则向下偏移输入正值则向上偏移。

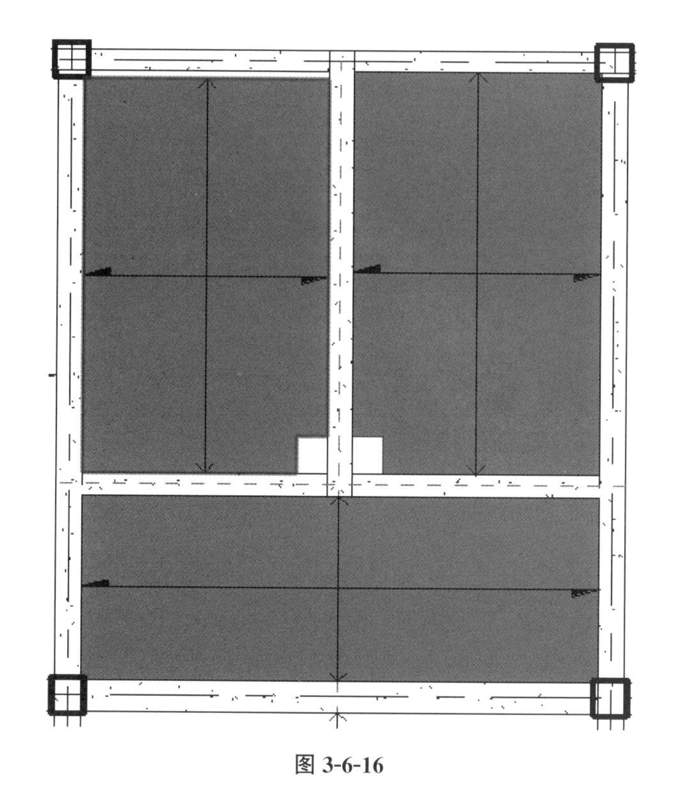

图 3-6-16

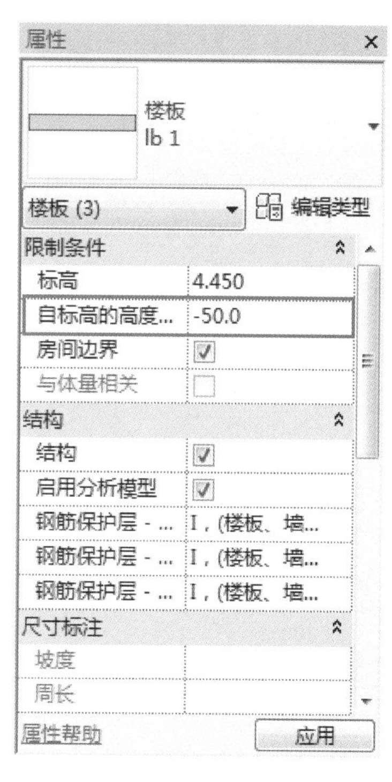

图 3-6-17

根据图纸绘制标高【8.350】楼板，点击【结构】→【楼板】在【属性】中选择已经创建好的楼板，如图 3-6-18 所示，【8.350】楼板与【12.350】楼板完全一致，用【复制】

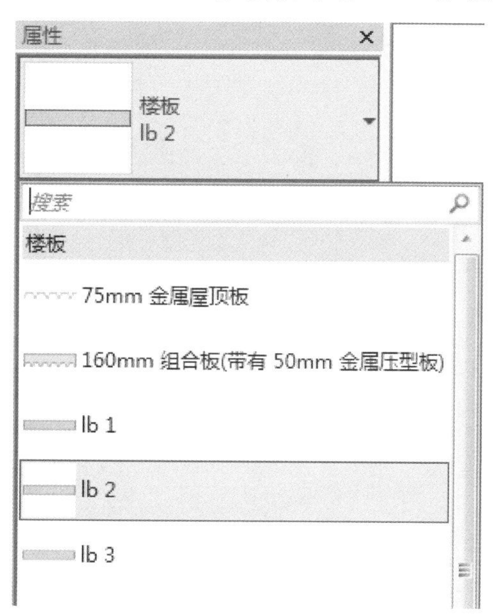

图 3-6-18

命令进行【12.350】楼板的绘制。框选当前楼层需要复制的楼板点击【过滤器】在弹出的窗口中点击【放弃全部】勾选【楼板】点击【确定】，如图 3-6-19 所示，在【剪切板】中点击【复制】→【粘贴】→【与选定标高对齐】，如图 3-6-20 所示。

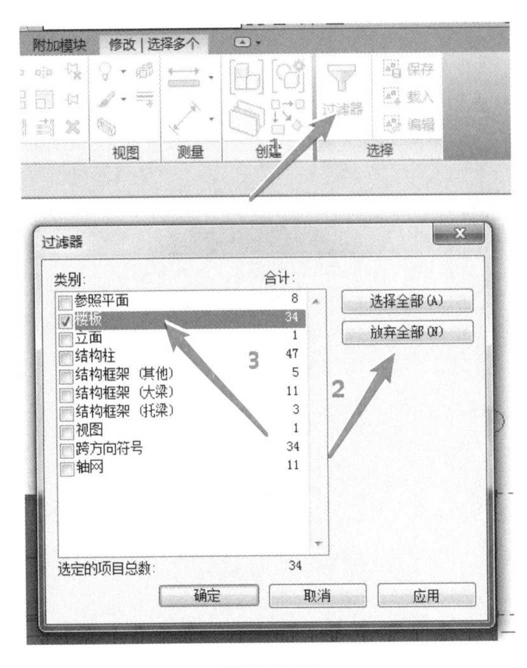

图 3-6-19

图 3-6-20

最后绘制【16.150】楼板，点击【结构】→【楼板】在【属性】中选择已经创建好的楼板绘制完成之后，如图 3-6-21 所示。

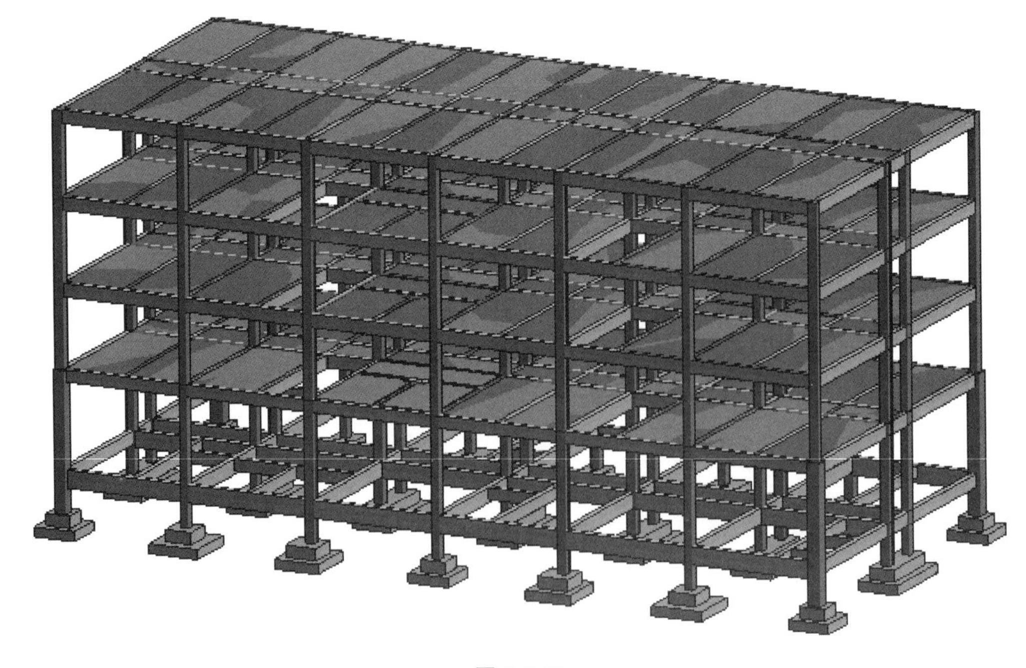

图 3-6-21

3.7 创建楼梯

3.9 楼梯的创建

Revit 提供了两种创建楼梯的方法，分别是按构件与按草图。两种方式所创建出来的楼梯样式相同，但在绘制的过程中方法不同。按构件创建楼梯，是通过装配常见梯段、平台和支撑来创建楼梯，这种方法对于创建常规样式的双跑或三跑楼梯，尤其是对预制装配式楼梯建模非常方便；按草图绘制楼梯是通过定义楼梯梯段或绘制梯面线和边界线，在平面视图中创建楼梯，尤其是创建异型楼梯特别方便。我们通过下文实例来讲解楼梯的创建。

切换到【建筑】选项卡，然后选择【楼梯坡道】面板中的【楼梯】，如图 3-7-1 所示。

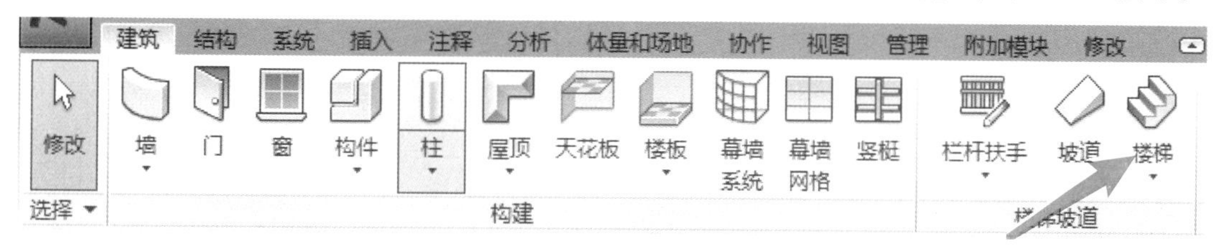

图 3-7-1

在【－0.050】平面中进行绘制，在选项栏中设置【定位线】为【梯段：右】、【实际梯段宽度】为【1200】，如图 3-7-2 所示。

定位线: 梯段: 右	偏移量: 0.0	实际梯段宽度: 1200.0	☑自动平台

图 3-7-2

在【属性】栏中选择【整体浇筑楼梯】，对该楼梯设置相应的标高限制条件，如图 3-7-3 所示。对照图纸对楼梯进行尺寸标注，修改【所需梯面数】为 30mm，【实际踏板深度】为 270mm，如图 3-7-4 所示。

参数修改完成后，绘制参照平面，如图 3-7-5 所示。

以右下方参照平面为起点开始绘制第一段，绘制到上方参照平面结束，按照同样的方法绘制另一侧梯段，如图 3-7-6 所示，绘制完成单击【对号】即可。

选中缓步台，拖曳到平台边缘然后对平台板进行绘制，选择【平台】点击【绘制草图】，如图 3-7-7 所示，选择【边界】→【矩形】绘制平台边界，如图 3-7-8 所示，修改平台参数点击【编辑类型】修改【整体厚度】为 120mm，单击【确定】，如图 3-7-9 所示，在属性中修改【相对高度】为【4450】，点击【确定】，如图 3-7-10 所示。

切换到三维视图，选择勾选剖面框，然后拖曳剖面框控制柄将视图剖切到合适位置，如图 3-7-11 所示。

根据图纸完成楼梯绘制，在完成绘制一侧绘制之后，选择楼梯单机【鼠标右键】→【选择全部实例】→【在整个项目中可见】，如图 3-7-12 所示，点击【镜像】，如图 3-7-13 所示，拾取 4 号轴线完成楼梯绘制，如图 3-7-14 所示。

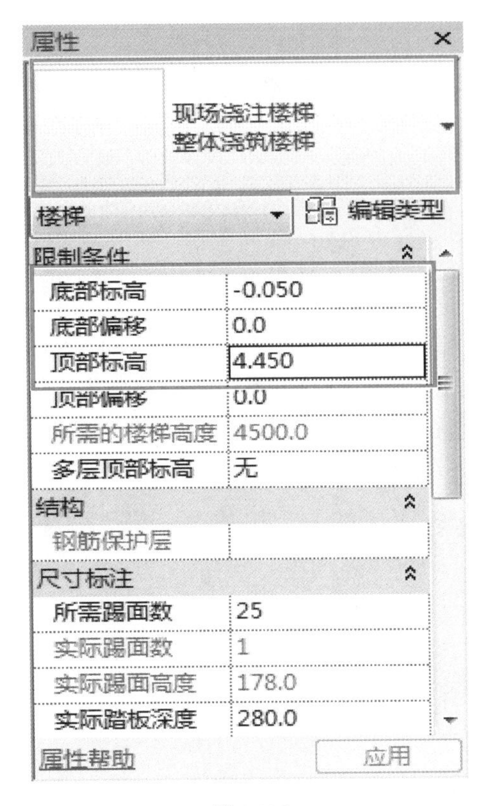

图 3-7-3

所需的楼梯高度	4500.0
多层顶部标高	无
结构	
钢筋保护层	
尺寸标注	
所需踢面数	30
实际踢面数	1
实际踢面高度	150.0
实际踏板深度	270.0
踏板/踢面起始...	1
标识数据	
图像	
注释	
标记	

图 3-7-4

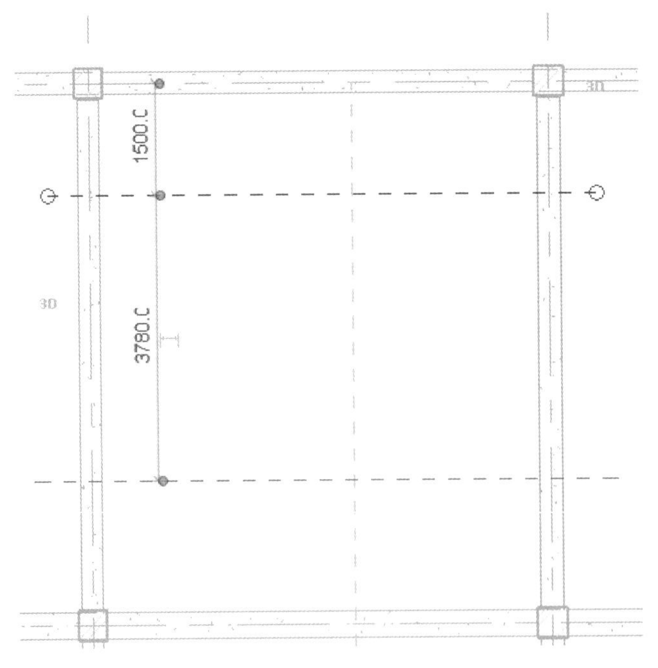

图 3-7-5

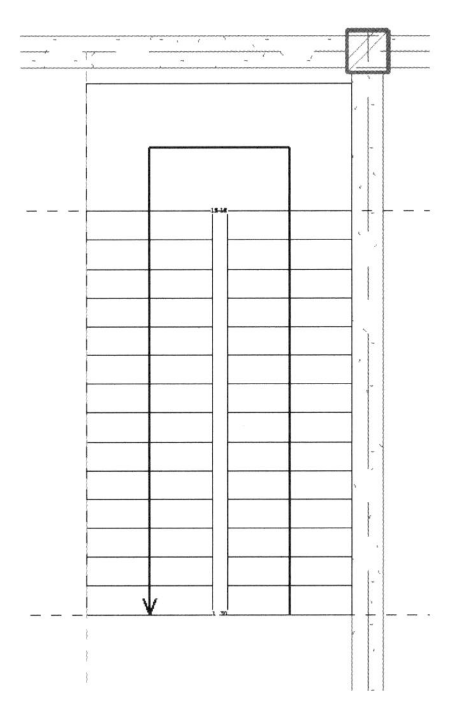

图 3-7-6

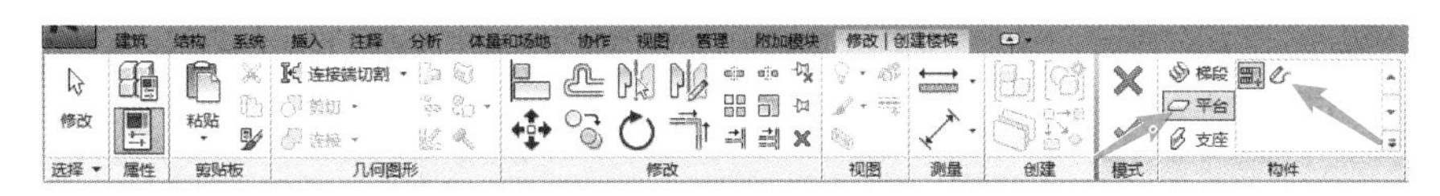

图 3-7-7

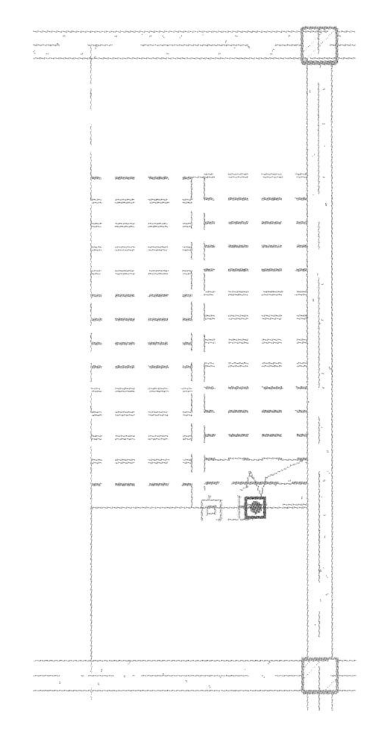

图 3-7-8

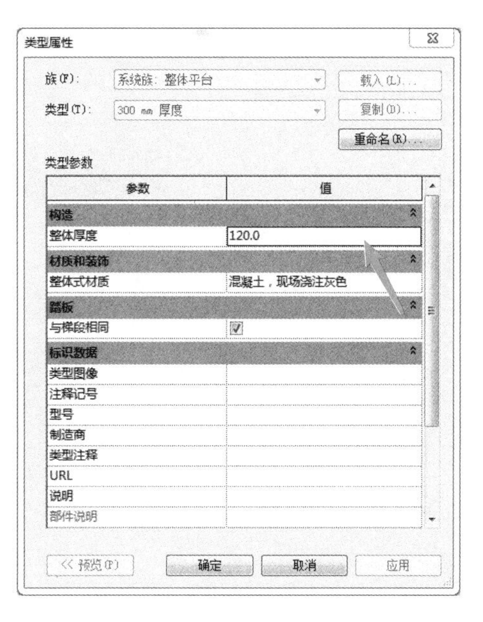

图 3-7-9

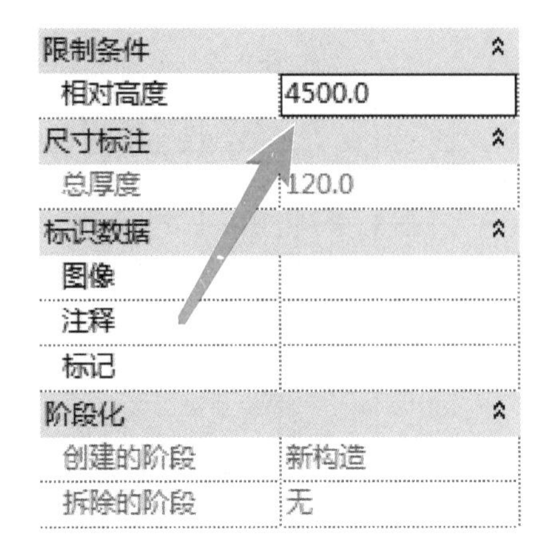
限制条件
相对高度
4500.0
尺寸标注
总厚度
120.0
标识数据
图像
注释
标记
阶段化
创建的阶段
新构造
拆除的阶段
无

图 3-7-10

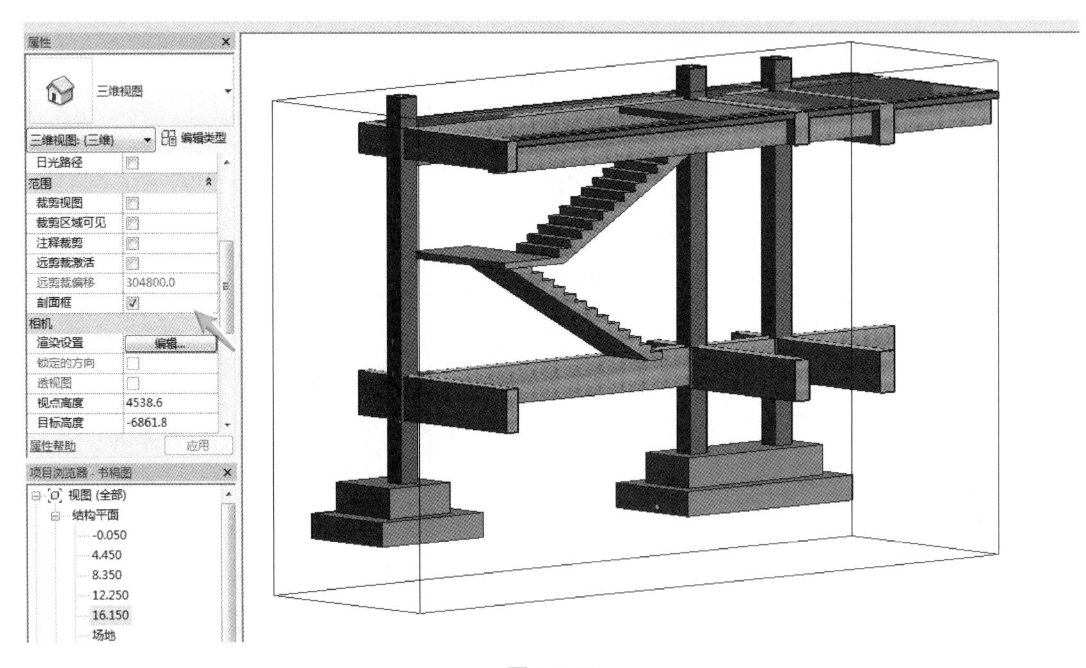
属性
三维视图
三维视图: (三维)
编辑类型
日光路径
范围
裁剪视图
裁剪区域可见
注释裁剪
远剪裁激活
远剪裁偏移
304800.0
剖面框
相机
渲染设置
编辑...
锁定的方向
透视图
视点高度
4538.6
目标高度
-6861.8
属性帮助
应用
项目浏览器 - 书稿图
视图 (全部)
结构平面
-0.050
4.450
8.350
12.250
16.150
场地

图 3-7-11

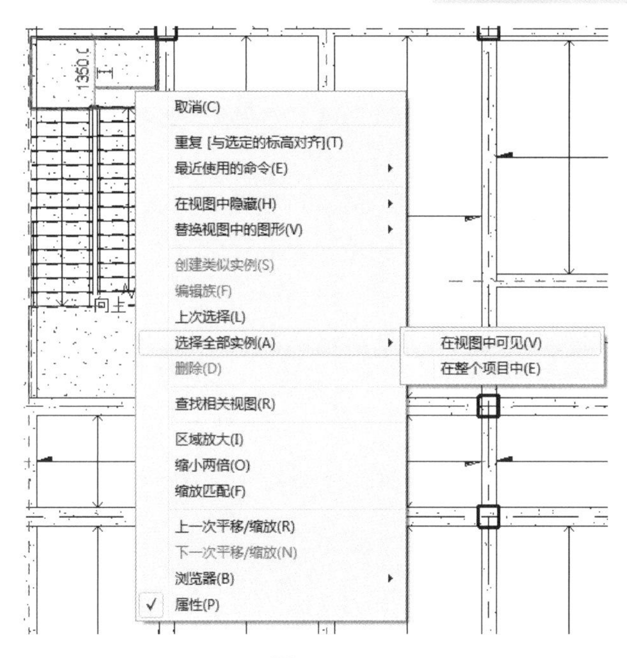

图 3-7-12

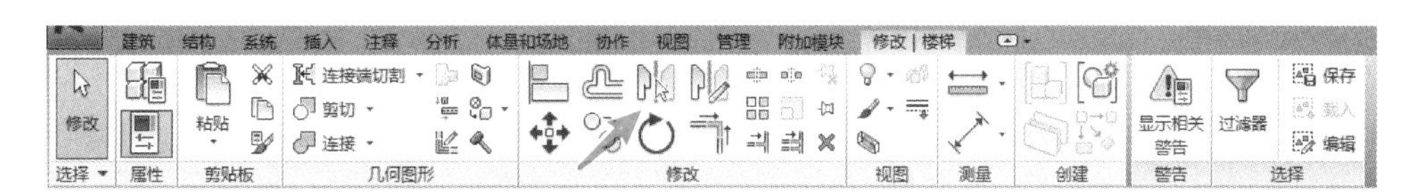

图 3-7-13

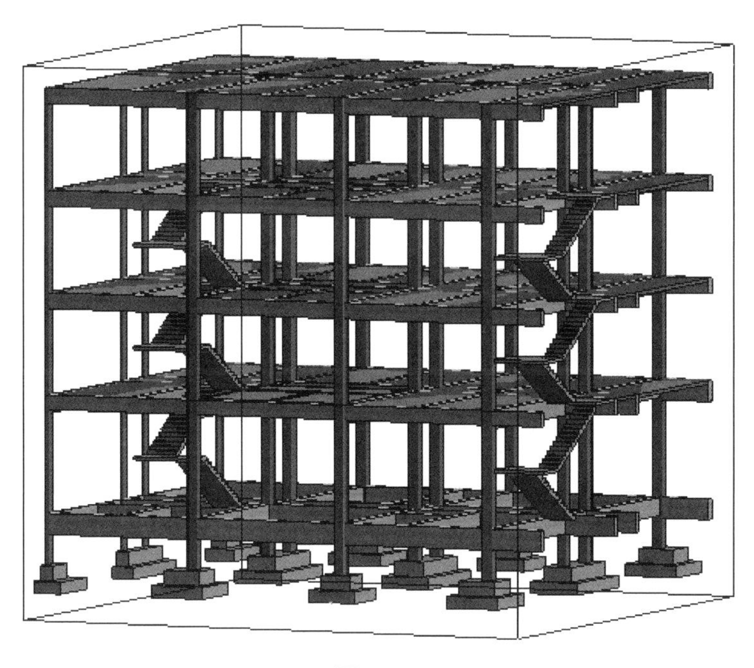

图 3-7-14

BIM 技术在国家会展中心项目中发挥作用

（一）案例简介

国家会展中心的室内展览面积 40 万 m^2、室外展览面积 10 万 m^2，整个综合体的建筑面积达到 147 万 m^2，是世界上最大综合体项目之一，首次实现大面积展厅“无柱化”办展效果。

总承包项目部引入 BIM 技术，为工程主体结构进行建模，再把各专业建好的模型与总包建好的主体结构模型进行合模，有效地修正模型，解决施工矛盾，消除隐患，避免了返工、修整。BIM 的运用将给设计、施工和运营管理带来一系列创新和变革。

（二）编写点评

本案例主要体现 BIM 技术在国家会展中心项目中的应用。通过本案例的学习，我们要使自己具备科学、严谨、细致的工匠精神，在运用 BIM 技术对指定项目进行建筑设计、室内设计、施工图设计、进度计划等编制时，要保证信息数据的精确无误，充分意识到 BIM 设计中“失之毫厘”就可能“差之千里”，一旦信息错漏会导致工程的巨大损失。我们在未来工作岗位上，要有工匠职业精神目标，能够在设计实践中理解工匠的科学、严谨、细致的职业精神和社会责任，自觉遵守建筑设计规范，培养节约工期、降低成本的职业意识。

教学单元 4　别墅楼结构建模解析

4.1 创建标高和轴网

打开 Revit 软件，进入样板选择页面，选择【结构样板】，如图 4-1-1 所示。

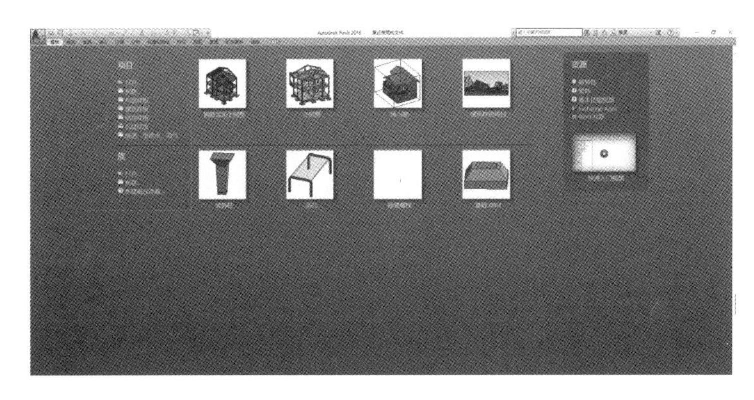

图 4-1-1

进入页面后在指定的楼层平面绘制标高和轴网，在【项目浏览器】中任选一立面，单击进入，如图 4-1-2 所示。

图 4-1-2

单击【结构】，在【基准】中，找到【标高】【轴网】进行绘制，如图 4-1-3 所示。绘制完成，如图 4-1-4 和图 4-1-5 所示。

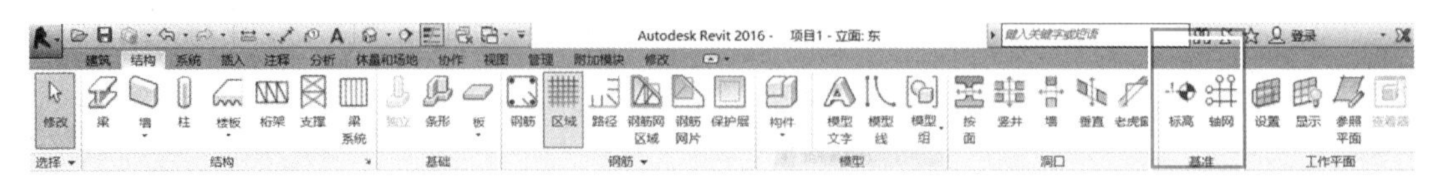

图 4-1-3

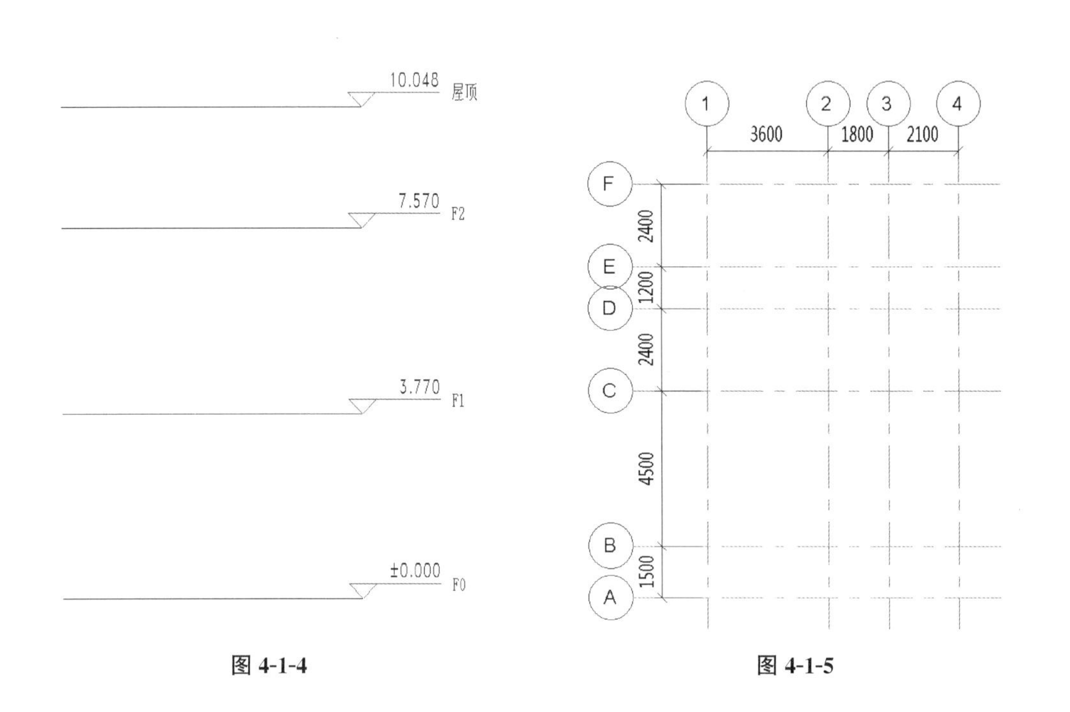

图 4-1-4

图 4-1-5

4.2 创建基础

建立基础，进入标高 F0 平面视图，单击【结构】选项卡，选择基础面板上的【独立基础】，如图 4-2-1 所示。

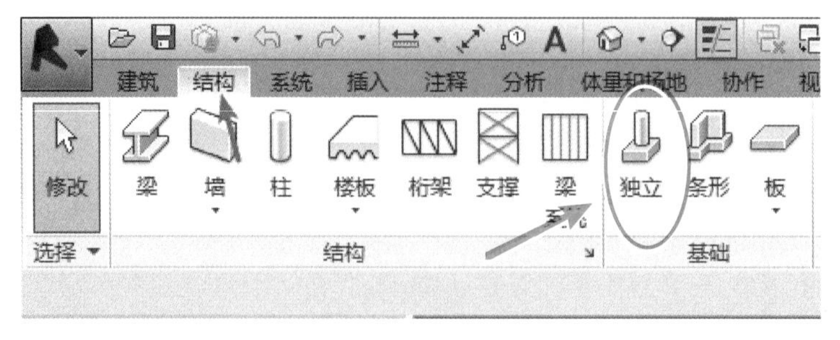

图 4-2-1

选择类型为“3000×1500×300mm”的独立基础，选择【属性】选项卡编辑独立基础，设置实例属性的偏移量为－1000mm，如图 4-2-2 所示。

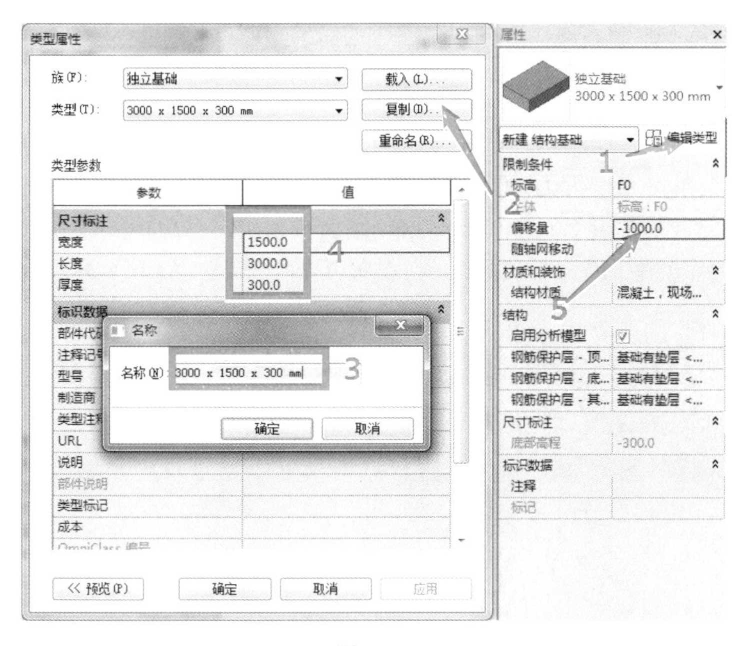

图 4-2-2

然后在距离 D 轴号和 E 轴号 900mm 处放置该基础，或建立参照平面，平分 D 轴和 E 轴，再创建类型为“3000×1500×300mm”的独立基础，设置实例属性的偏移量为－1000mm，在以下相交轴网处放置，基础绘制完成，如图 4-2-3 所示。

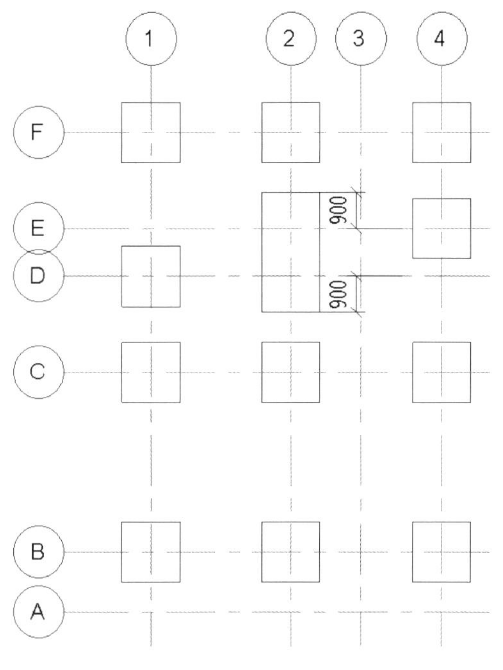

图 4-2-3

4.3 创建柱和地梁

添加一层结构柱，在【结构】选项卡中，单击【柱】，如图 4-3-1 所示。

单击【编辑类型】，在其类型属性中，选择【混凝土-矩形-柱】，根据图纸分别复制出 GZ1 和 Z2 类型，编辑其尺寸，GZ1 尺寸为 300mm×300mm，Z2 尺寸为 240mm×240mm，设置其实例属性，如图 4-3-2 所示。

图 4-3-1

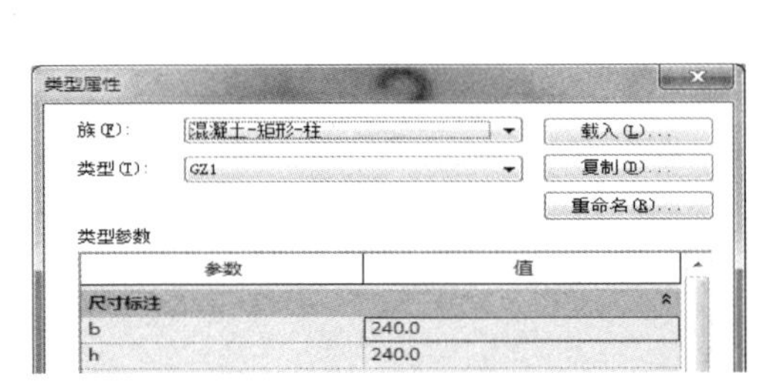

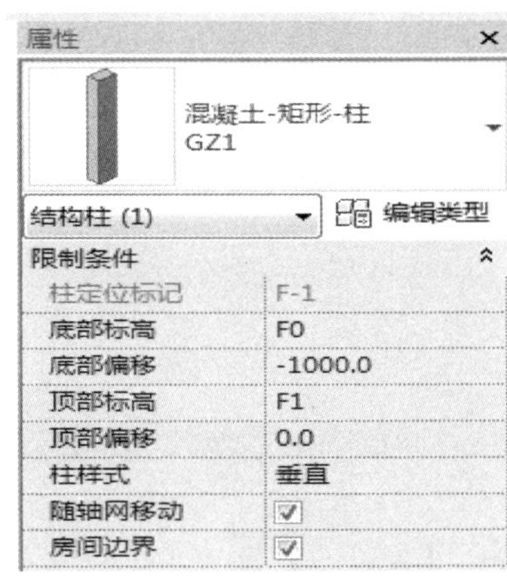

图 4-3-2

根据图纸，在轴网相交处添加结构柱，未标注项都为 GZ1，如图 4-3-3 所示。

绘制地圈梁，先绘制特殊位置的梁，进入标高 F0 平面视图，单击【结构】选项卡选择【梁】，如图 4-3-4 所示。

单击【编辑类型】，在其类型属性中，复制并编辑“240×350”的梁，绘制情况如图 4-3-5 所示。

绘制完成的两根梁起点标高和终点标高都向下偏移 230mm，如图 4-3-6 所示。

注：绘制梁时只能选择已有的标高，而不能在标高的基础上偏移，所以如果某一高度有大量的梁需要绘制时，一定要先建立标高。

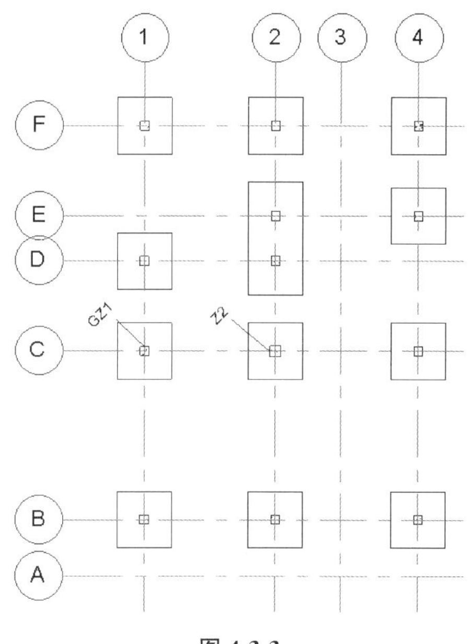

图 4-3-3

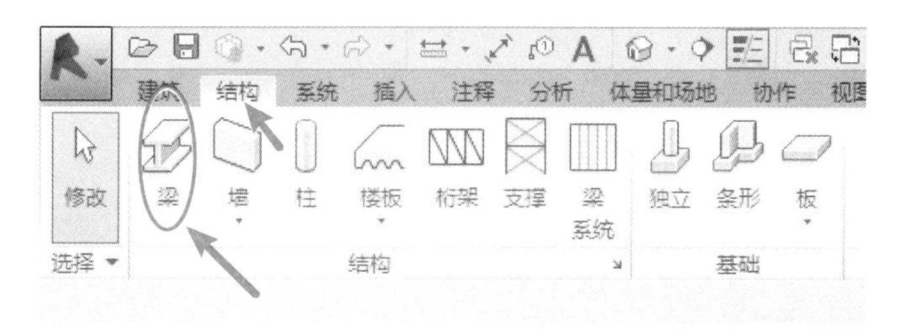

图 4-3-4

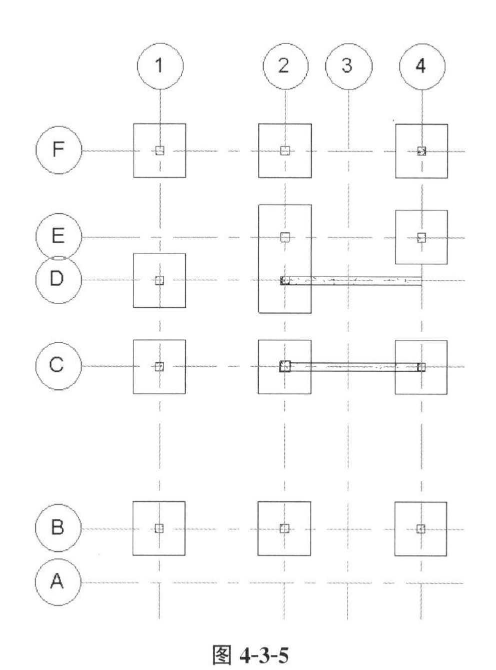

图 4-3-5

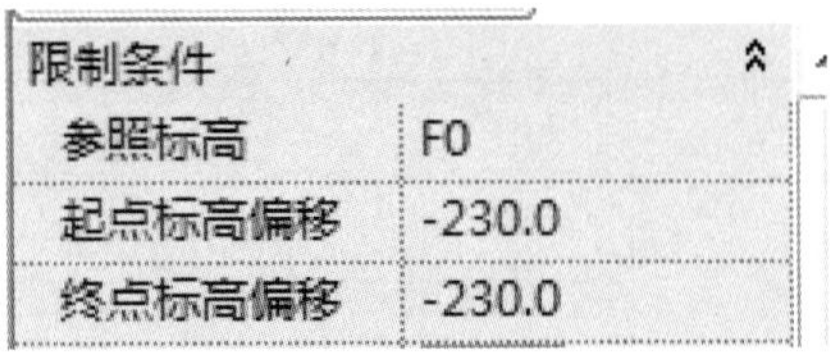

限制条件	
参照标高	F0
起点标高偏移	-230.0
终点标高偏移	-230.0

图 4-3-6

单击【编辑类型】，复制并编辑“120×300”的梁，绘制情况如图 4-3-7 所示。

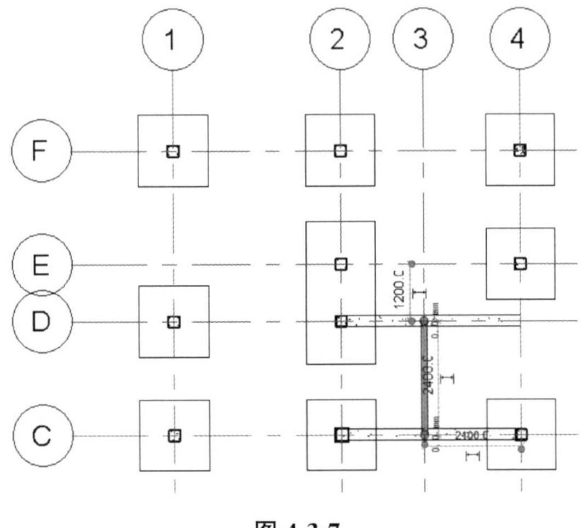

图 4-3-7

最后绘制剩余的地圈梁，单击【编辑类型】，在“梁”的类型属性里复制并编辑 DQL 为“240×350”，绘制情况如图 4-3-8 所示。

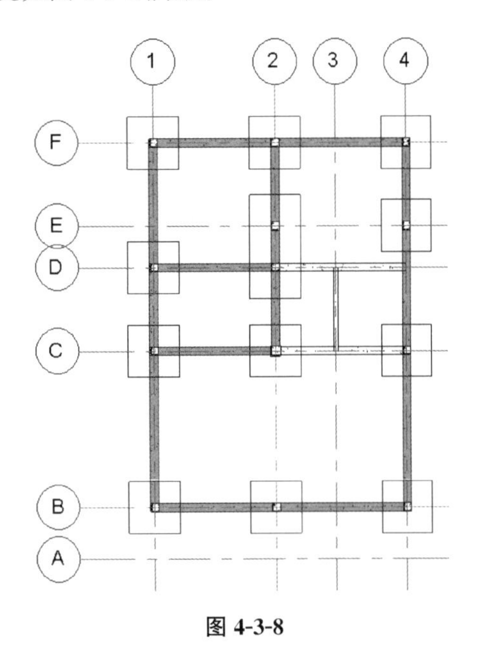

图 4-3-8

将绘制完成的地圈梁向下偏移 450mm，如图 4-3-9 所示。

结构框架 (大梁) (7)	编辑类型
限制条件	
参照标高	F0
起点标高偏移	-450.0
终点标高偏移	-450.0

图 4-3-9

绘制完成的三维效果图展示如图 4-3-10 所示。

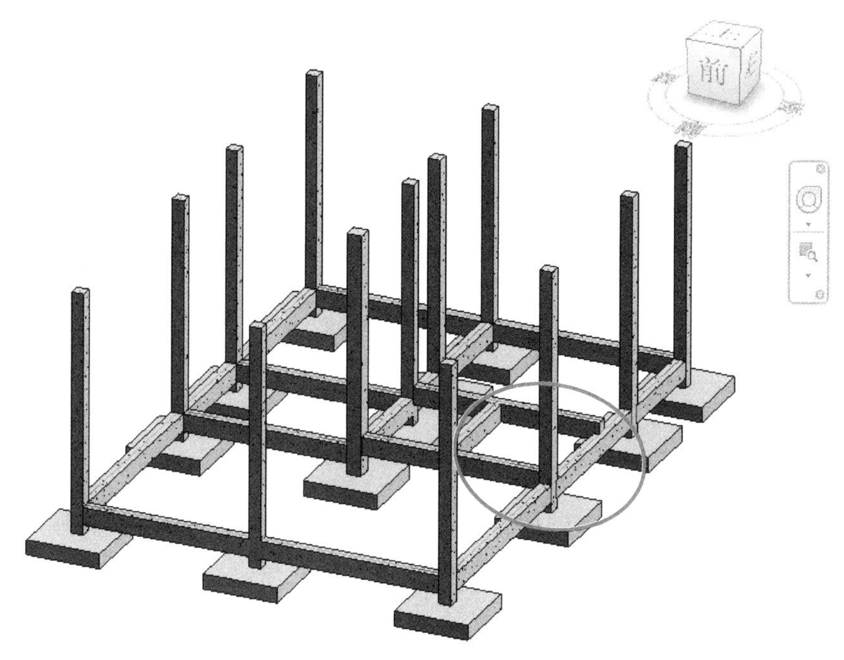

图 4-3-10

楼板的绘制，进入标高 F0 平面图，在【结构】选项卡的【楼板】命令下选择【结构楼板】，选择类型为“现浇混凝土 230mm”的楼板，如图 4-3-11 所示。绘制情况如图 4-3-12 所示。

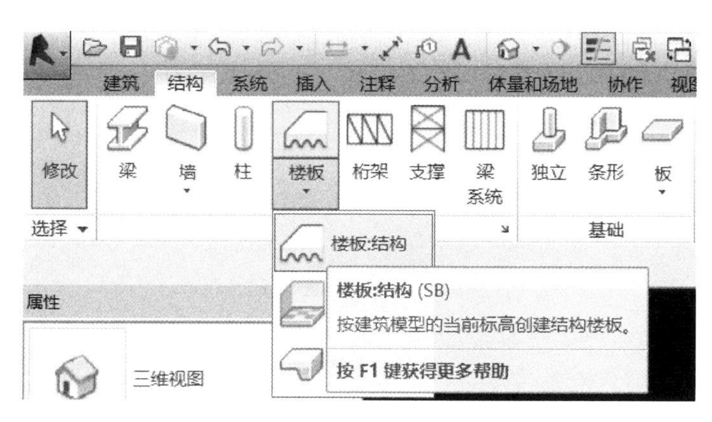

图 4-3-11

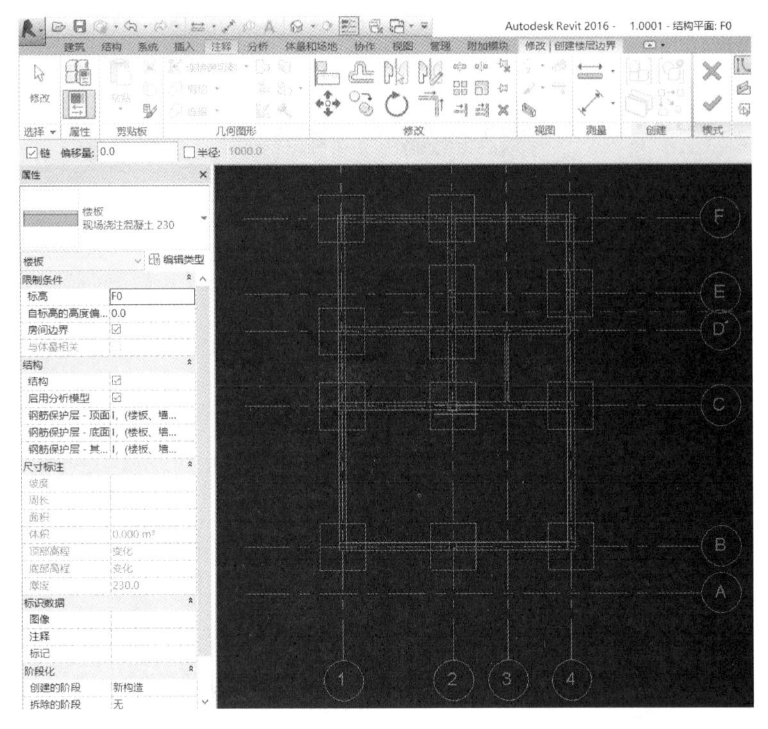

图 4-3-12

注：绘制楼板边界的时候注意避开柱子，要不然会导致柱子被楼板剪切掉。

属性面板里编辑下列楼板自标高高度向上偏移 200mm，如图 4-3-13 所示。

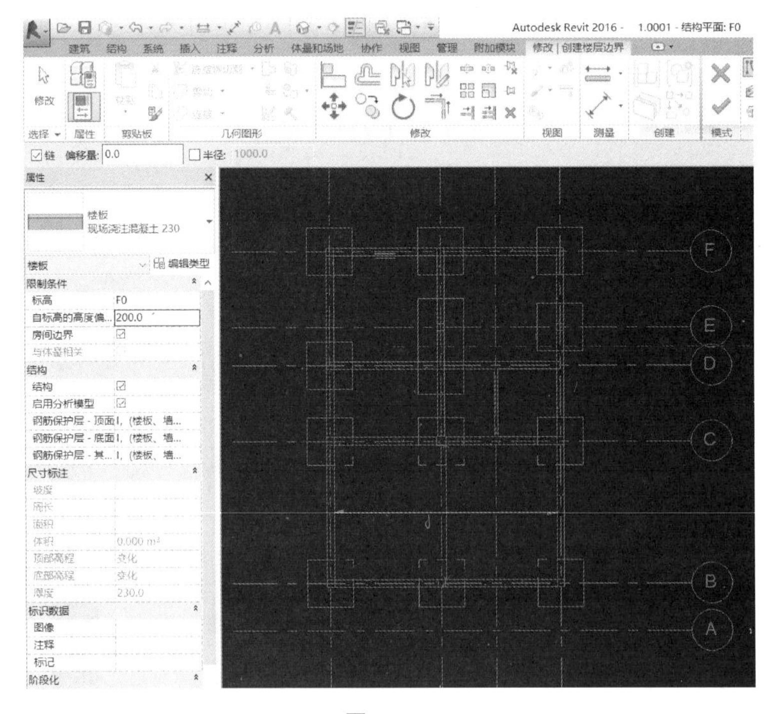

图 4-3-13

属性面板里编辑下列楼板自标高高度向上偏移 230mm，如图 4-3-14 所示。

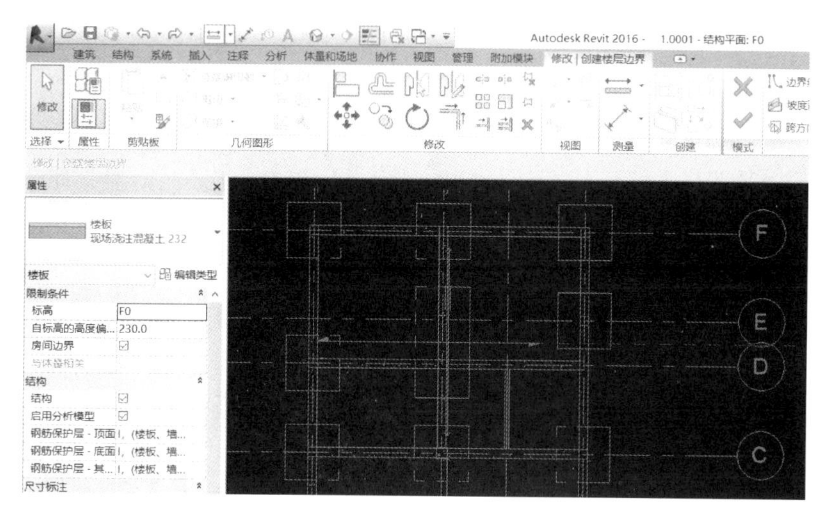

图 4-3-14

注：结构楼板的实例属性对话框有个结构栏，如果把结构一项的“勾”去掉，那么这个楼板就是普通的建筑楼板了，此处可以随意变换。不过要注意的是如果结构楼板里有钢筋，在变为建筑楼板时，会提示要删除钢筋，这个过程是不可逆的。

绘制二层结构柱，这里二层与一层的结构柱的位置以及大小都相同，但是还是采取重新放置的做法，因为柱子二层与一层结构柱高不同，复制过来后，调节柱高后还得调节柱内的钢筋，很不方便。若使用“速博插件”里的修改命令，也不能识别该柱子内有钢筋，也就是说复制的混凝土构件虽然会带有钢筋，速博插件识别该柱子，也识别该钢筋，但是已经不能识别这个钢筋的主体是该柱子，强行用修改命令将会导致如下后果，如图 4-3-15 所示。

图 4-3-15

进入 F1 平面视图，按照图纸进行绘制二层结构柱，绘制情况如图 4-3-16 所示。

再绘制一层梁，绘制情况如图 4-3-17 和图 4-3-18 所示。

绘制二层结构楼板，进入 F1 平面视图，选择类型为现浇混凝土 90mm 的楼板进行绘制，如图 4-3-19 所示。

4.5 梁的创建

因为卫生间楼板需要降板，所以此处的楼板降 30mm，如图 4-3-20 所示。

接着绘制二层的梁并设置梁的属性，如图 4-3-21 所示。

再绘制三层楼板，进入 F2 平面视图，选择类型为 110mm 的现浇混凝土进行楼板的绘制，如图 4-3-22 所示。

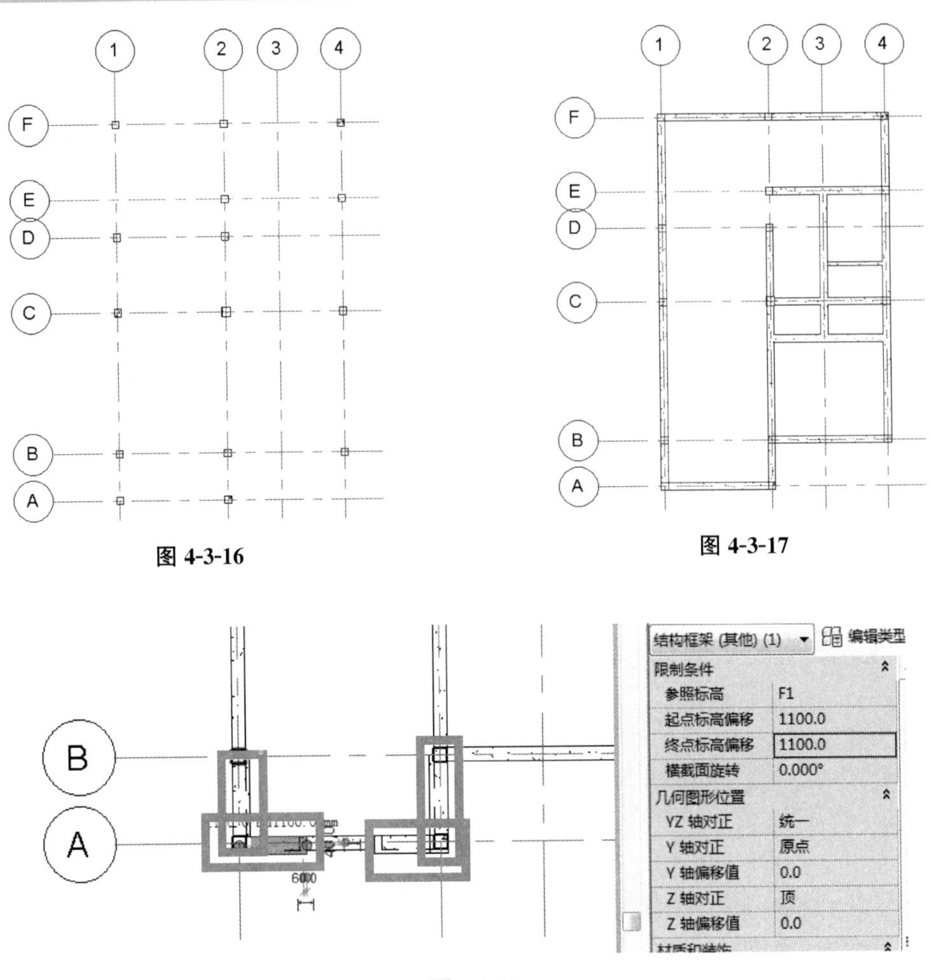

图 4-3-16

图 4-3-17

图 4-3-18

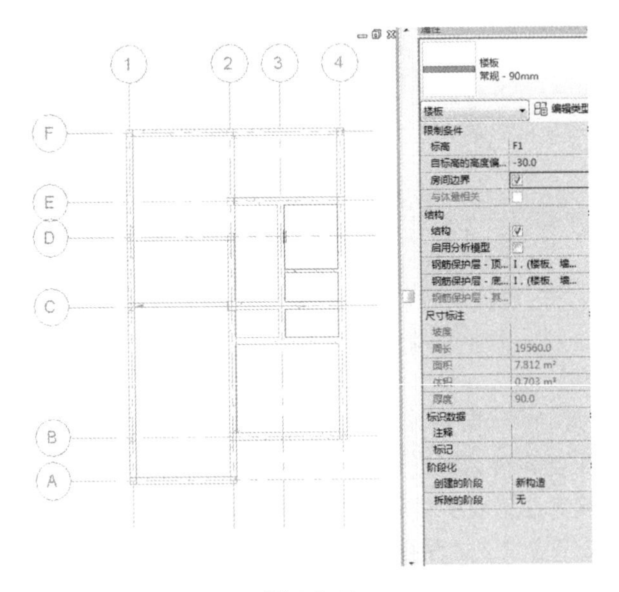

图 4-3-19

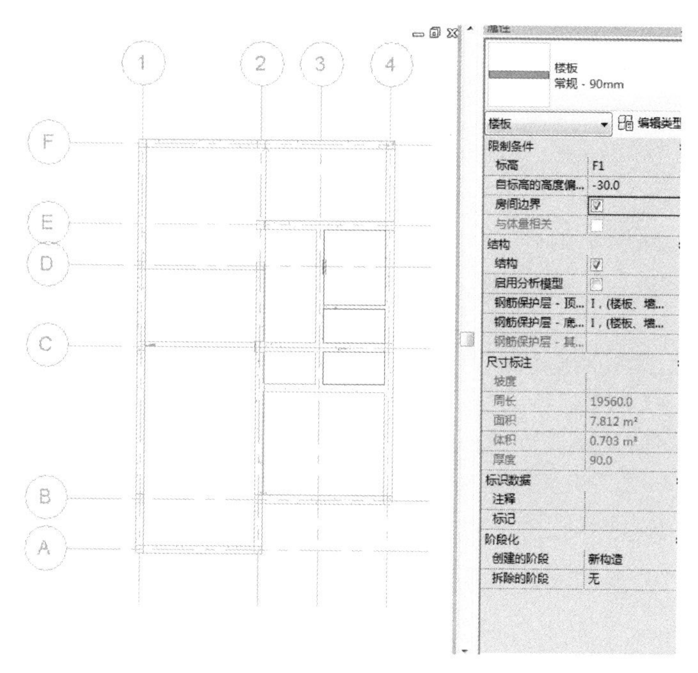
1
2
3
4
F
E
D
C
B
A
楼板
常规 - 90mm
楼板
编辑类型
限制条件
标高
F1
自标高的高度偏...
-30.0
房间边界
与体量相关
结构
结构
启用分析模型
钢筋保护层 - 顶...
I，(楼板、墙...
钢筋保护层 - 底...
I，(楼板、墙...
钢筋保护层 - 其...
尺寸标注
坡度
周长
19560.0
面积
7.812 m²
体积
0.703 m³
厚度
90.0
标识数据
注释
标记
阶段化
创建的阶段
新构造
拆除的阶段
无

图 4-3-20

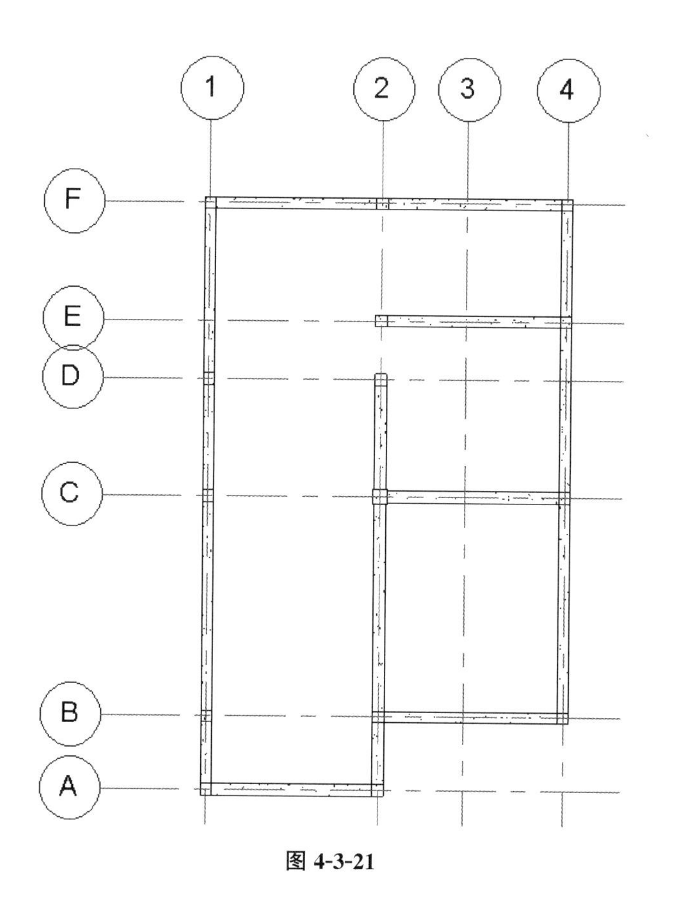
1
2
3
4
F
E
D
C
B
A

图 4-3-21

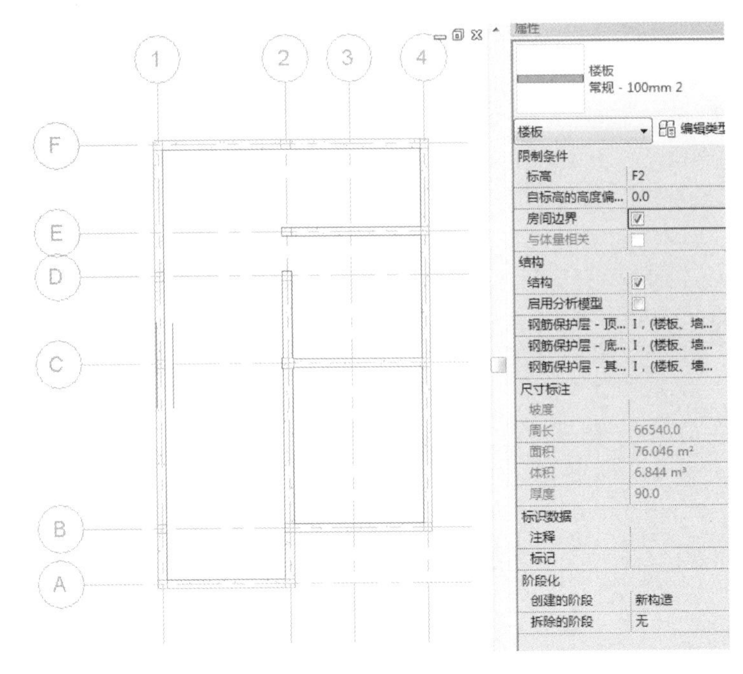

图 4-3-22

最后一部分绘制屋顶，先绘制屋顶的柱子，如图 4-3-23 所示。

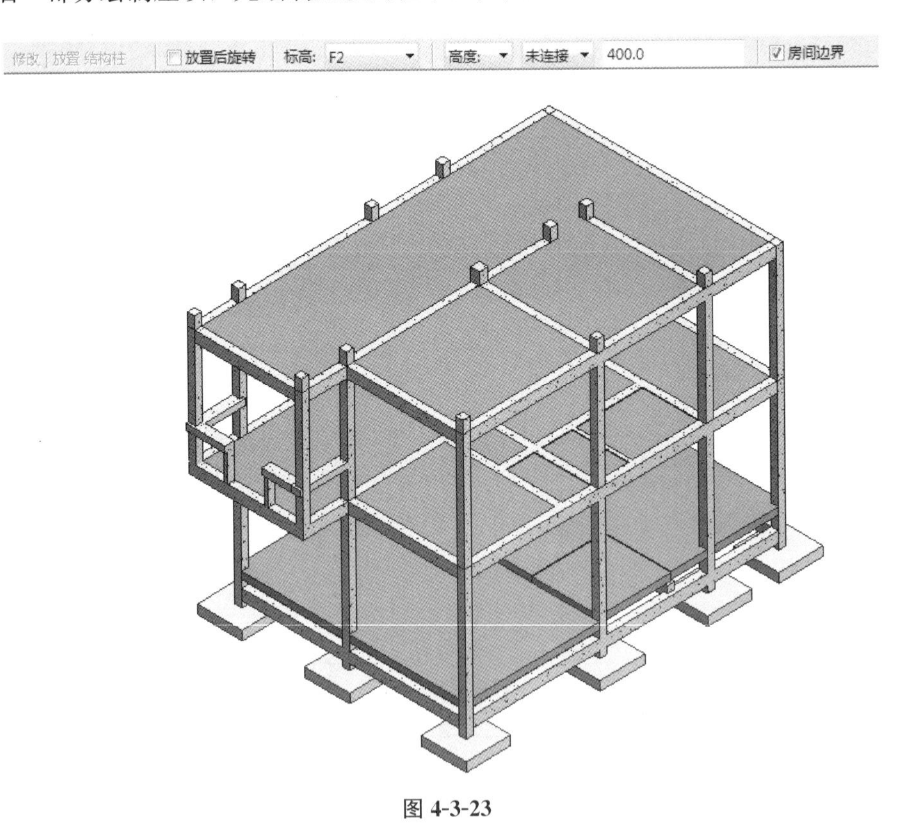

图 4-3-23

绘制屋面梁，按图 4-3-24 绘制两根 WQL2 类型的梁。

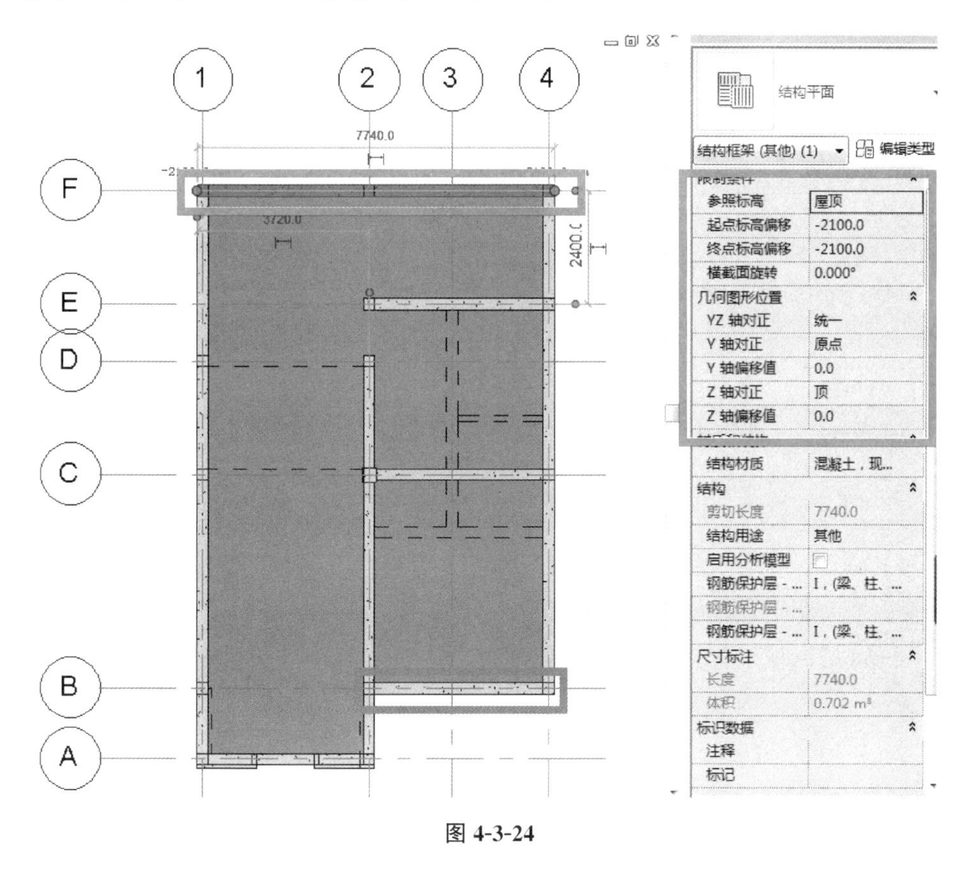

图 4-3-24

进入屋顶视图，绘制 WQL，如图 4-3-25 所示。

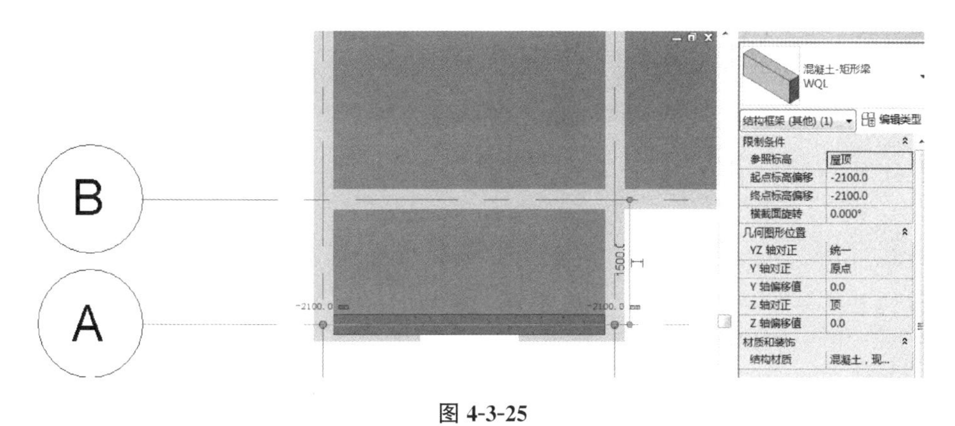

图 4-3-25

继续在屋顶视图中把 WQL 的起点偏移和终点偏移修改后进行绘制，共三根梁，如图 4-3-26 所示。

再选中这三根梁进行镜像，如图 4-3-27 所示。

选择 WQLA 的梁，按图 4-3-28 进行绘制，再以距①轴 1800mm 距离的参照线镜像。

按照图 4-3-29 绘制墙体并编辑轮廓。

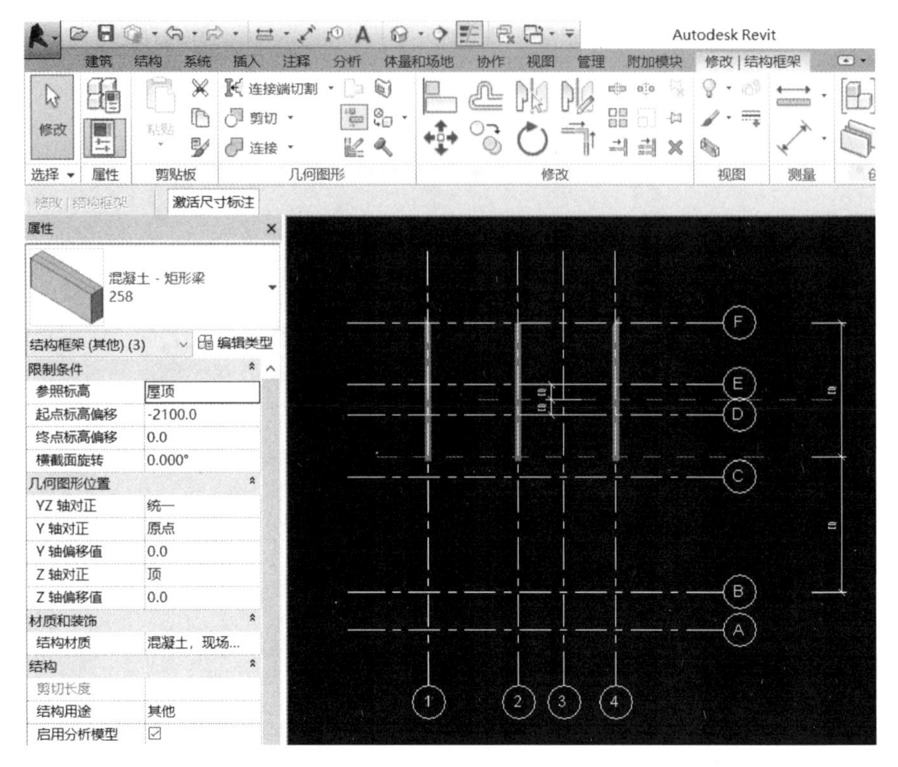
Autodesk Revit
建筑
结构
系统
插入
注释
分析
体量和场地
协作
视图
管理
附加模块
修改 | 结构框架
修改
连接端切割
剪切
连接
选择
属性
剪贴板
几何图形
修改
视图
测量
激活尺寸标注
属性
混凝土 - 矩形梁
258
结构框架 (其他) (3)
编辑类型
限制条件
参照标高
屋顶
起点标高偏移
-2100.0
终点标高偏移
0.0
横截面旋转
0.000°
几何图形位置
YZ 轴对正
统一
Y 轴对正
原点
Y 轴偏移值
0.0
Z 轴对正
顶
Z 轴偏移值
0.0
材质和装饰
结构材质
混凝土，现场...
结构
剪切长度
结构用途
其他
启用分析模型
F
E
D
C
B
A
1
2
3
4

图 4-3-26

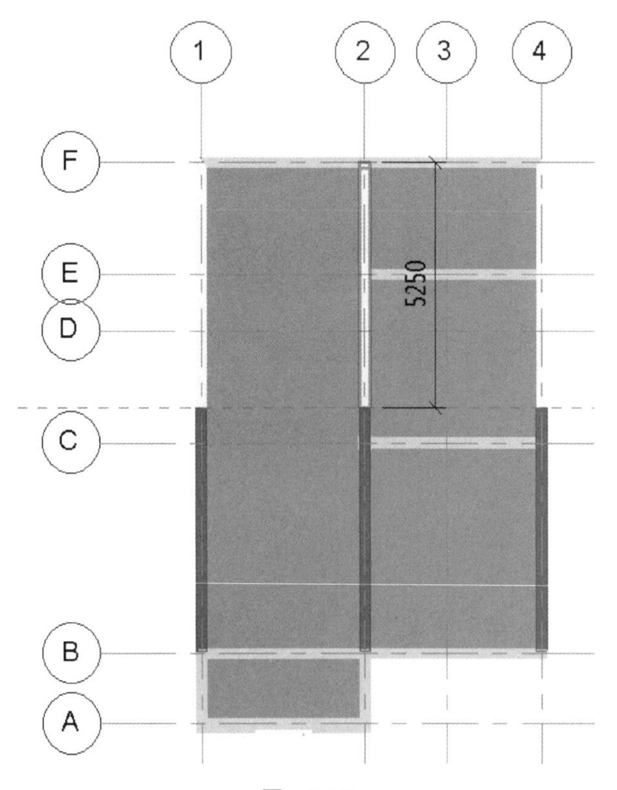
1
2
3
4
F
E
D
C
B
A
5250

图 4-3-27

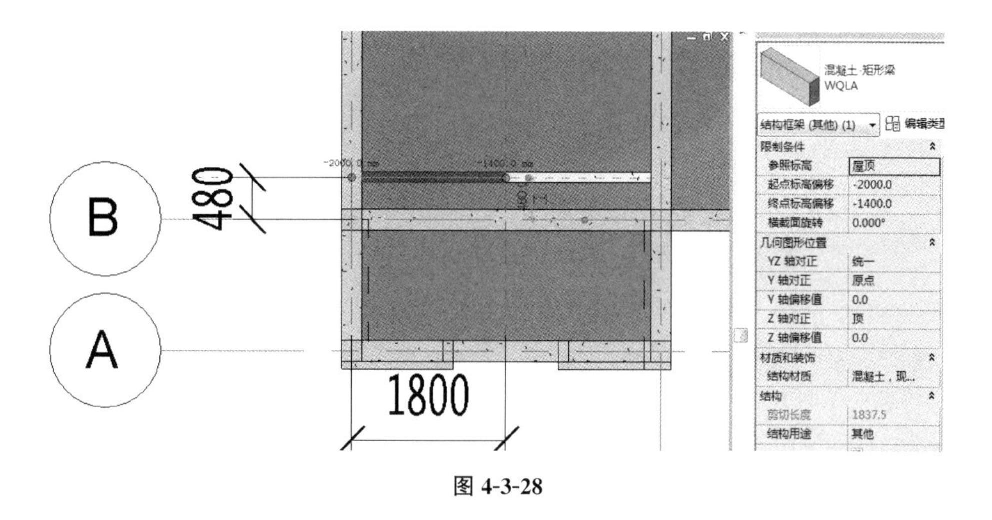
B
A
480
1800
-2000.0 mm
-1400.0 mm
混凝土-矩形梁
WQLA
结构框架 (其他) (1)
编辑类型
限制条件
参照标高
屋顶
起点标高偏移
-2000.0
终点标高偏移
-1400.0
横截面旋转
0.000°
几何图形位置
YZ 轴对正
统一
Y 轴对正
原点
Y 轴偏移值
0.0
Z 轴对正
顶
Z 轴偏移值
0.0
材质和装饰
结构材质
混凝土，现...
结构
剪切长度
1837.5
结构用途
其他

图 4-3-28

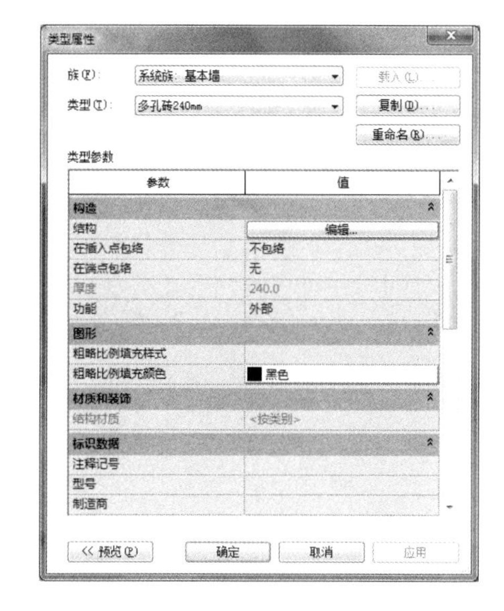
类型属性
族(F)：
系统族：基本墙
载入(L)...
类型(T)：
多孔砖240mm
复制(D)...
重命名(R)...
类型参数
参数
值
构造
结构
编辑...
在插入点包络
不包络
在端点包络
无
厚度
240.0
功能
外部
图形
粗略比例填充样式
粗略比例填充颜色
黑色
材质和装饰
结构材质
<按类别>
标识数据
注释记号
型号
制造商
<< 预览(P)
确定
取消
应用

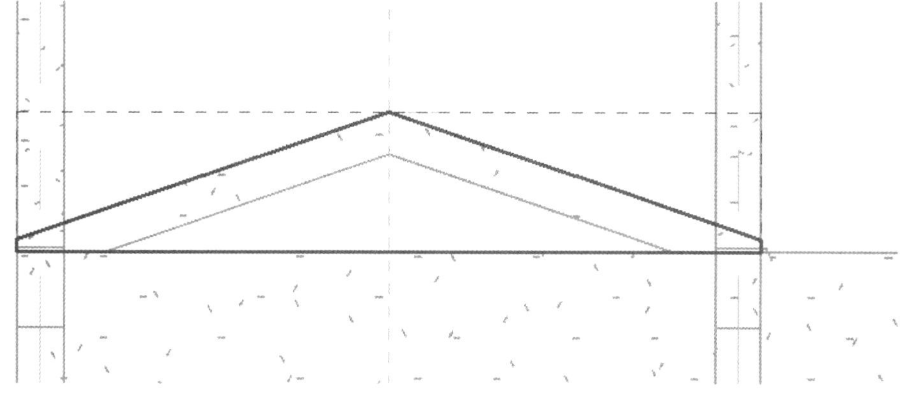

图 4-3-29

把刚才的柱子附着到梁上，如图 4-3-30 所示。

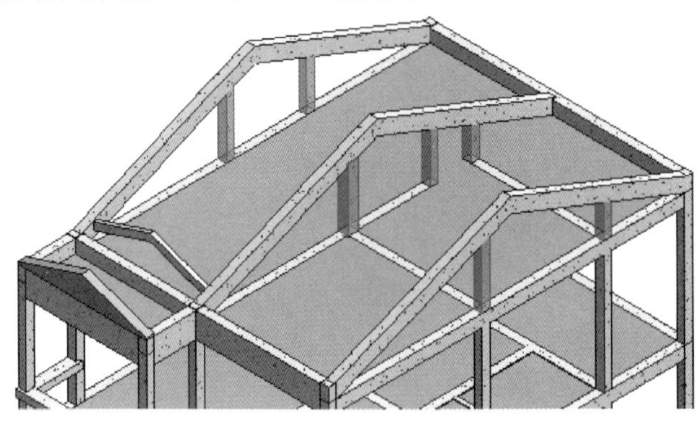

图 4-3-30

4.4 创建屋顶

绘制梁系统，用梁系统绘制檩条，在常用选项卡点击“梁系统”，设置工作平面，拾取一个平面，如图 4-4-1 所示。

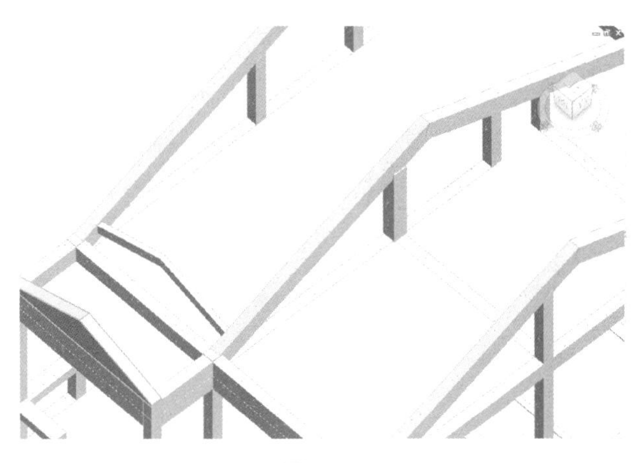

图 4-4-1

在三维的顶视图中绘制梁系统边界并对实例属性进行设置，在绘图界面选择梁方向使其变换的位置，如图 4-4-2 所示。

进入【西】立面视图，选中刚才的梁系统，然后在【修改｜结构梁系统】选项卡下点击【删除梁系统】如图 4-4-3 所示。

注：这个删除不同于在键盘上使用【Delete】键删除，Delete 会将梁系统所包含的图元也一起删除，而通过修改面板删除“梁系统”只是删除这些梁的关系以及参数，所以删除后图元都还存在。

选中刚才绘制的檩条，对实例属性的“Z 方向对正”改为“底对正”，如图 4-4-4 所示。

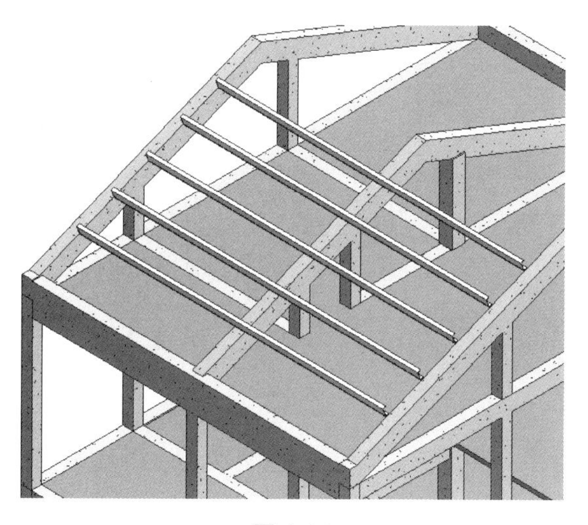

图 4-4-2

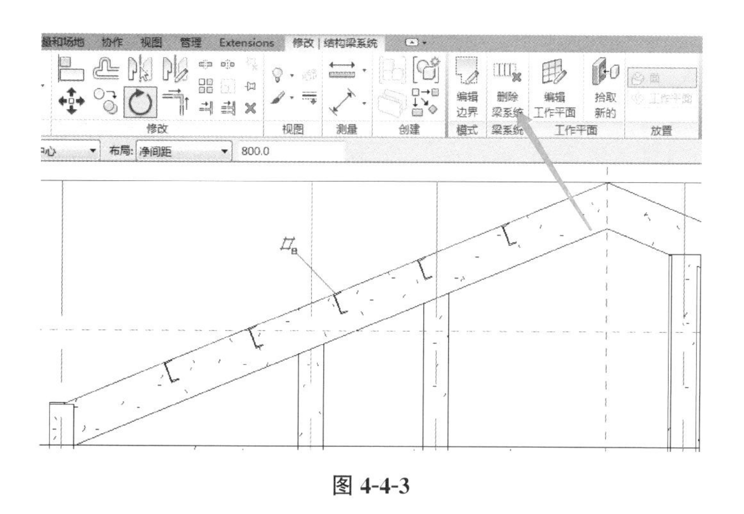

图 4-4-3

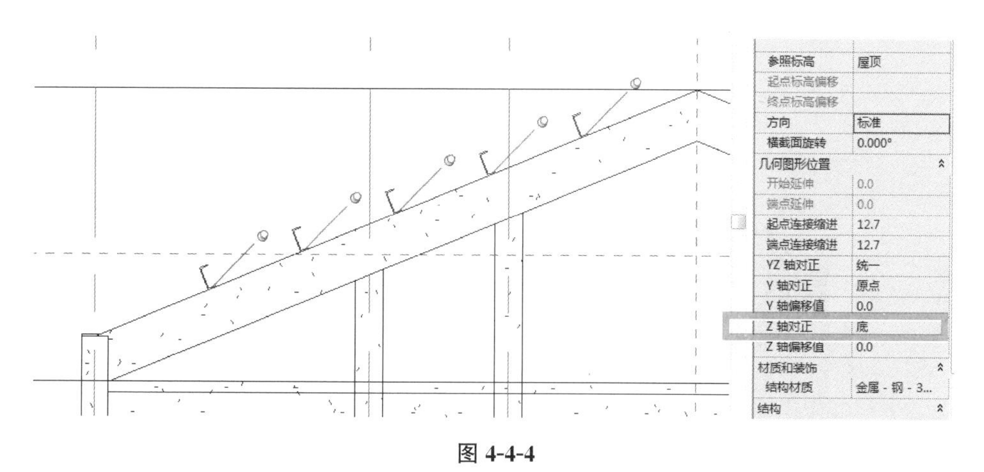

图 4-4-4

选中这五根檩条，用“镜像”命令来操作，如图 4-4-5 所示。

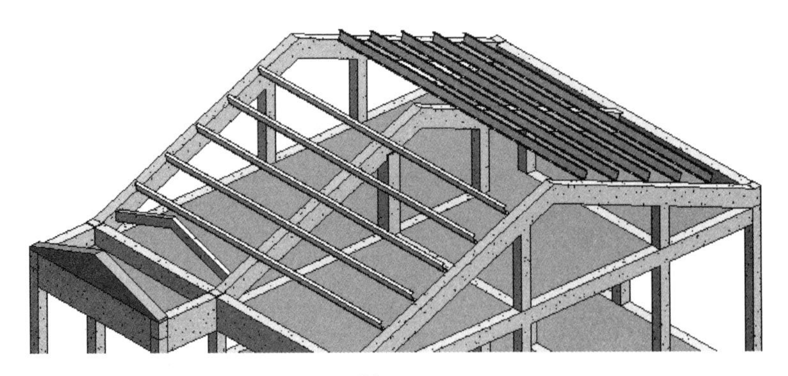

图 4-4-5

绘制 A-B 轴之间檩条，如图 4-4-6 和图 4-4-7 所示。

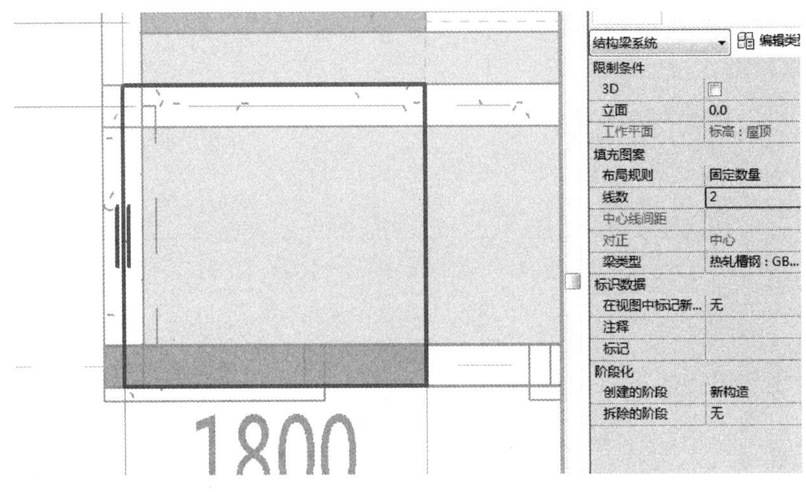

图 4-4-6

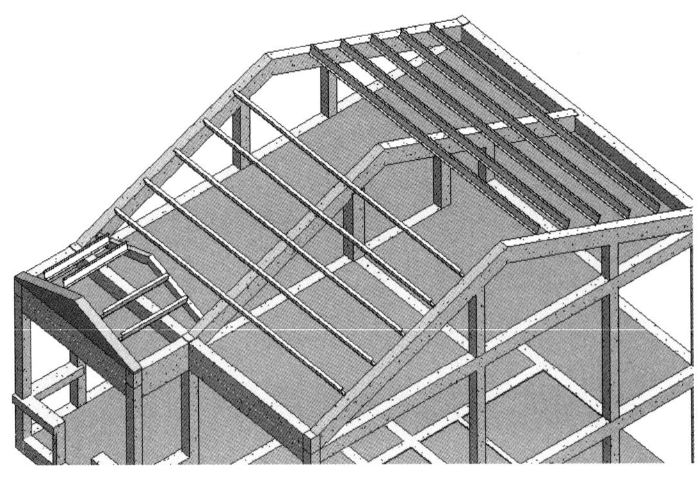

图 4-4-7

4.5 创建楼梯

楼梯的绘制，选择整体浇筑楼梯，按图 4-5-1 设置编辑楼梯属性，在如图 4-5-2 所示位置绘制楼梯。

4.7
楼梯的
创建

在如图 4-5-3 所示的位置绘制“240×300”的平台梁。

完整的模型如图 4-5-4 和图 4-5-5 所示。

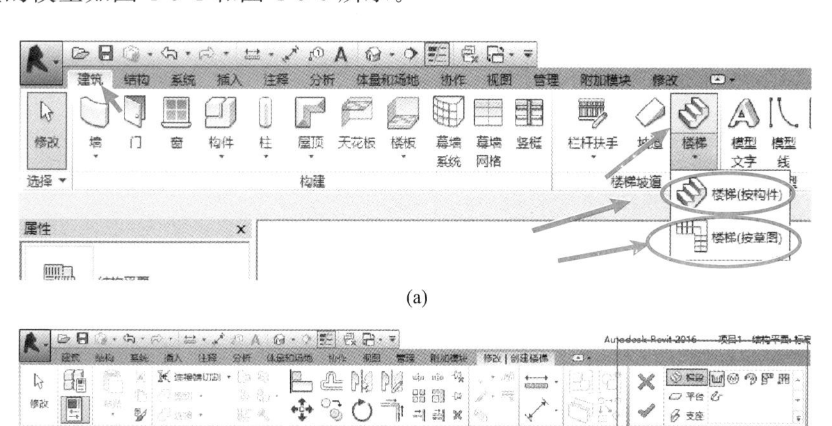

(a)

(b)

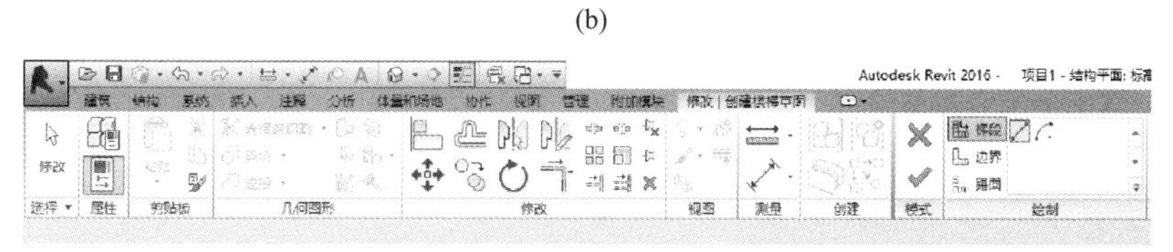

(c)

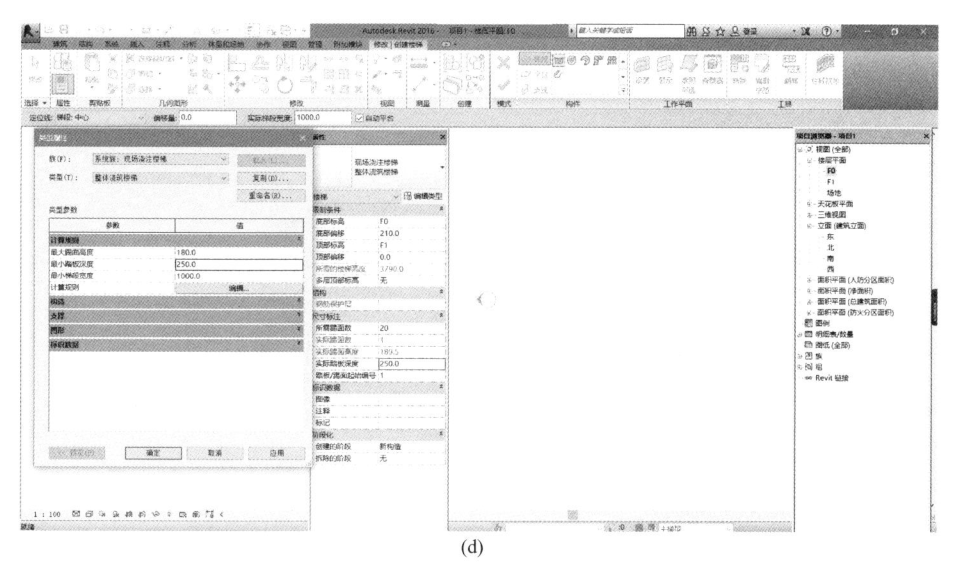

(d)

图 4-5-1

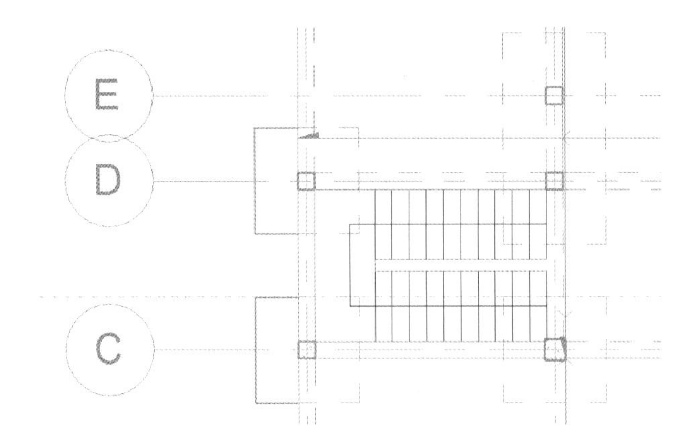

图 4-5-2

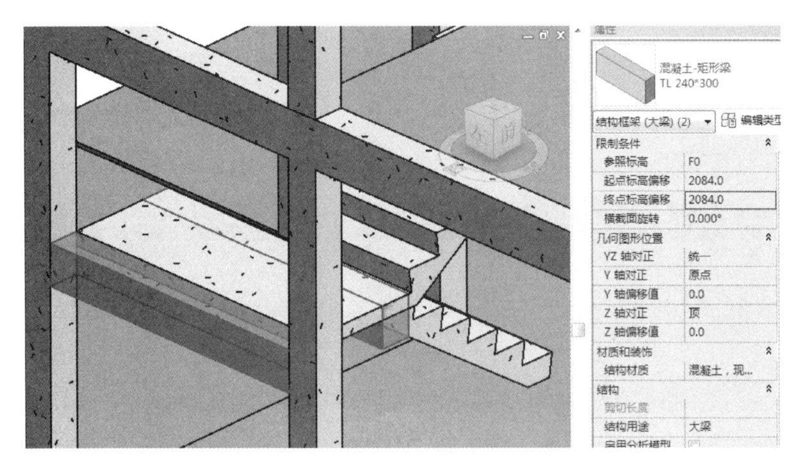

图 4-5-3

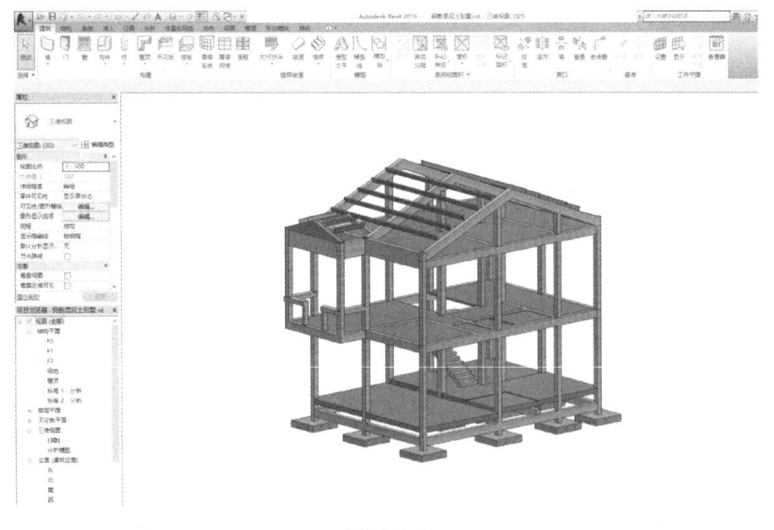

图 4-5-4

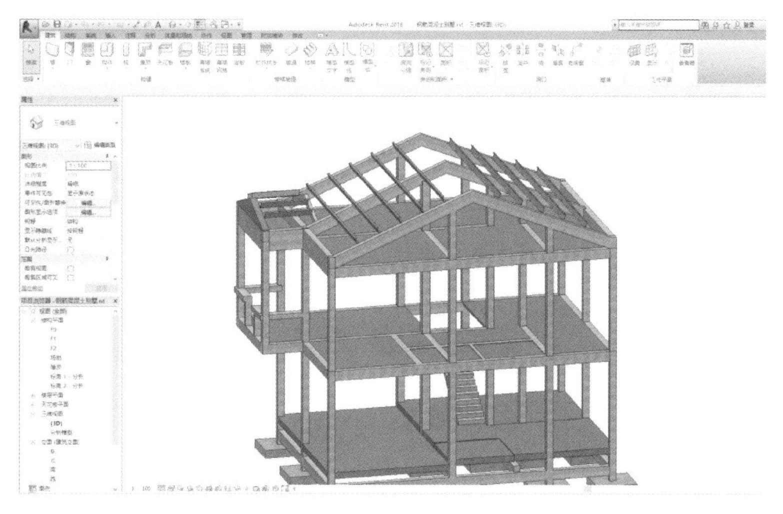

图 4-5-5

BIM 应用于亚洲最大生活垃圾发电厂

（一）案例简介

老港再生能源利用中心位于上海市浦东新区老港固体废弃物综合利用基地的东南角，建设用地面积约 16 万 m^2，总建筑面积约 5 万 m^2；垃圾处理量约 100 万 t；设计年发电量约 3.3×10^8kWh；项目总投资约 15 亿元。以投资额、建筑面积、发电量综合而言，老港再生能源利用中心是目前为止在亚洲地区的生活垃圾发电厂里最大的项目。生活垃圾发电厂房项目中，系统较多、管道直径大、管材型号多、管道走向复杂，同时设备排布较多。场地布置具有密集、高（最高处达 20 多 m）等特点。在该厂房项目中，涉及大小管道众多，风管面积约 18 万 m^2，其中最大风管规格为 1200mm×800mm。管道安装难度高、体量大。应用 BIM 技术不仅使其在设计过程中节约了 9 个月时间，并且通过对模型的深化设计，节约成本数百万，实现了节能减排、绿色环保，响应了国家号召，真正实现了“再生能源利用”价值。

（二）编写点评

通过本案例的学习，我们在建筑的设计与管理中充分体现节约与绿色的设计思想，掌握绿色建筑模拟分析与优化设计的理论及方法，树立可持续发展的价值观。在项目的设计阶段，我们要充分运用绿色建筑模拟分析技术，对建筑方案进行能耗分析、采光分析、日照分析、声环境分析和风环境分析，并基于各类分析报告，提出绿色建筑改进策略。同时，同学们在设计中要自觉遵守绿色建筑设计规范，体现节约与绿色的设计思想、树立可持续发展的价值观。

教学单元5 结构族功能介绍及实例解析

5.1 族的基本概念

族是组成项目的构件，也是参数信息的载体，在Revit中进行建筑设计不可避免地要调动、修改或者新建族，所以熟练掌握族的创建和使用是有效运用Revit的关键。Revit中的族分三种类型，分别是“系统族”“可载入族”和“内建族”。在项目中创建的大多数图元都是系统族或可载入族，非标准图元或自定义图元是使用内建族创建的。

系统族包含用于创建的基本建筑图元。例如，建筑模型中的“墙”“楼板”“天花板”和“楼梯”的族类型。系统族还包含项目和系统设置，而这些设置会影响项目环境，并包含诸如“标高”“轴网”“图纸”和“视口”等图元的类型。系统族已在Revit中预定义且保存在样板和项目中，而不是从外部文件中载入到样板和项目中。不能创建、复制、修改或删除系统族，但可以复制和修改系统族中的类型，以便创建自定义的系统族类型。系统族中可以只保留一个系统族类型，除此以外的其他系统族类型都可以删除，这是因为每个族至少需要一个类型才能创建新系统族类型。

“可载入族”是在外部RFA文件中创建的，并可导入到项目中。“可载入族”是用于创建下列构件的族，例如，窗、门、厨房、家具和植物。常规自定义的一些注释图元，例如：符号和标题栏，由于“可载入族”具有高度可自定义的特征，因此“可载入族”是在Revit中最经常创建和修改的族，对于包含许多类型的族，可以创建和使用类型目录，以便仅载入项目所需的类型。

“内建族”是需要创建当前项目专有的独特构件时，所创建的独特图元。可以创建内建几何图形，以便它可参照其他项目中的几何图形，使其当参照的几何图形发生变化时，进行相应的调整。创建“内建族”时，Revit将为该内建图元创建一个族，该族包含单个族类型。创建“内建族”涉及许多与创建可载入族相同族编辑工具。Revit的族主要包括三项内容，分别是“族类别”“族参数”和“族类型”。

“族类别”是以建筑物构件性质来归类的，包括“族”和“类别”。例如，门、窗或家具都各属于不同的类别，如图5-1-1所示。

“族参数”定义应用于该族中所有类型的行为或标识数据。不同的类别具有不同的族参数，具体取决于Revit以何种方式使用构件。控制族行为的一些常见组参数示例，包括“总是垂直”“基于工作平面”“共享”“房间计算点”和“族类型”。

总是垂直：选择该项时，该族总是显示为垂直，即90°，即使该族位于倾斜的主体上，如楼板。如图5-1-1所示。

基于工作平面：选择该平面时，族以活动工作面为主体。可以使任一无主体的族成为基于工作平面的族。

共享：仅当族嵌套到另一族内并载入到项目中时才使用此参数。如果嵌套族是共享的，则可以从主体族独立选择、标记嵌套族和将其添加到明细表。如果嵌套族不共享，则主体族和嵌套族创造的构件作为另一个单位。

在【族类型】对话框中，族文件包含多种族类型和多组参数，其中包括带标签的尺寸标注及其图元参数。不同族类型中的参数，其数值也各不相同，其中也可以为族标准参数（如材质、模型、制造商和类型标记等）添加值，如图 5-1-2 所示。

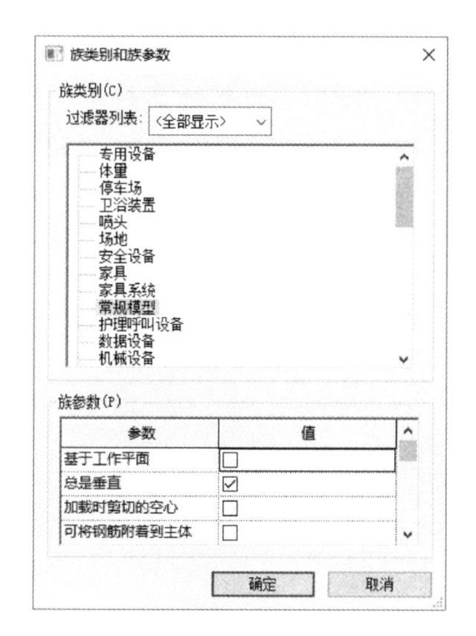

图 5-1-1

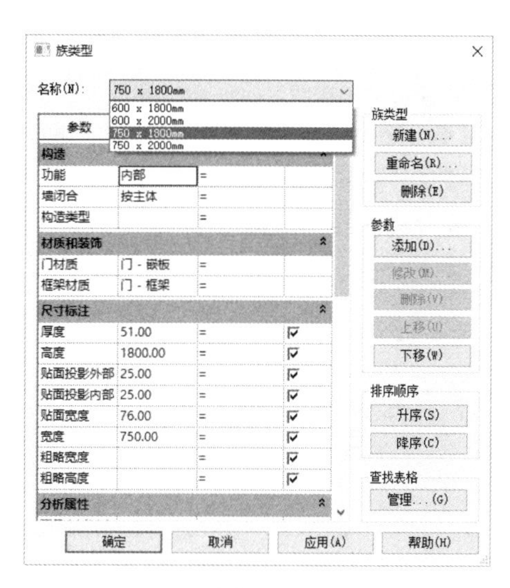

图 5-1-2

5.2 族功能区命令

Revit 利用 Ribbon 把命令都集成在功能区面板上，直观且便于使用，共包含 6 大选项卡，如图 5-2-1 所示。

工区选项卡			
选项卡	功能介绍	选项卡	功能介绍
创建	创建模型所需的多种工具	视图	管理和修改当前视图以及切换视图的工具
插入	导入其他的文件	管理	系统参数的管理及设置
注释	将二维信息添加到设计的工具中	修改	编辑现有图元、数据和系统的工具

图 5-2-1

1. 创建

【创建】选项卡中集合了选择、属性、形状、模型、控件、连接件、基准、工作平面和族编辑器共九种基本常用功能，如图 5-2-2 所示。

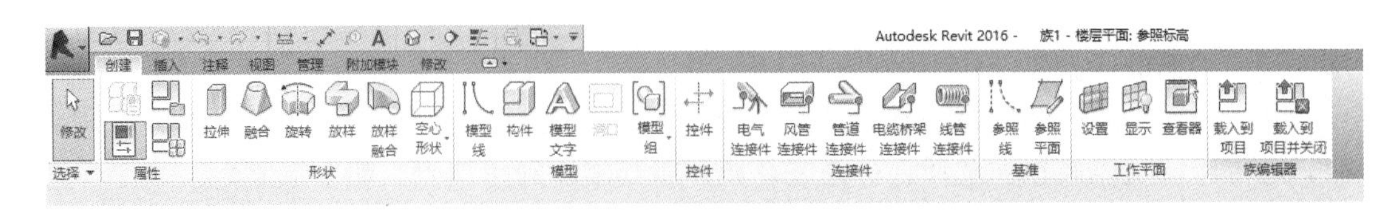

图 5-2-2

（1）【选择】选项卡

用于进入选择模式。通过在图元上方移动光标选择要修改的对象。这个面板会出现在所有的选项卡中。

（2）【属性】选项卡

用于查看和编辑对象属性的选项卡集合。在族编辑过程中，提供“属性”“族类型”“族类别和族参数”和“类型属性”四种基本属性查询和定义。这个面板会出现在【创建】和【修改】选项卡中。

单击功能区【创建】→【属性】→【族类别和族参数】按钮，打开【族类别和族参数】对话框，为正在创建的族指定族类别及族参数，如图 5-2-3 和图 5-2-4 所示，根据选定的族类别，可用的族参数会有所变化。

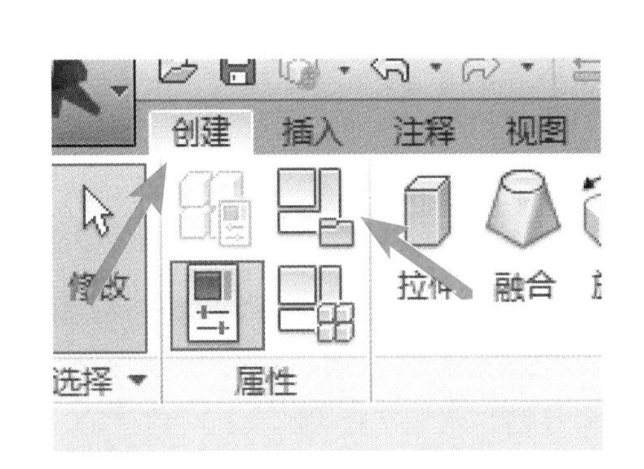

图 5-2-3

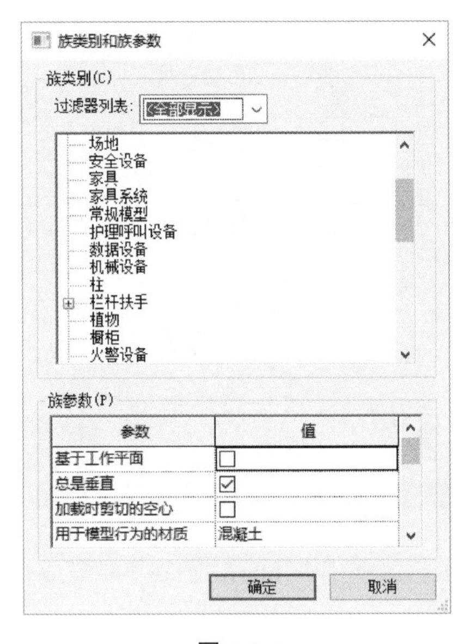

图 5-2-4

单击功能区【创建】→【属性】→【族类型】按钮，打开【族类型】对话框，如图 5-2-5 和图 5-2-6 所示，可为正在创建的族设置多种族类型，通过设置不同的参数值来定义族类型之间的差异。

（3）【形状】面板

汇集了用户可能运用到的创建三维形状的所有工具。通过拉伸、融合、旋转、放样及放样融合形成实心三维形状或空心形状，如图 5-2-7 所示。

（4）【模型】面板

提供模型线、构件、模型文字和模型组的创建和调用。支持创建一组定义的图元或将一组图元放置在当前视图中，如图 5-2-8 所示。

图 5-2-5

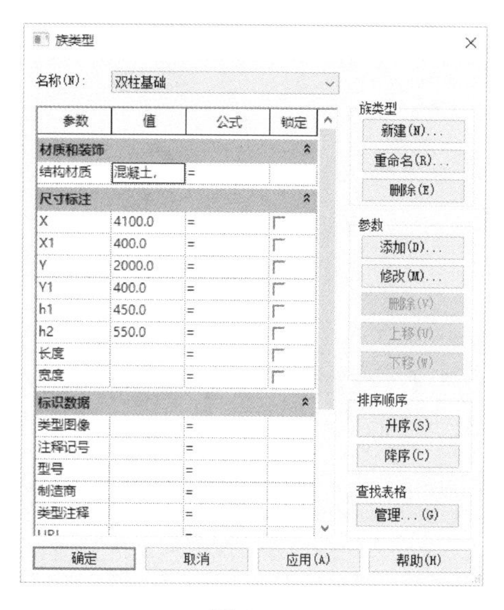

图 5-2-6

图 5-2-7

（5）【控件】面板

可将控件添加到视图中，支持添加单向垂直、双向垂直、单向水平或双向水平反转箭头。在项目中，通过翻转箭头可以修改族的垂直或水平方向，如控制门的开启方向，如图 5-2-9 所示。

图 5-2-8

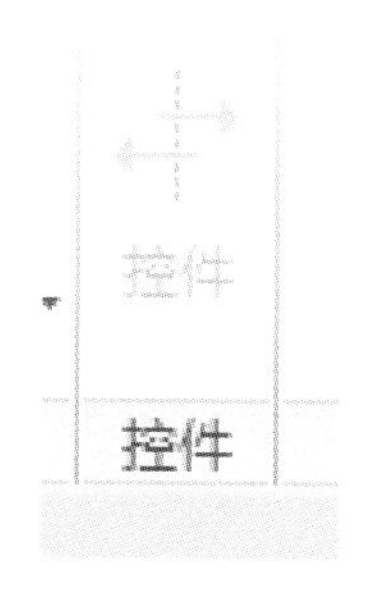

图 5-2-9

（6）【连接件】面板

将连接件添加到构件中。这些连接包括电气、给水排水、送排风等，如图 5-2-10 所示。

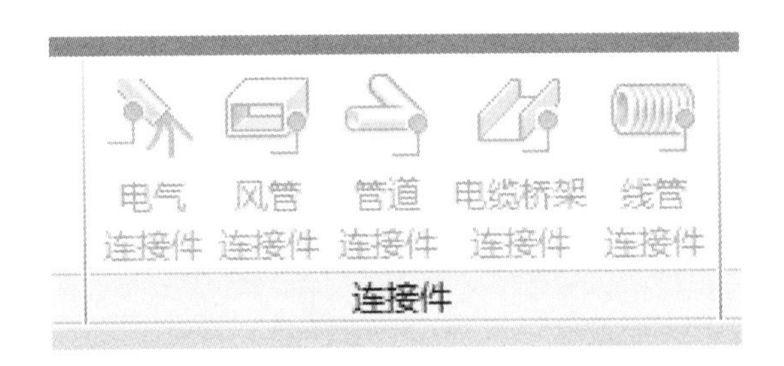

图 5-2-10

（7）【基准】面板

提供参照线和参照平面两种参照样式，如图 5-2-11 所示。

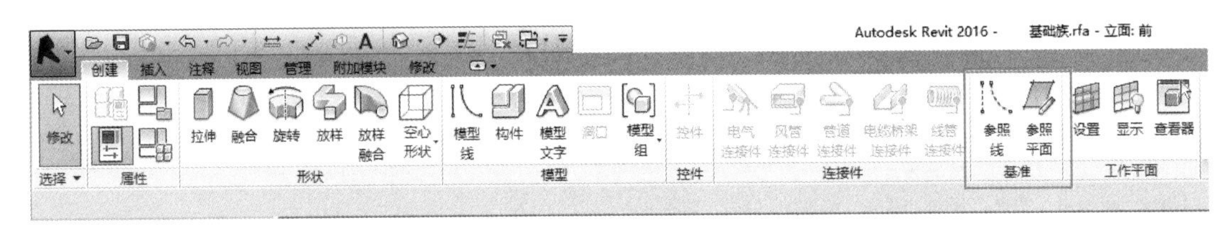

图 5-2-11

（8）【工作平面】面板

为当前视图或所选图元指定工作平面，可以显示或隐藏，也可以启用工作平面查看器，将“工作平面查看器”用作临时的视图来编辑选定的图元，如图 5-2-12 所示。

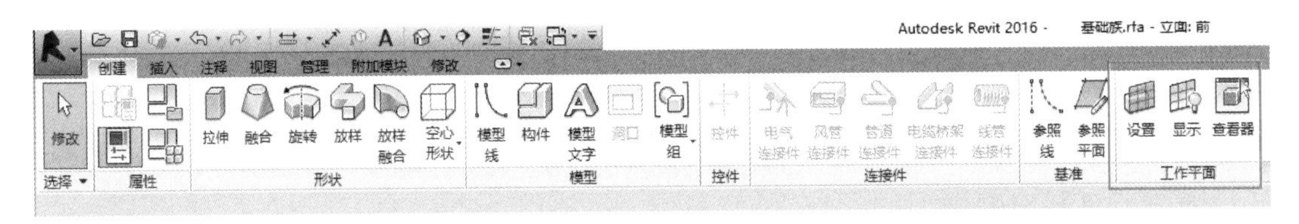

图 5-2-12

（9）【族编辑器】面板

用于将族载入到打开的项目或族文件中去。它支持所有的功能区面板，如图 5-2-13 所示。

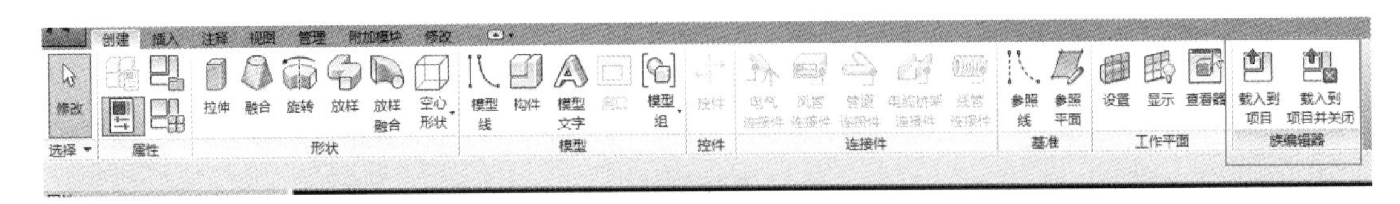

图 5-2-13

2. 插入

【插入】选项卡中包含四个面板：选择、导入、从库中载入和族编辑器，如图 5-2-14 所示。

（1）【导入】面板

可将 CAD、光栅图像和族类型导入当前族中。

图 5-2-14

(2)【从库中载入】面板

提供从本地库或网库中将文件直接载入到当前文件中或作为族载入。

3. 注释

【注释】选项卡中集合了选择、尺寸标注、详图、文字和族编辑器共 5 大类基本常用功能，如图 5-2-15 所示。

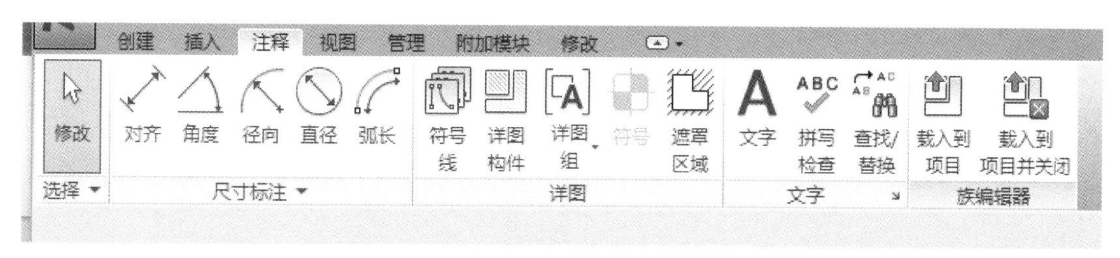

图 5-2-15

(1)【尺寸标注】面板

提供尺寸、角度、径向和弧长方面的标注，如图 5-2-16 和图 5-2-17 所示。

图 5-2-16

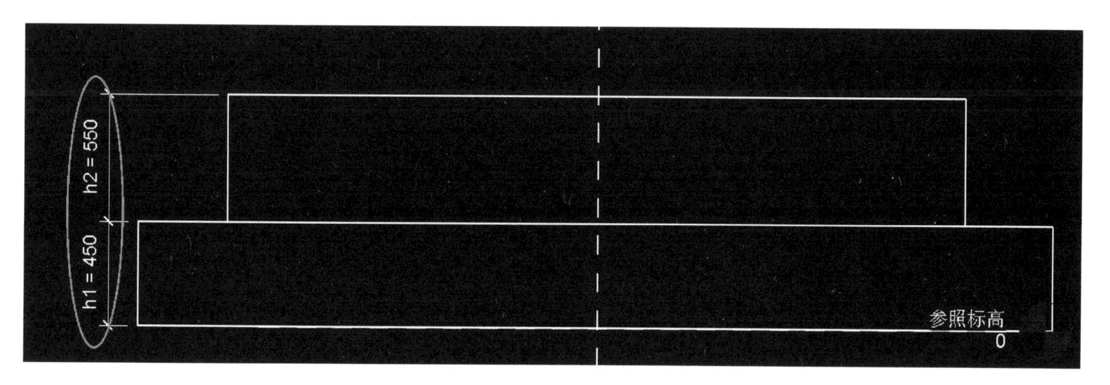

图 5-2-17

单击【修改｜尺寸标注】选项卡，可对线性、角度和径向的尺寸标注进行参数修改，如图 5-2-18 所示。

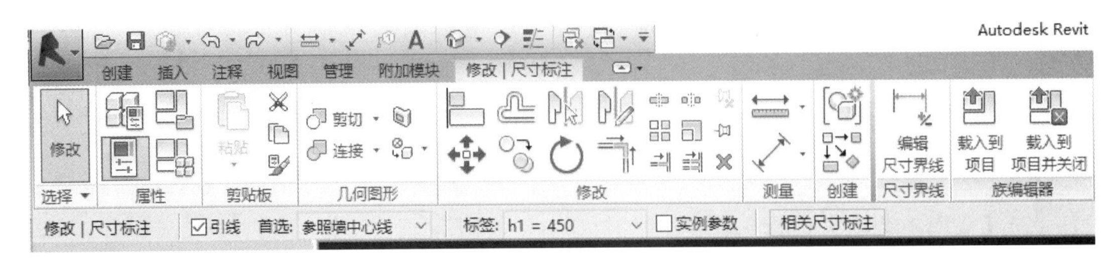

图 5-2-18

（2）【详图】面板

汇集了用户在绘制二维图元时集中使用到的主要功能，包括仅用作符号的符号线、视图专有的详图构件、创建详图组、二维注释符号、遮挡其他图元的遮罩区域等，如图 5-2-19 所示。

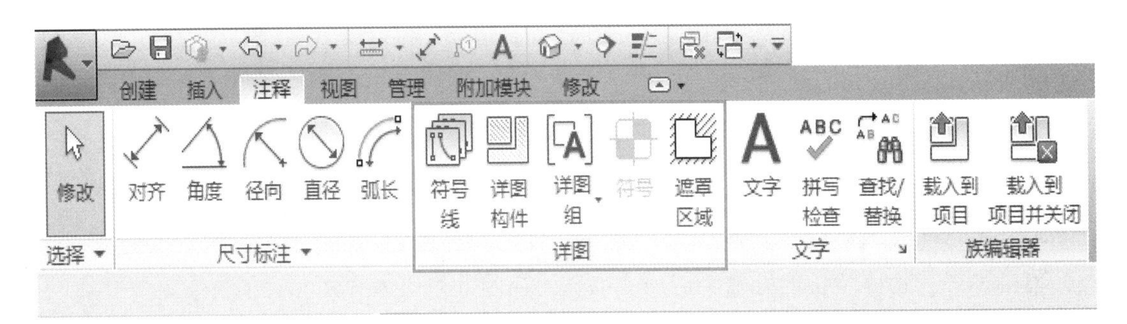

图 5-2-19

（3）【文字】面板

汇集添加文字注释、拼写检查和查找替换文字的功能，如图 5-2-20～图 5-2-23 所示。

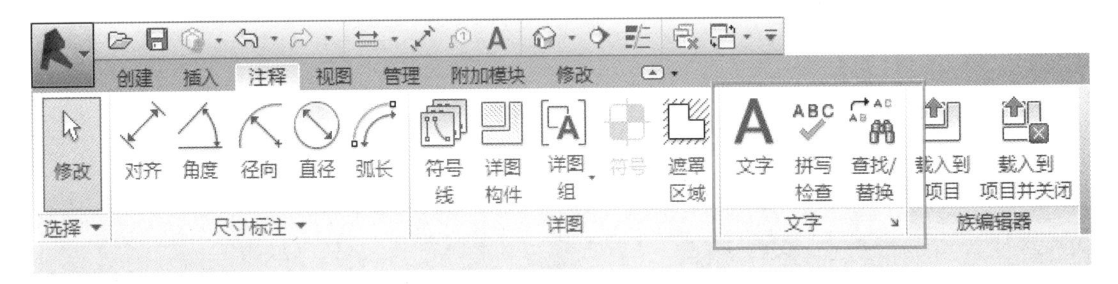

图 5-2-20

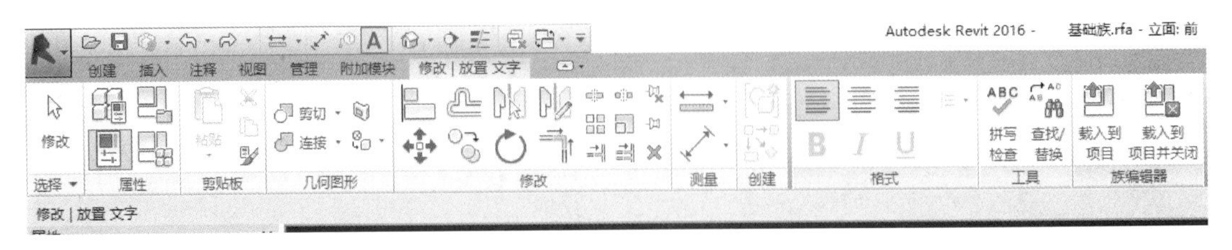

图 5-2-21

图 5-2-22

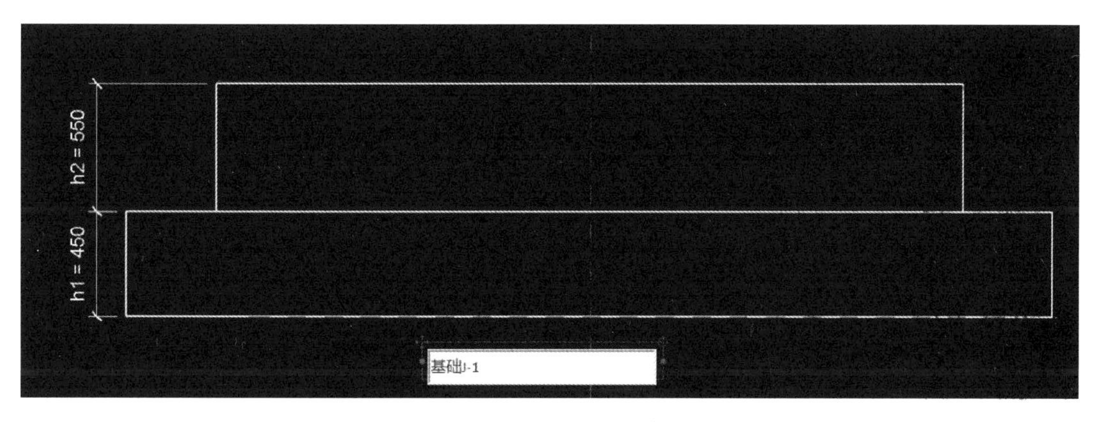

图 5-2-23

4. 视图

【视图】选项卡中集合了选择、图形、创建、窗口和族编辑器 5 种基本常用功能，如图 5-2-24 所示。

(1)【图形】面板

用于控制模型图元、注释、导入和链接的图元在视图中的可见性及是否按照细线宽度显示。

图 5-2-24

（2）【创建】面板

用于打开或创建三维视图（图 5-2-25）、剖面（图 5-2-26）、相机视图（图 5-2-27）等。

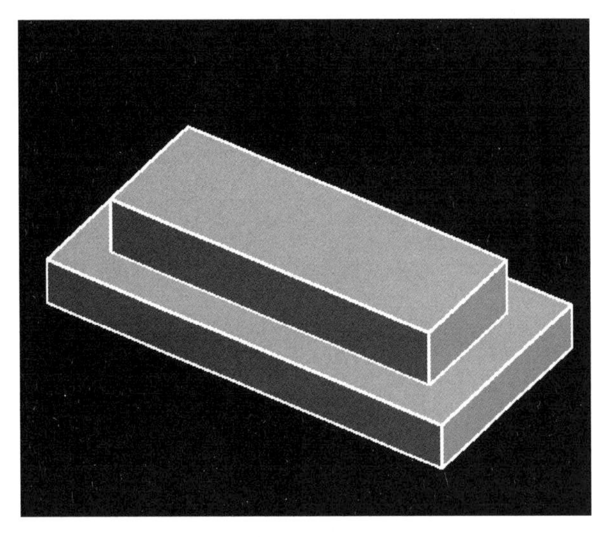

图 5-2-25

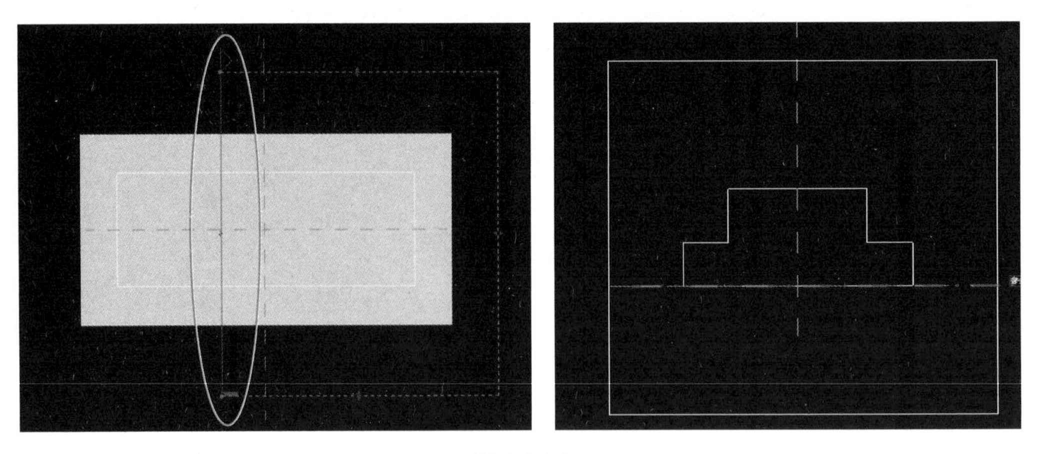

图 5-2-26

（3）【窗口】面板

用于对窗口显示的多种功能需求。包括切换窗口来指定显示某一焦点视图、平铺所有打开的视图、按序列对打开的窗口进行排列以及复制窗口等，如图 5-2-28～图 5-2-30 所示。

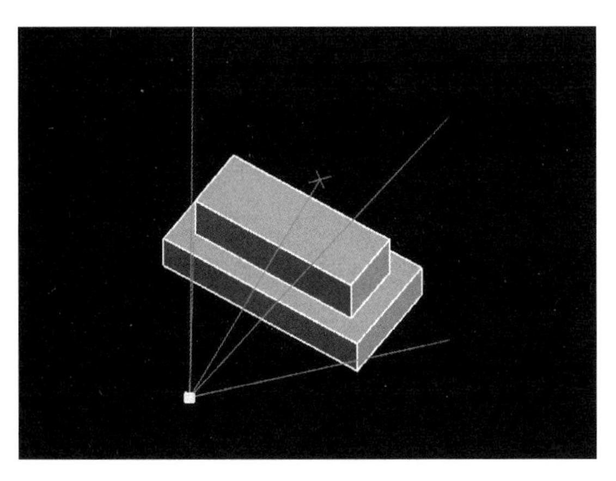

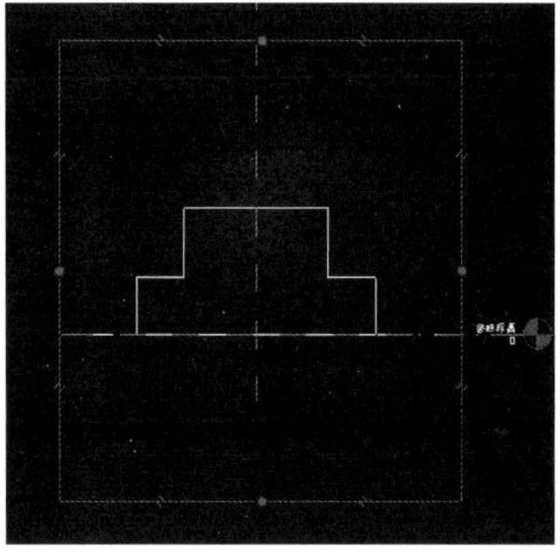

图 5-2-27

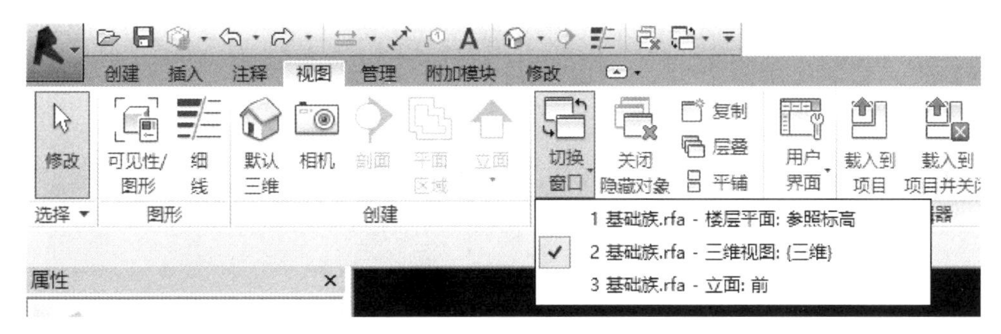

图 5-2-28

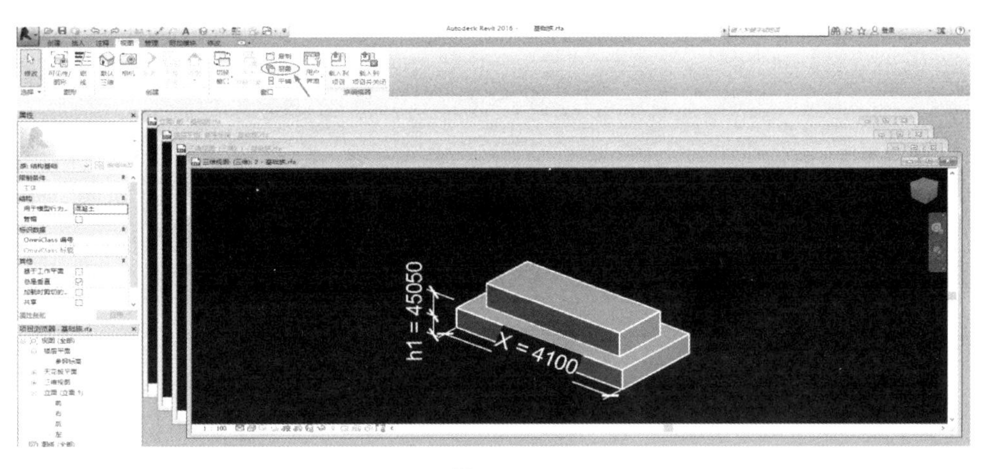

图 5-2-29

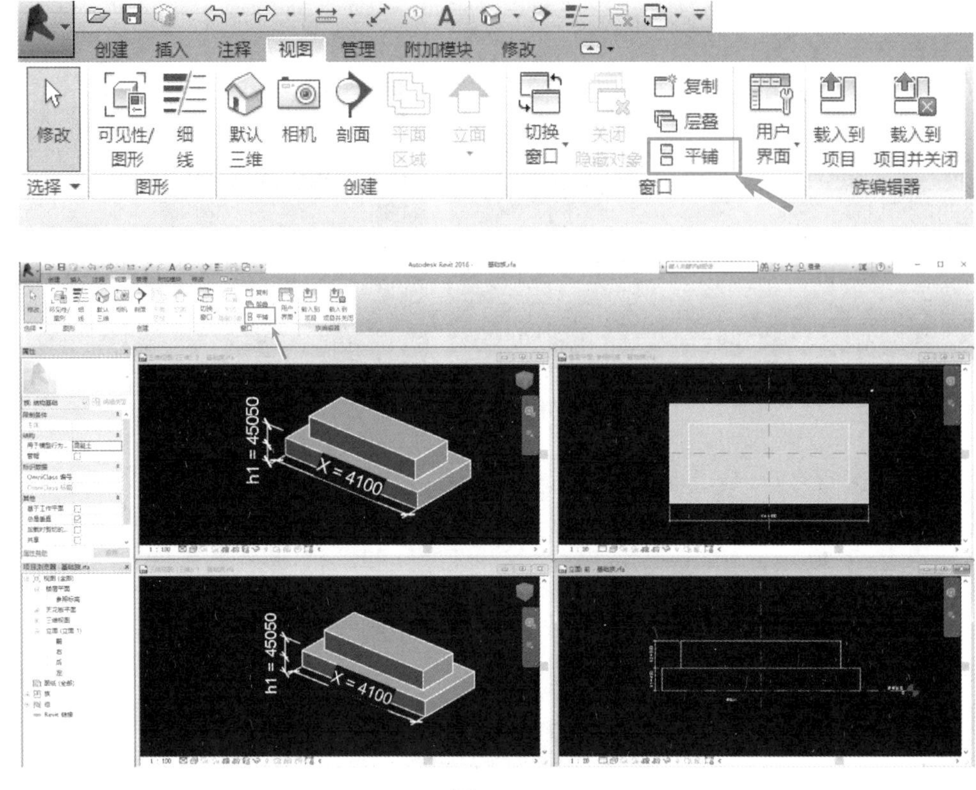

图 5-2-30

5. 管理

【管理】选项卡中集合了选择、设置、管理项目、查询、宏和族编辑器 6 种基本常用功能，如图 5-2-31 所示。

图 5-2-31

（1）【设置】面板

用于指定要应用于建筑模型中的图元设置。主要包括材质、对象样式、捕捉、项目单位、共享参数、传递项目标准、清除未使用项目以及其他设置，具体介绍如下：

① 材质，是用于指定建筑模型中应用到图元的材质和关联特性，如图 5-2-32 所示。

② 对象样式，是用于指定线宽、颜色和填充图案以及模型对象、注释对象和导入对象的材质，如图 5-2-33 所示。

③ 捕捉，是用于指定捕捉增量以及启用或禁用捕捉点，如图 5-2-34 所示。

④ 项目单位，是用于指定度量单位的显示格式，选择一个规程和单位，以指定用于显示项目中的单位精准度（舍入）和符号。

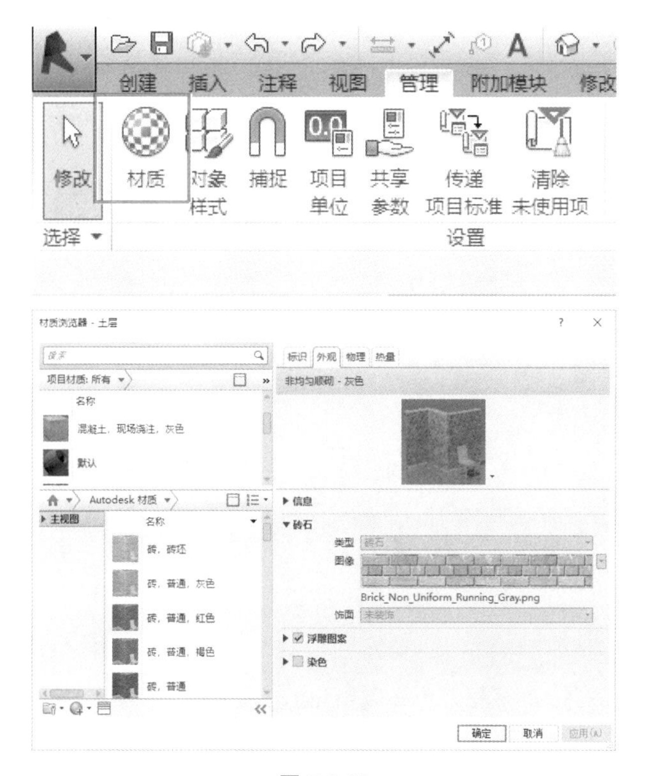
创建
插入
注释
视图
管理
附加模块
修改
修改
材质
对象
样式
捕捉
项目
单位
共享
参数
传递
项目标准
清除
未使用项
选择
设置
材质浏览器 - 土层
项目材质: 所有
名称
混凝土，现场浇注，灰色
默认
Autodesk 材质
主视图
砖，砖坯
砖，普通，灰色
砖，普通，红色
砖，普通，褐色
砖，普通
标识
外观
物理
热量
非均匀顺砌 - 灰色
信息
砖石
类型
图像
Brick_Non_Uniform_Running_Gray.png
饰面
浮雕图案
染色
确定
取消

图 5-2-32

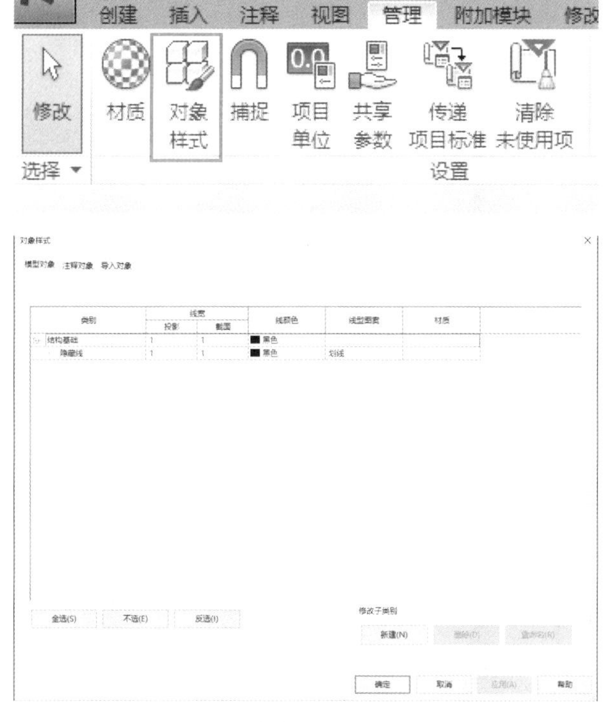
创建
插入
注释
视图
管理
附加模块
修改
修改
材质
对象
样式
捕捉
项目
单位
共享
参数
传递
项目标准
清除
未使用项
选择
设置

图 5-2-33

图 5-2-34

⑤ 共享参数，是用于指定可在多个族和项目中使用的参数，如图 5-2-35 所示。

⑥ 传递项目标准，是用于将选定的项目设置从另一个打开的项目复制到当前的族中来。项目标准包括族类型、线宽、材质、视图样板和对象样式。

⑦ 清除未使用项，是从族中删除未使用的项。使用该工具可以缩小族文件的大小，如图 5-2-36 所示。

(2)【管理项目】面板

提供用于管理的连接选项，如管理图像、贴花类型等，如图 5-2-37 所示。

(3)【查询】面板

提供按 ID 选择的唯一标示符来查找并选择当前视图中的图元，如图 5-2-38 所示。

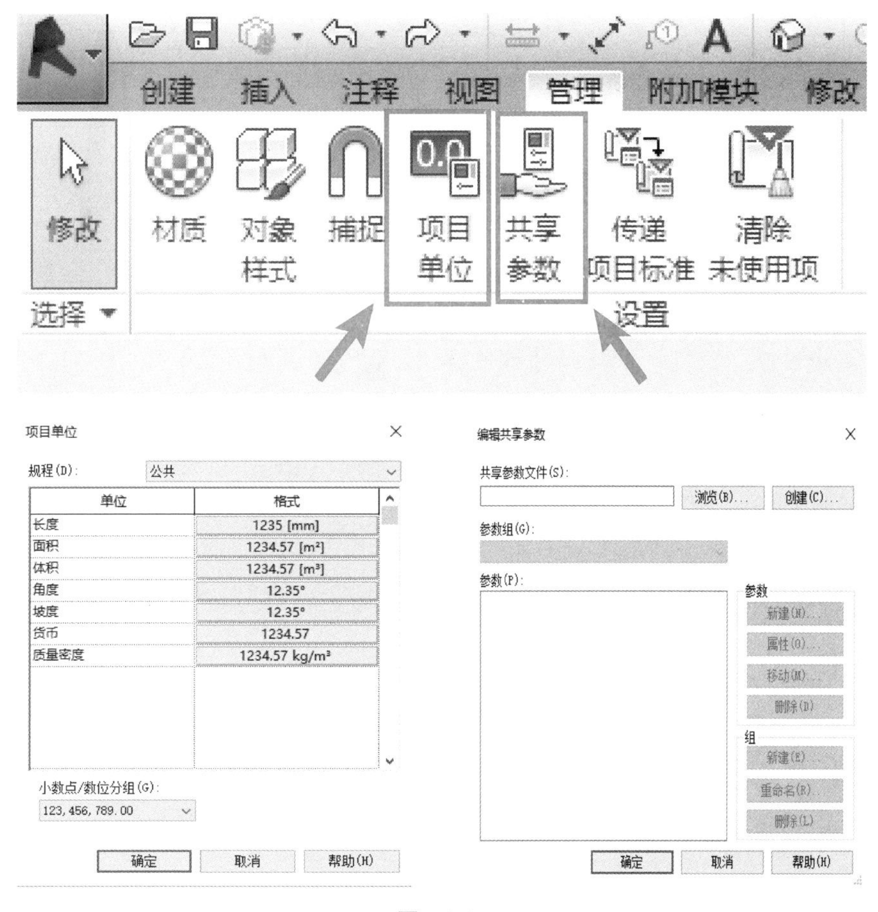
创建
插入
注释
视图
管理
附加模块
修改
修改
材质
对象样式
捕捉
项目单位
共享参数
传递项目标准
清除未使用项
选择
设置
项目单位
规程(D):
公共
单位
格式
长度
1235 [mm]
面积
1234.57 [m²]
体积
1234.57 [m³]
角度
12.35°
坡度
12.35°
货币
1234.57
质量密度
1234.57 kg/m³
小数点/数位分组(G):
123, 456, 789. 00
确定
取消
帮助(H)
编辑共享参数
共享参数文件(S):
浏览(B)...
创建(C)...
参数组(G):
参数(P):
参数
新建(N)...
属性(O)...
移动(M)...
删除(D)
组
新建(E)...
重命名(R)...
删除(L)
确定
取消
帮助(H)

图 5-2-35

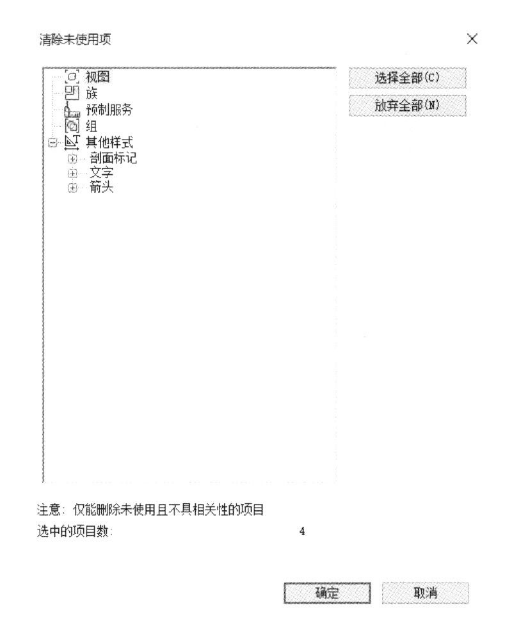
清除未使用项
视图
族
预制服务
组
其他样式
剖面标记
文字
箭头
选择全部(C)
放弃全部(N)
注意：仅能删除未使用且不具相关性的项目
选中的项目数：
4
确定
取消

图 5-2-36

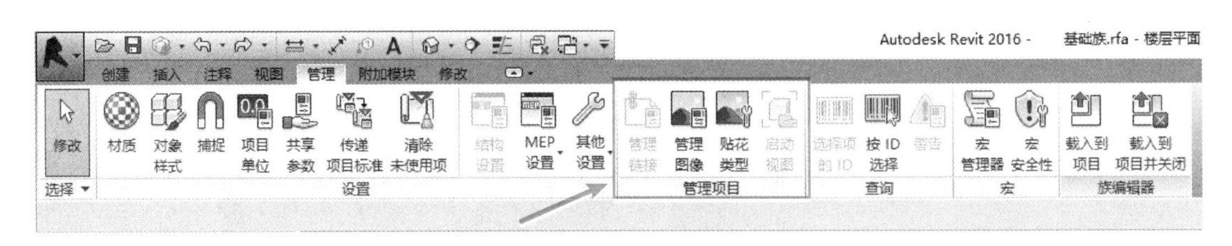

图 5-2-37

图 5-2-38

（4）【宏】面板

支持宏管理器和宏安全，以便用户安全地运行现有宏，或者创建、删除宏，如图 5-2-39 所示。

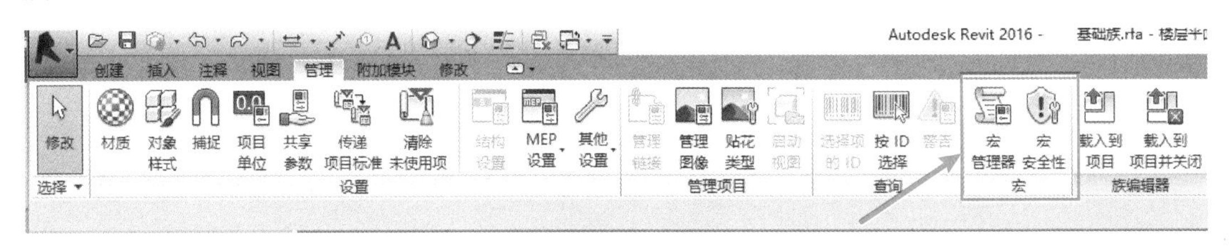

图 5-2-39

6. 修改

【修改】选项卡中集合了选择、属性、剪贴板、几何图形、修改、测量、创建和族编辑器 8 种基本常用功能，如图 5-2-40 所示。

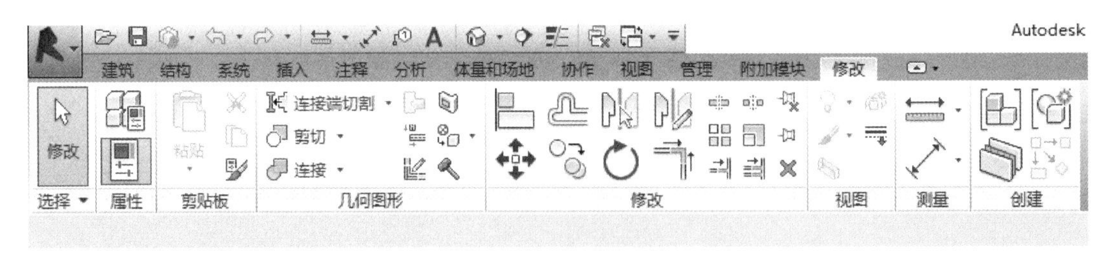

图 5-2-40

（1）【剪贴板】面板

汇集粘贴、剪切、复制和匹配类型属性 4 种常用剪贴命令。

（2）【几何图形】面板

提供对几何图形的剪切和取消剪切、连接和取消连接、拆分面及填色和删除填色 4 种功能键。

（3）【修改】面板

包括对齐、偏移、镜像、移动、复制、旋转、拆分、修剪等常用编辑命令。

（4）【测量】面板

包含测量两个参照物之间的距离、沿图元测量和标注对齐尺寸、角度尺寸、径向尺寸及弧长度尺寸。

（5）【创建】面板

包括创建组合创建类似实例。“创建组”命令可以创建一组图元以便于重复使用。用户如果计划在一个项目或族中多次重复布局时，可以使用“创建组”。

5.3 创建族构件

前文曾提到过，族分为“系统族”“可载入族”和“内建族”，当我们在做项目的时候，因为在系统族内没有某些特定的构件，这样就需要自己建立一个内建族来载入项目中使用，下文将为大家列举一个简单的基础族建立。

第一步，观察图纸确定构件的尺寸、形状，如图 5-3-1 和图 5-3-2 所示。根据主视图和俯视图可以确定此基础的高、长、宽、杯口、杯底尺寸。

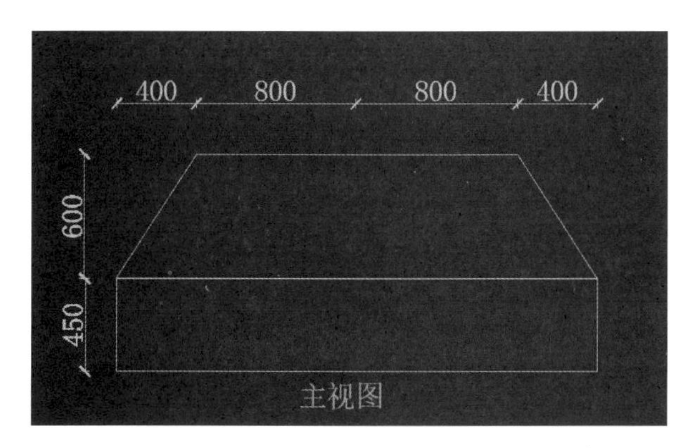

图 5-3-1

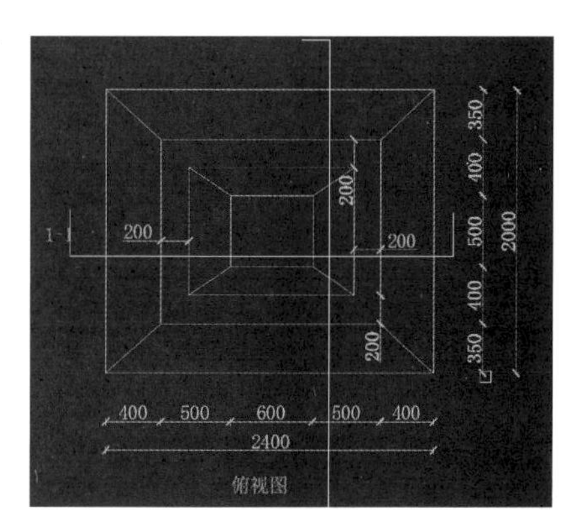

图 5-3-2

第二步，根据两组不同方向的剖面图确定内部杯口的长度、宽度、深度，如图 5-3-3 和图 5-3-4 所示，1-1 剖面图为此基础的长，2-2 剖面图为此基础的宽。

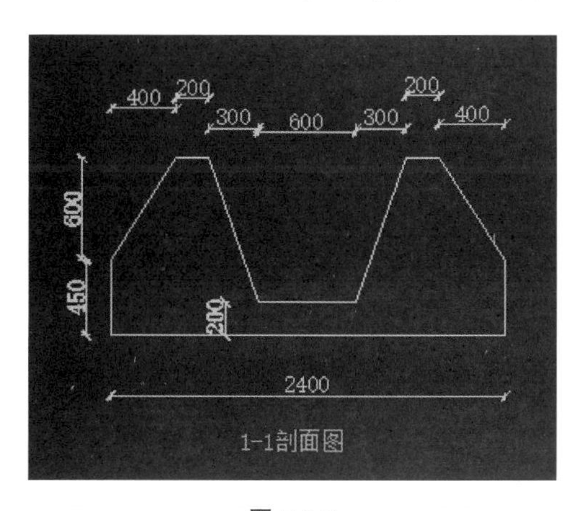

图 5-3-3

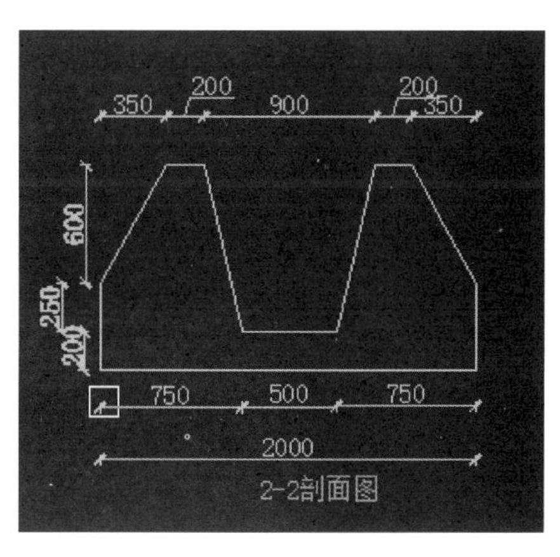

图 5-3-4

确定尺寸之后我们开始建立模型，打开 Revit 软件→选择新建【族】→选择样板文件→【公制结构基础】→单击【打开】，进入界面后，按照前面所介绍的内容对【族参数】和【族类型】进行参数化。设置后的族参数、族类型，如图 5-3-5 所示。

图 5-3-5

运用基准中的参照平面对将要绘制的图形进行限制，如图 5-3-6 所示。

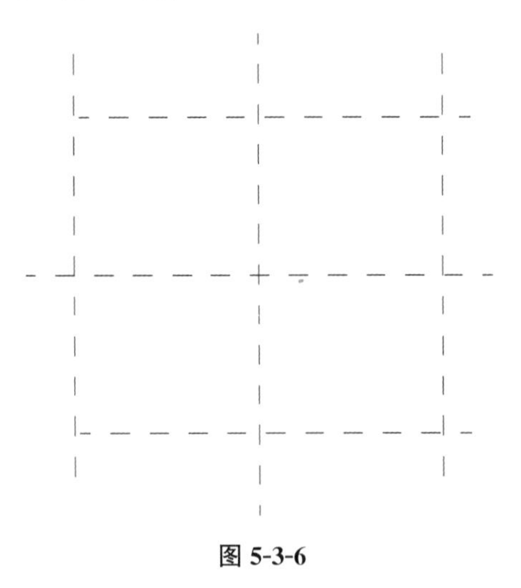

图 5-3-6

利用【拉伸】命令来进行绘制基础的平面尺寸，如图 5-3-7 所示。

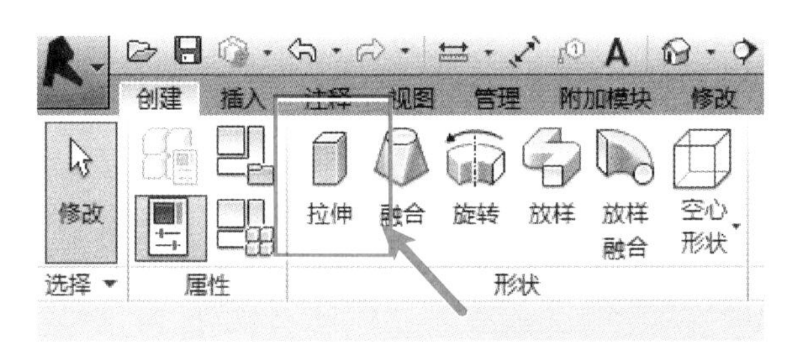

图 5-3-7

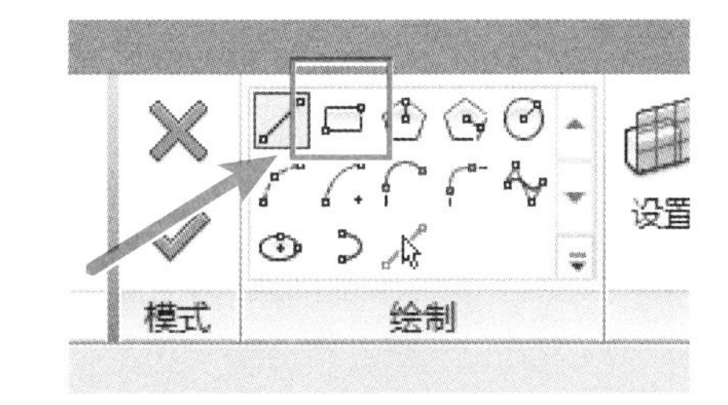

图 5-3-8

因为基础底部投影是矩形，用“矩形”来绘制图形，绘制完成单击【确定】，如图 5-3-8 和图 5-3-9 所示。

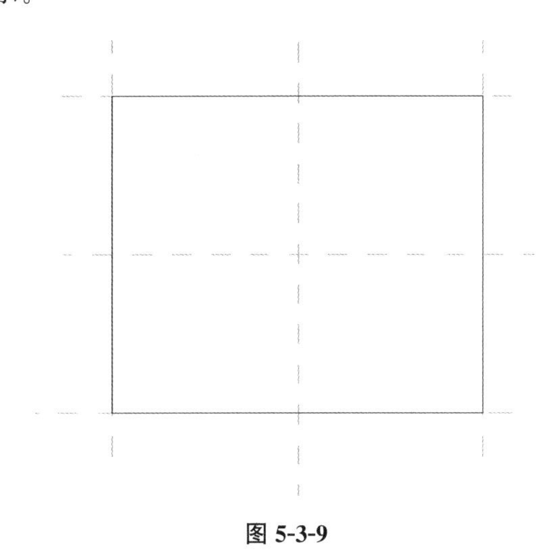

图 5-3-9

生成图形，平面图如图 5-3-10 所示，三维图如图 5-3-11 所示。

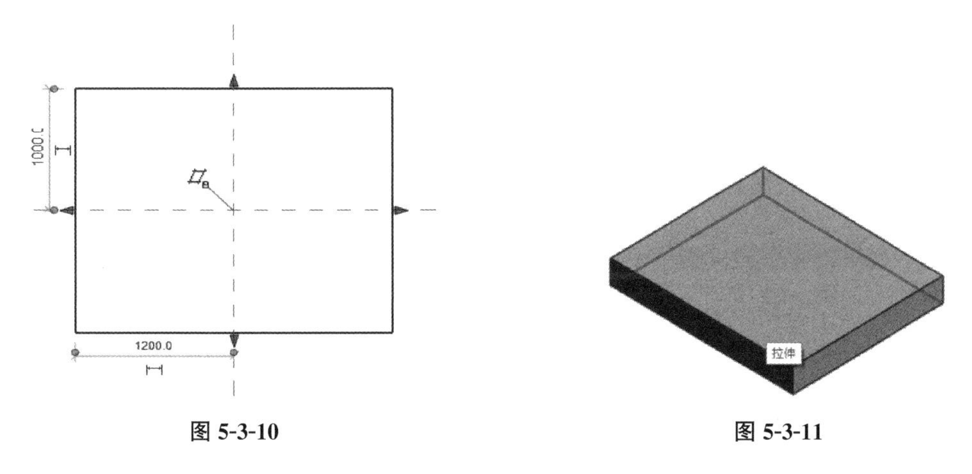

图 5-3-10　　　图 5-3-11

绘制此基础有两种方法，第一种是将此图形分成两部分长方体和梯形体进行绘制；第二种以长方体一部分进行绘制，再运用【形状】面板中的【空心形状】，对该长方体进行切割。

下面介绍第二种方法的做法，单击【立面】，进入任一视图，绘制参照平面，再对其进行尺寸标注，$h_1=450$、$h_2=600$，将鼠标移动到【拉伸造型操纵柄】上，拉到最上端的参照平面，如图 5-3-12 所示。

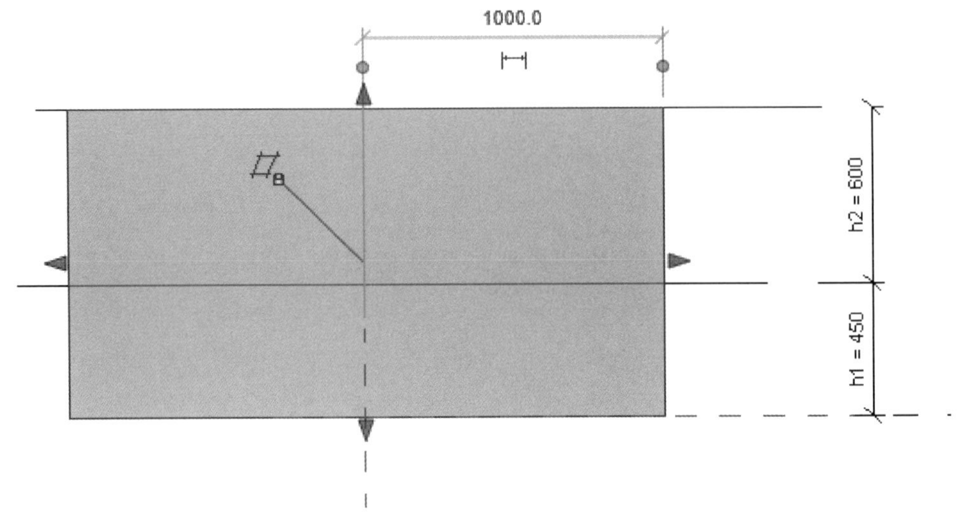

图 5-3-12

绘制完成后，单击【空心形状】【空心拉伸】命令对此构件进行修改。需要注意当使用【拉伸】创建图形时，所围成的线必须是闭合的，此图在修剪时为了不影响其他部分的形状，要将线延伸到图形外部形成闭合。当处于前立面时，拾取一个平面，单击【确定】，转进左或右立面视图，单击【打开视图】，如图 5-3-13 所示，绘制参照平面和被切割的图形，如图 5-3-14 所示。

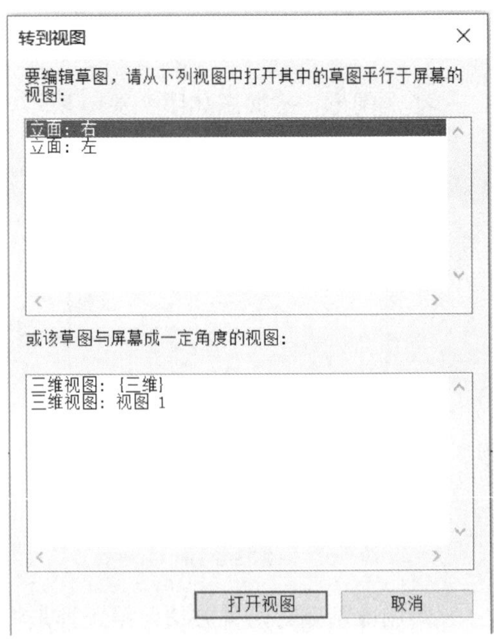

图 5-3-13

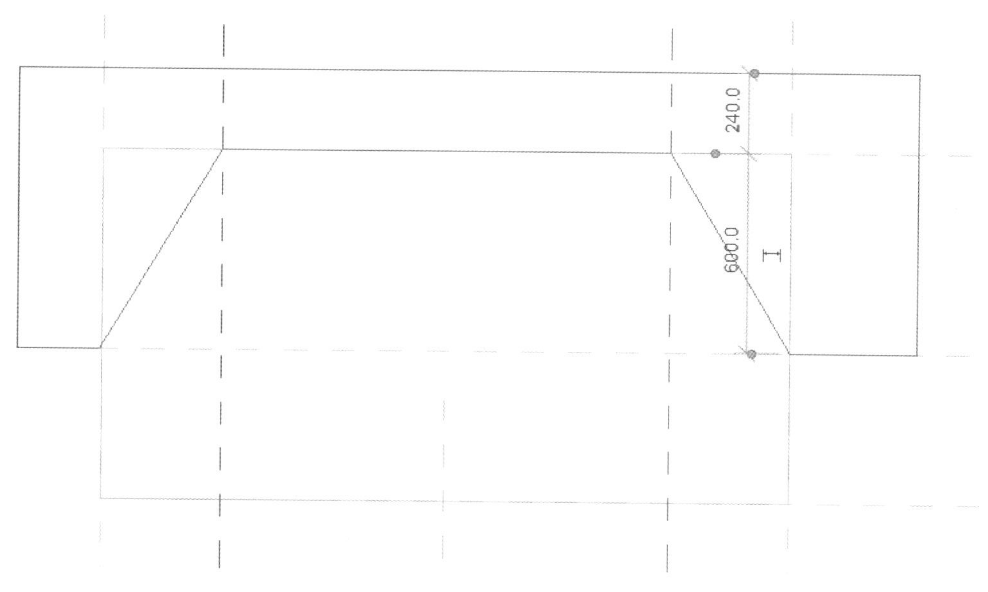

图 5-3-14

绘制完成，效果如图 5-3-15 所示。

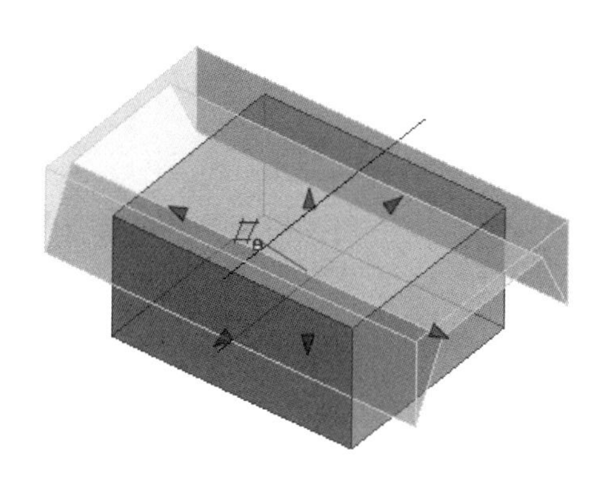

图 5-3-15

另一侧以同样办法进行修剪，两侧全部修剪完成，效果如图 5-3-16 所示。

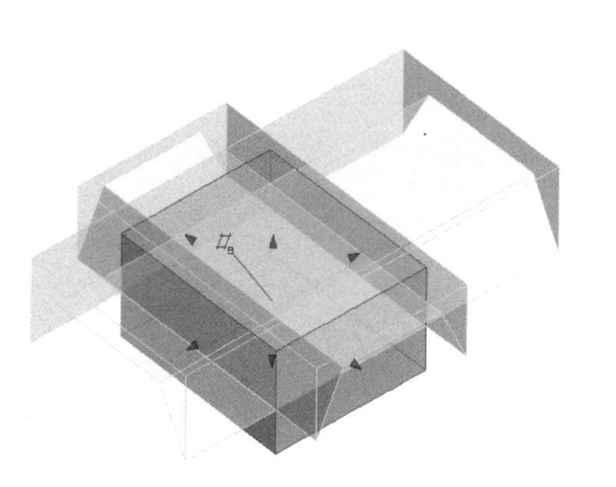
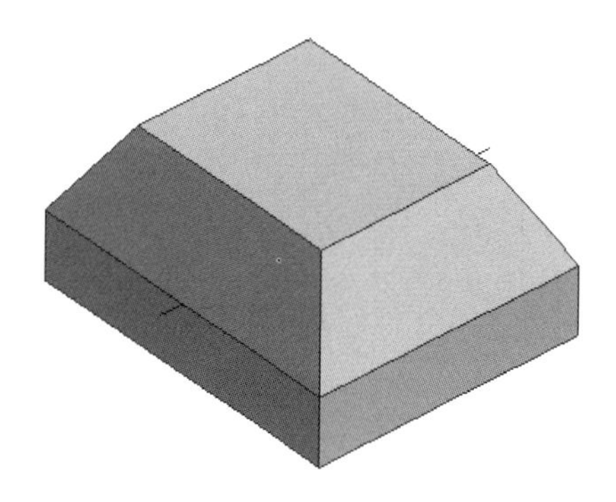

图 5-3-16

杯口部分用【空心放样融合】的命令来完成，首先进入到该基础的任一立面，单击【创建】→【模型线】，拾取一个平面，单击【确定】，具体步骤同上，在该立面图形中点绘制一条同杯深的线段，如图 5-3-17 所示。

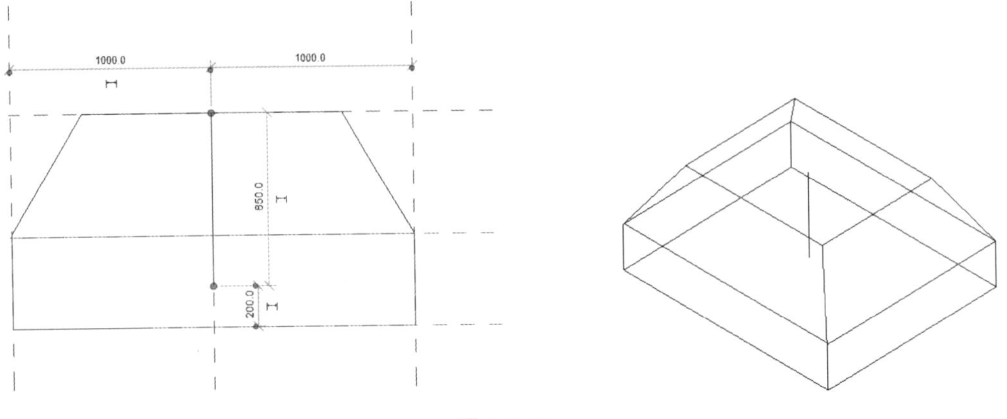

图 5-3-17

单击【空心形状】→【空心放样融合】，在【放样融合】中，分别有【绘制路径】、【拾取路径】，如图 5-3-18 所示。

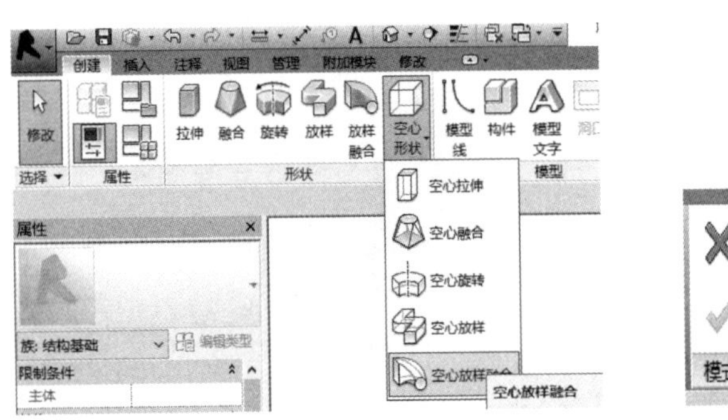

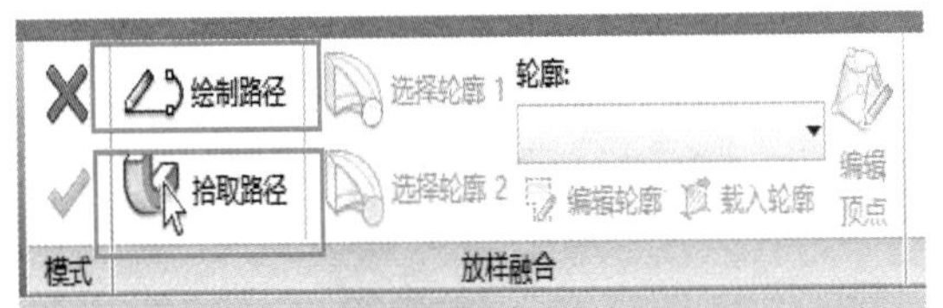

图 5-3-18

【绘制路径】时可以在立面或三维状态下绘制融合路径，如图 5-3-19 所示。

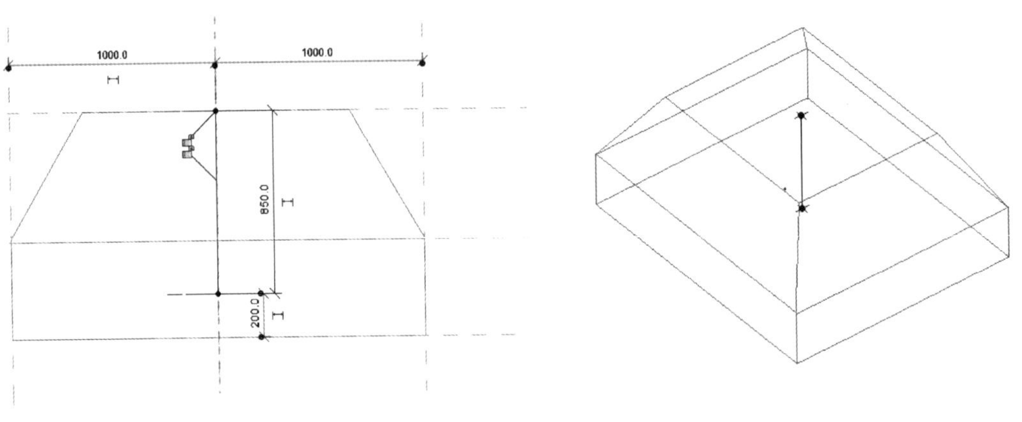

图 5-3-19

路径绘制结束后开始编辑轮廓，轮廓有前后两个面，根据编辑路径的始末位置确定轮廓 1 和轮廓 2；也可根据拾取的辅助线的始末位置区分轮廓 1 和轮廓 2，如图 5-3-20 所示。

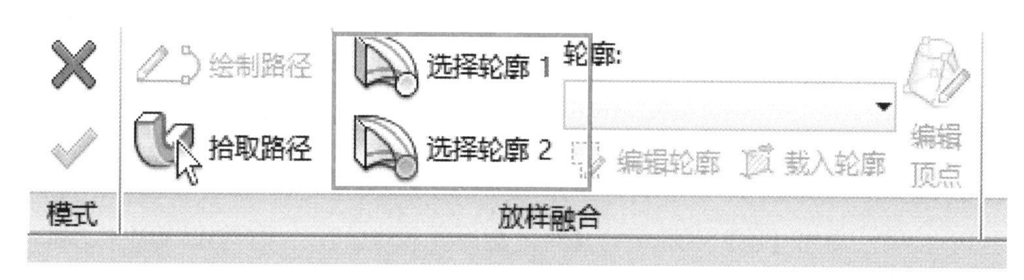

图 5-3-20

单击【轮廓 1】，单击到【参照标高】中，【编辑轮廓】进行绘制杯口，绘制完成单击【确定】，如图 5-3-21 所示。

同种方法单击【轮廓 2】，进行绘制杯底，绘制完成，单击【确定】，如图 5-3-22 所示。

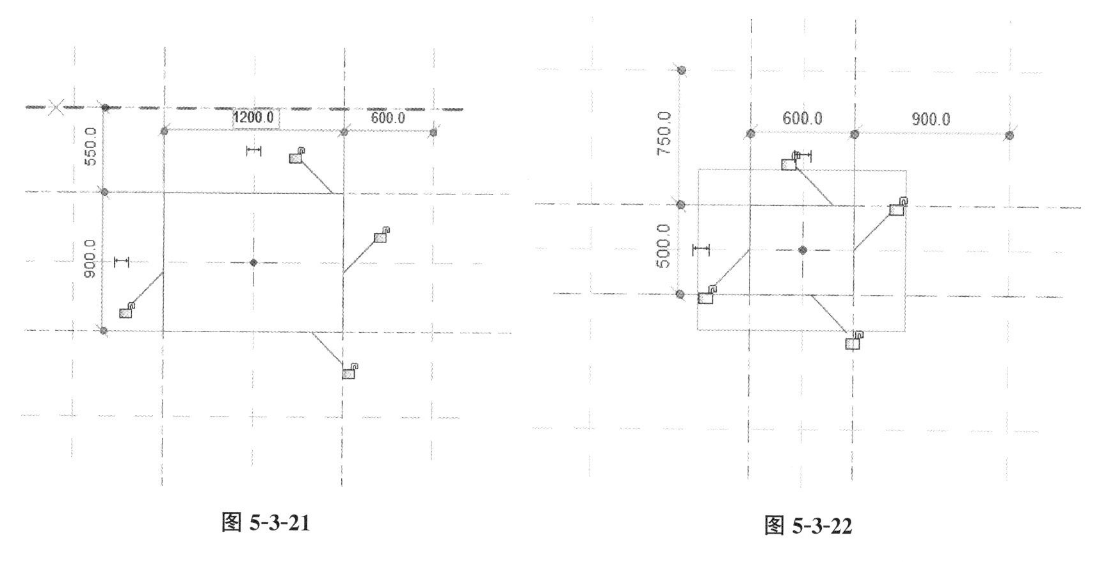

图 5-3-21　　图 5-3-22

绘制完成的三维效果图，如图 5-3-23 所示，单击【确定】，如图 5-3-24 所示。

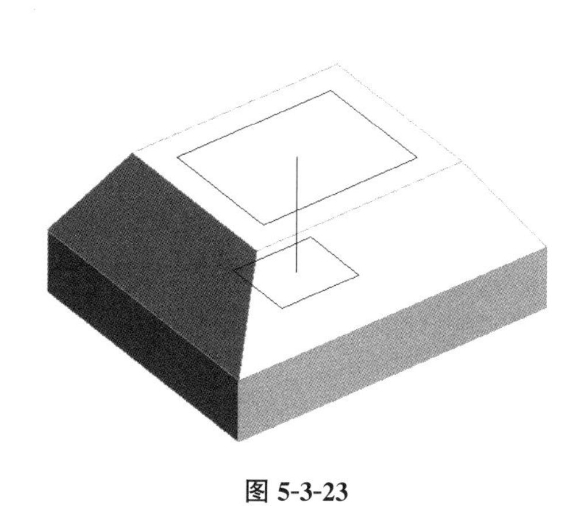

图 5-3-23

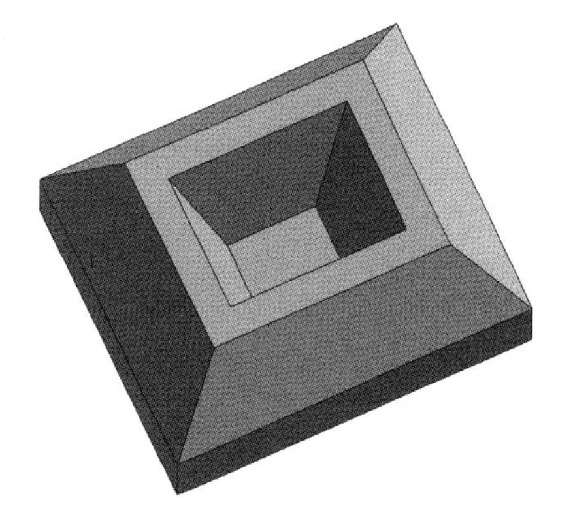

图 5-3-24

利用以上知识就完成了基础构件的创建，以上创建命令可以应用于各种构件的创建。接下来进入较为复杂的族模创建。

5.4 创建灯塔

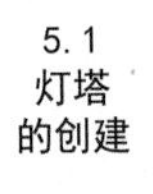

单击【族】面板下的【新建概念体量...】，在打开的【新概念体量-选择样板文件】的对话框中，选择【公制体量】文件，单击【打开】，如图 5-4-1 所示。

在【项目浏览器-族 1】中双击【立面（立面 1）】，如图 5-4-2 所示，双击【东】立面，如图 5-4-3 所示，进行标高的绘制。

图 5-4-1

由于标高较多，可以单击工作界面中的【标高 1】，如图 5-4-4 所示，选择【修改丨标高】中的【复制】工具，如图 5-4-5 所示，勾选【约束】和【多个】选项，如图 5-4-6 所示。

绘制的标高距离分别为 3000、1500、1000、3000、2300、1500、500，绘制完成后，如图 5-4-7 所示。

双击【项目浏览器-族 1】中的【楼层平面】，发现绘制好的标高并没有出现在浏览器中，所以需要单击【视图】选项卡中的【楼层平面】，如图 5-4-8 所示。

选中全部标高，如图 5-4-9 所示，单击【确定】。

回到【项目浏览器-族 1】的【楼层平面】里双击【标高 1】，如图 5-4-10 所示。

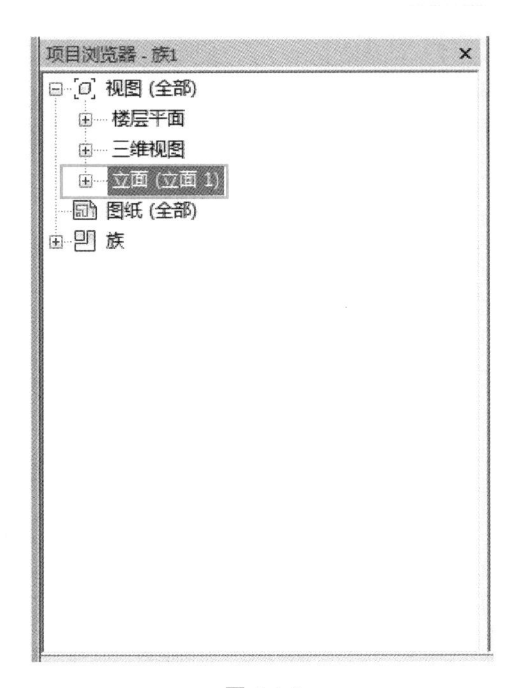

图 5-4-2

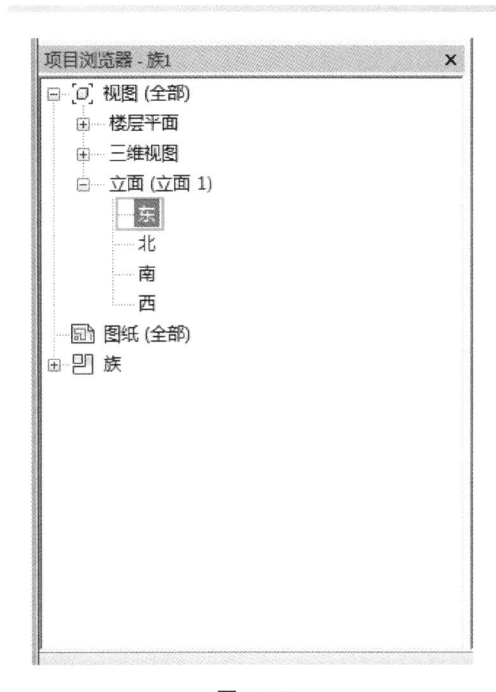

图 5-4-3

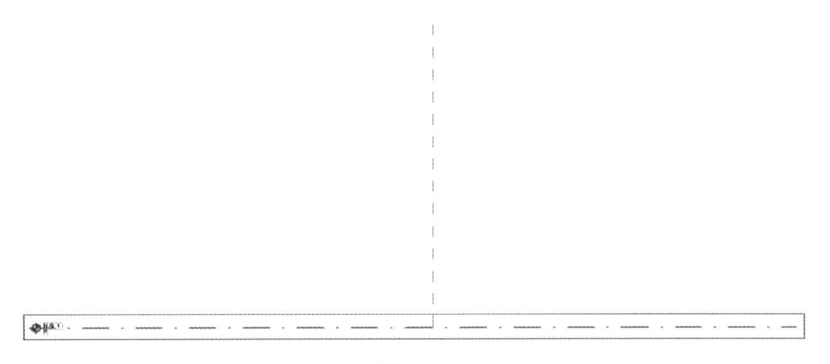

图 5-4-4

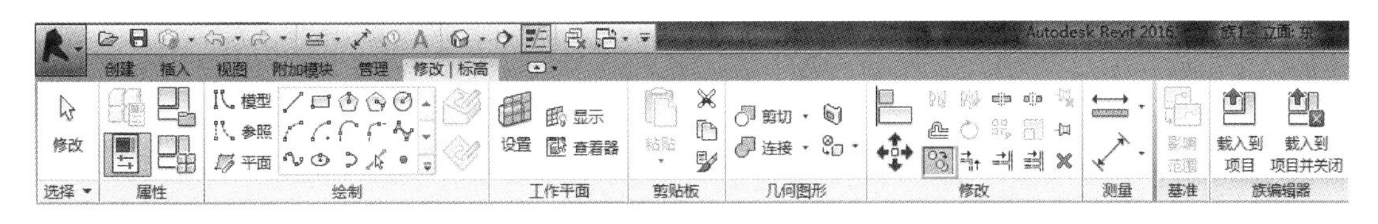

图 5-4-5

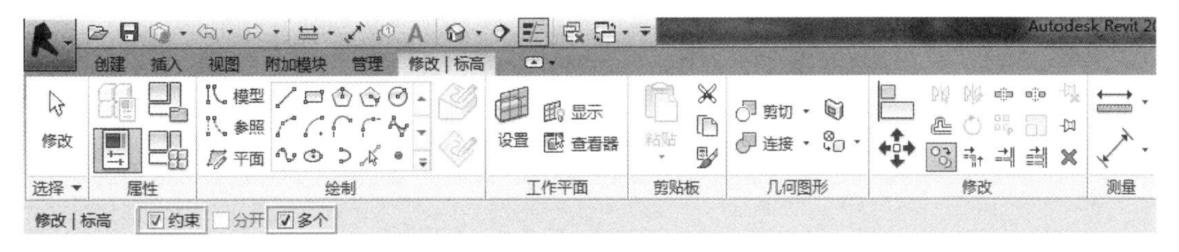

图 5-4-6

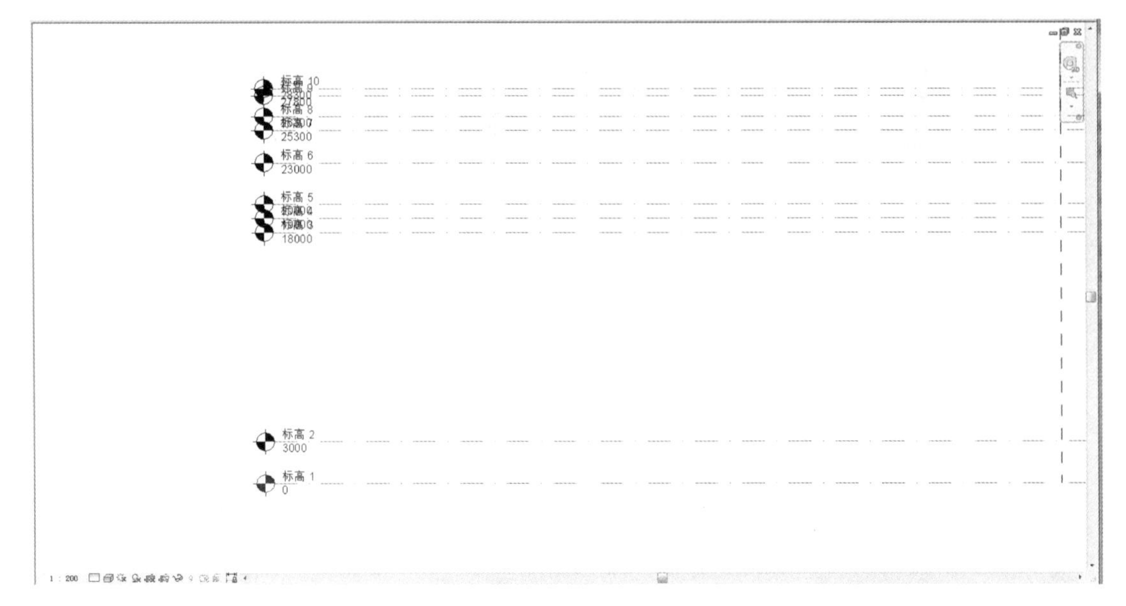

图 5-4-7

图 5-4-8

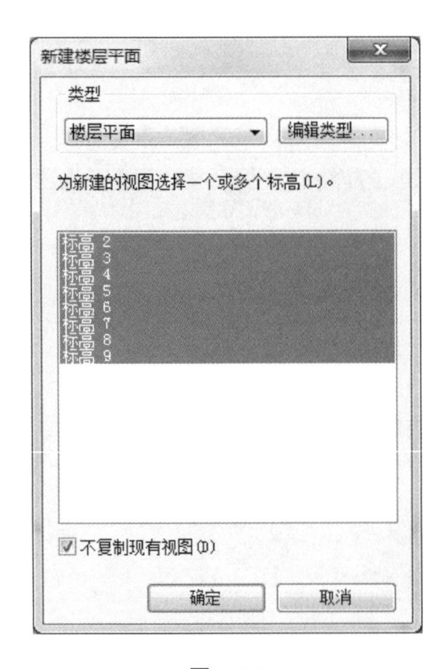

图 5-4-9

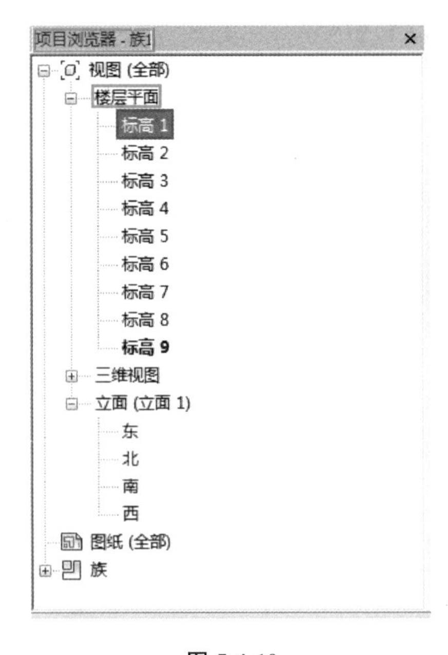

图 5-4-10

根据图纸，可以看到灯塔下的正方形基础台边长为 12000mm，在【创建】选项卡里单击【拾取线】按钮，如图 5-4-11 所示。

图 5-4-11

单击结束后在【偏移量】里输入 6000mm，如图 5-4-12 所示。

图 5-4-12

双击【参照平面（虚线）】，完成后，如图 5-4-13 所示。

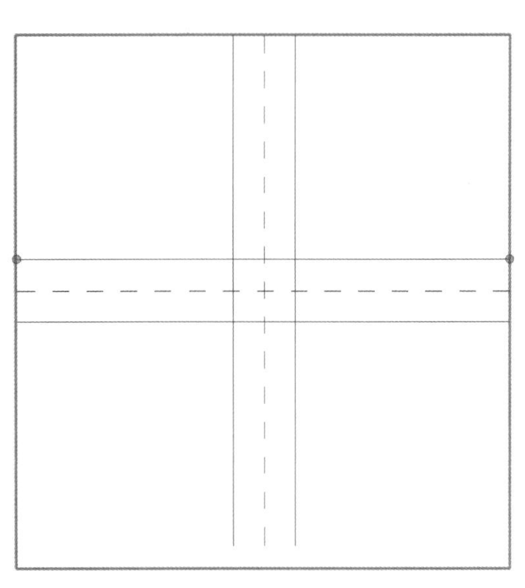

图 5-4-13

在【修改 | 放置 线】选项卡中找到修改面板，单击【修剪/延伸为角】，如图 5-4-14 所示。

分别单击正方形边沿线对其多余边线进行修剪，修剪完成后，如图 5-4-15 所示。

单击工作面板里的正方形，在【修改 | 线】选项卡找到【创建形状】，在下拉选项中单击【实心形状】，如图 5-4-16 所示。

进入东立面，如图 5-4-17 所示，向上拖动竖直向上的箭头直至【标高 2】，拖动后如图 5-4-18 所示。

在【创建】选项卡的【绘制】面板中单击【平面】命令，如图 5-4-19 所示。

利用【直线】命令绘制如图 5-4-20 所示的参照平面（按图示数据绘制）。

沿着参照平面利用【创建】选项卡中直线进行绘制，如图 5-4-21 所示，绘制完成后单击选中，选择【修改 | 线】中【创建形状】下拉选项的【空心形状】，如图 5-4-22 所示。

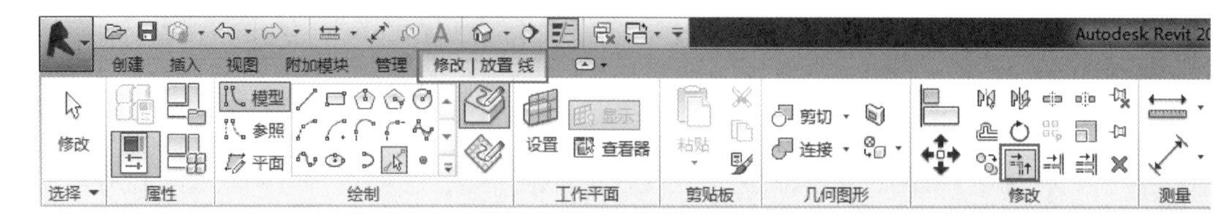

图 5-4-14

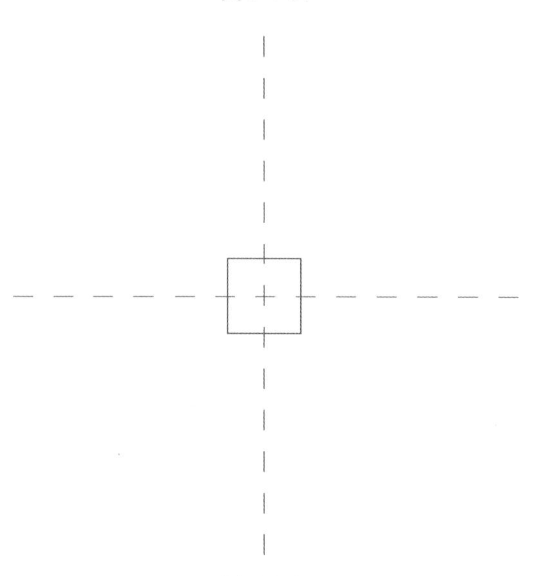

图 5-4-15

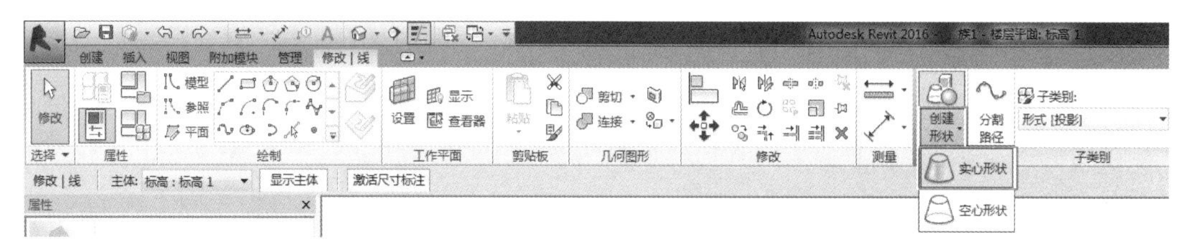

图 5-4-16

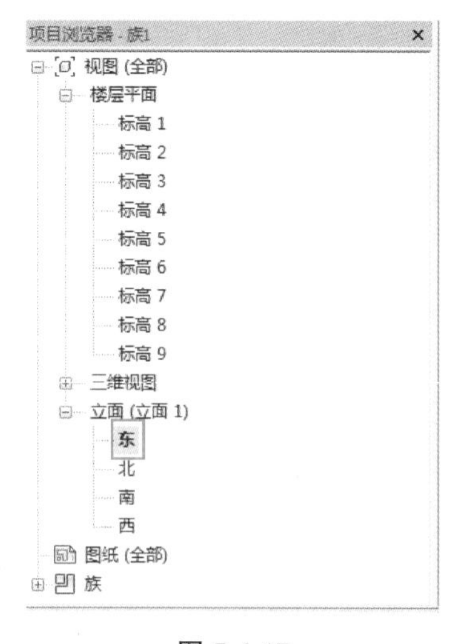

图 5-4-17

图 5-4-18

图 5-4-19

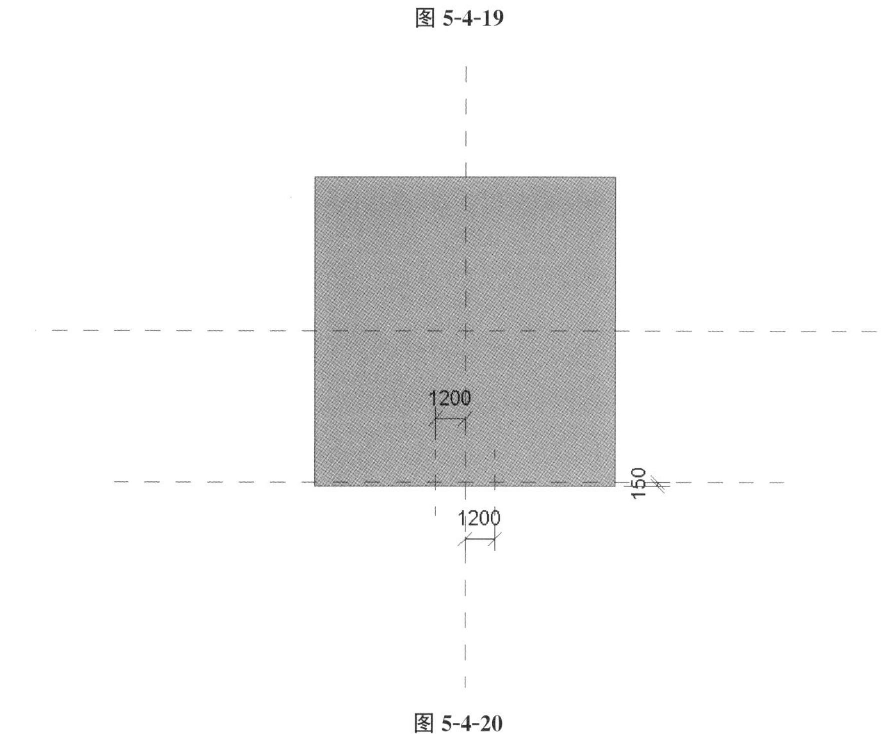

图 5-4-20

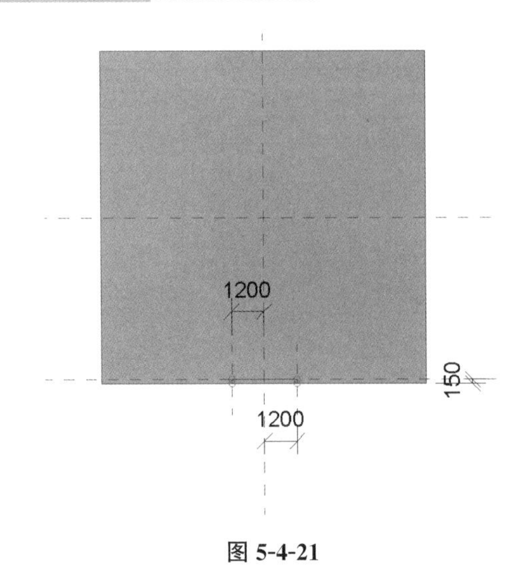

图 5-4-21

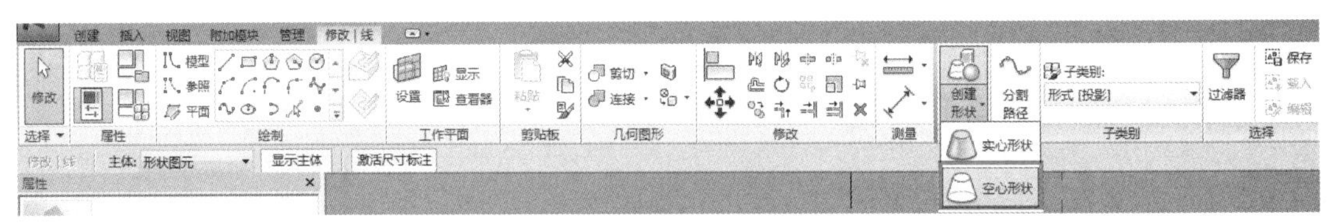

图 5-4-22

进入西立面，向下拖动竖直向上的箭头至【标高 1】，如图 5-4-23 所示，单击【绘制】面板中的【直线】，根据图纸得出的踏面宽、踢面高绘制如图 5-4-24 所示的楼梯线（踏板深度：400mm、踢面高度：250mm）。绘制完成后单击楼梯线进行创建【实心形状】，最后在三维视图里对楼梯的梯段宽度进行修改，修改完成后如图 5-4-25 所示。

双击【标高 2】，在标高 2 的工作面板中利用【圆形】命令在两条参照平面的交点处绘制半径为 3000mm 的圆，然后单击绘制好的圆对其进行实心形状创建，创建完成后单击圆柱体的上表面对其拖曳到【标高 3】，如图 5-4-26 所示。

在【标高 3】画一个半径为 4500mm 的圆，同样地对其进行实心形状创建，创建完成后单击圆柱体的上表面对其拖曳到【标高 4】，绘制完成后，如图 5-4-27 所示。

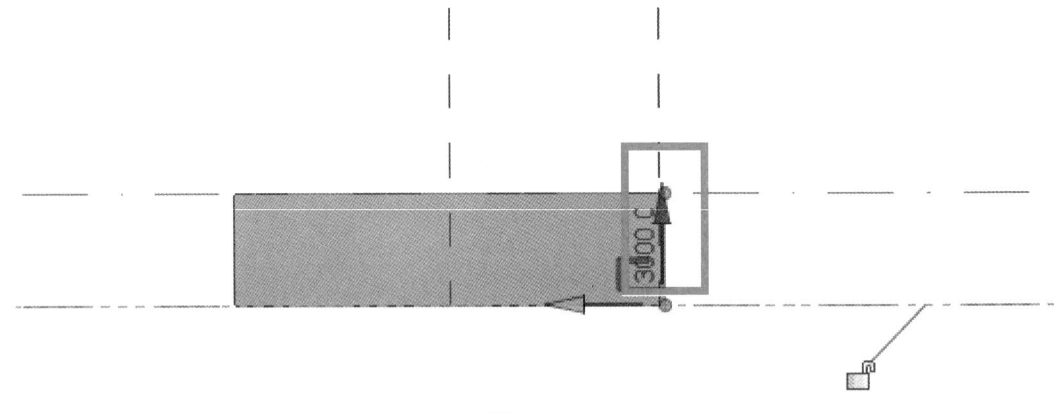

图 5-4-23

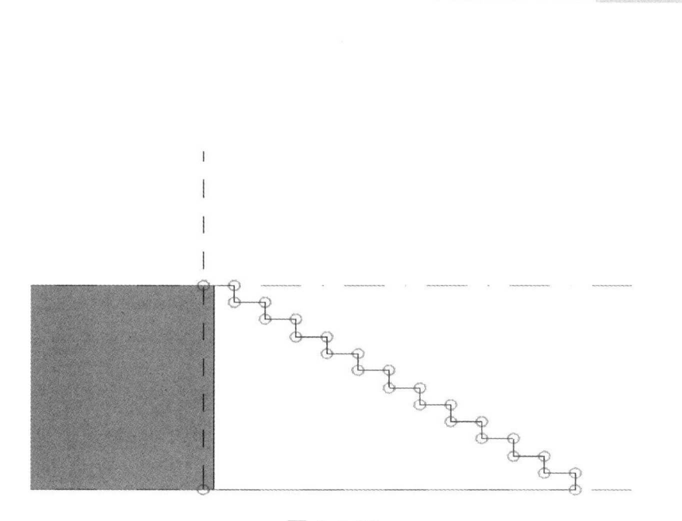

图 5-4-24

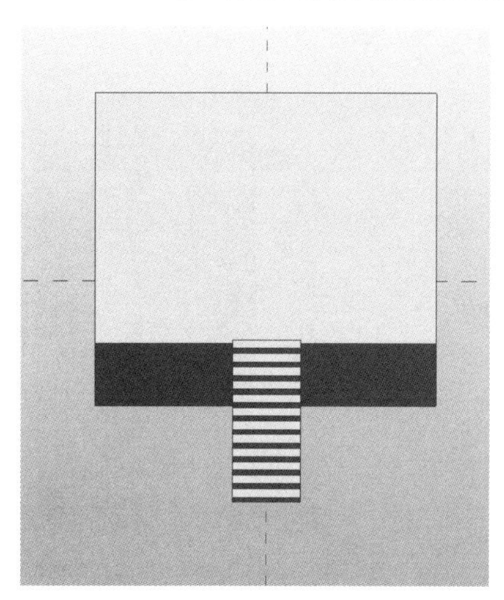

图 5-4-25

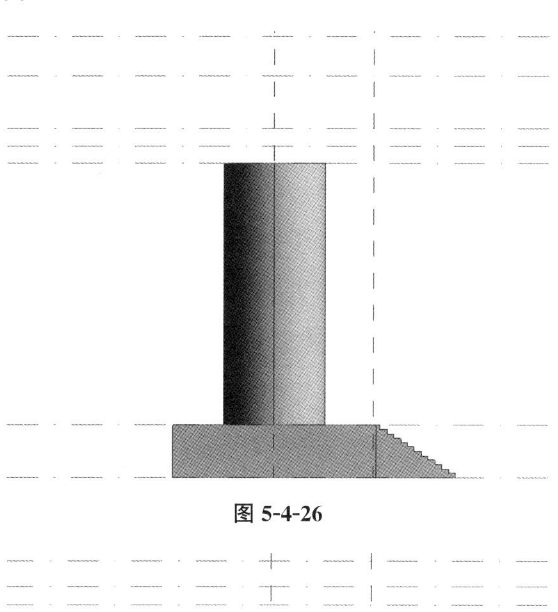

图 5-4-26

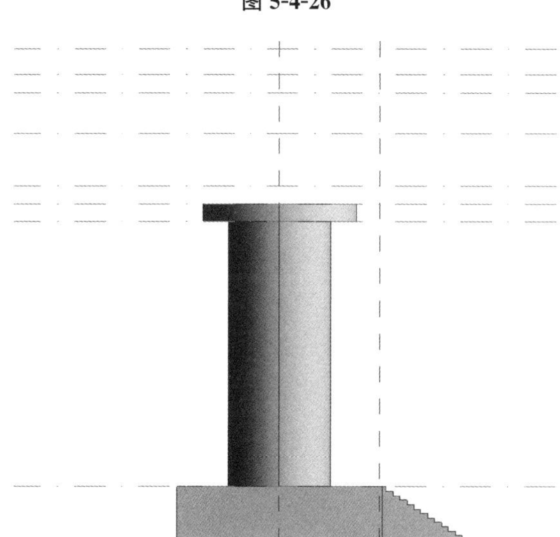

图 5-4-27

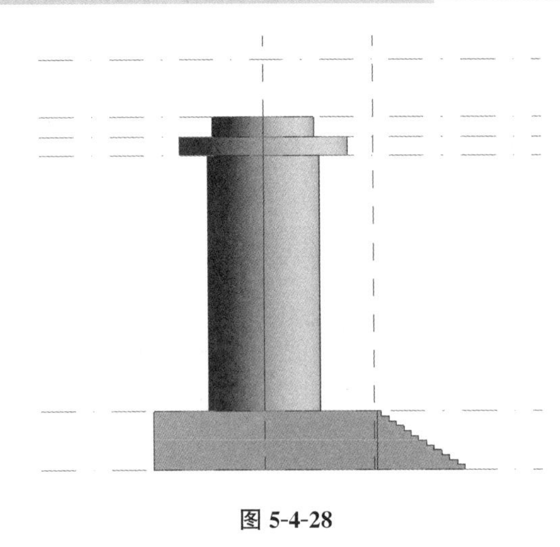

图 5-4-28

在【标高 4】画一个半径为 2700mm 的圆，同样的对其进行实心形状创建，创建完成后单击圆柱体的上表面对其拖曳到【标高 5】，绘制完成后，如图 5-4-28 所示。

在【标高 5】中的【创建】选项卡里单击【内接多边形】，如图 5-4-29 所示，【边】的数量设置为 18，如图 5-4-30 所示，在工作面板上画出半径为 2700mm 的十八边形，如图 5-4-31 所示。

在【标高 6】中绘制与【标高 5】中相对应的 18 边形（半径为 8500mm），如图 5-4-32 所示。

绘制完成后按住【Ctrl】键，鼠标分别单击【标高 5】、【标高 6】中的 18 边形，如图 5-4-33 所示。

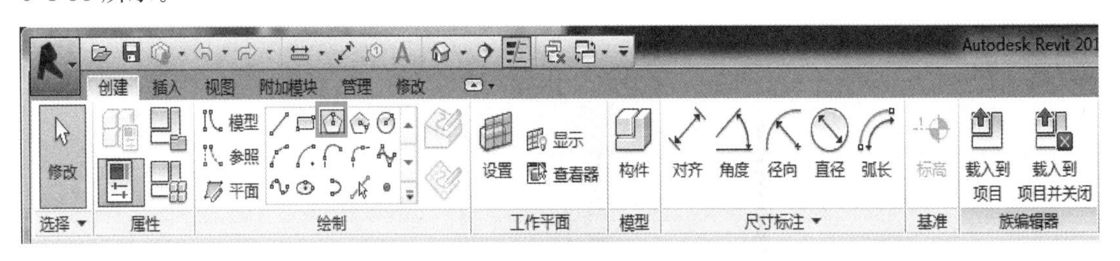

图 5-4-29

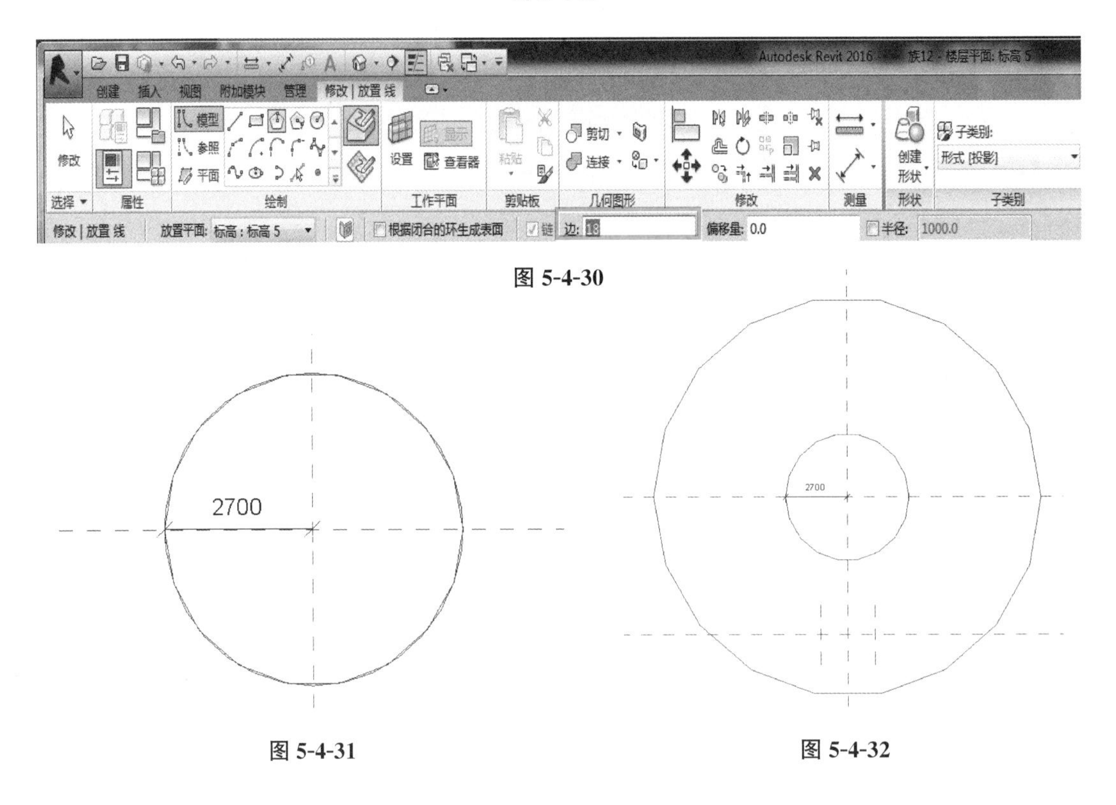

图 5-4-30

图 5-4-31

图 5-4-32

单击【创建形状】下拉选项中【实心形状】，创建完成后，如图 5-4-34 所示。

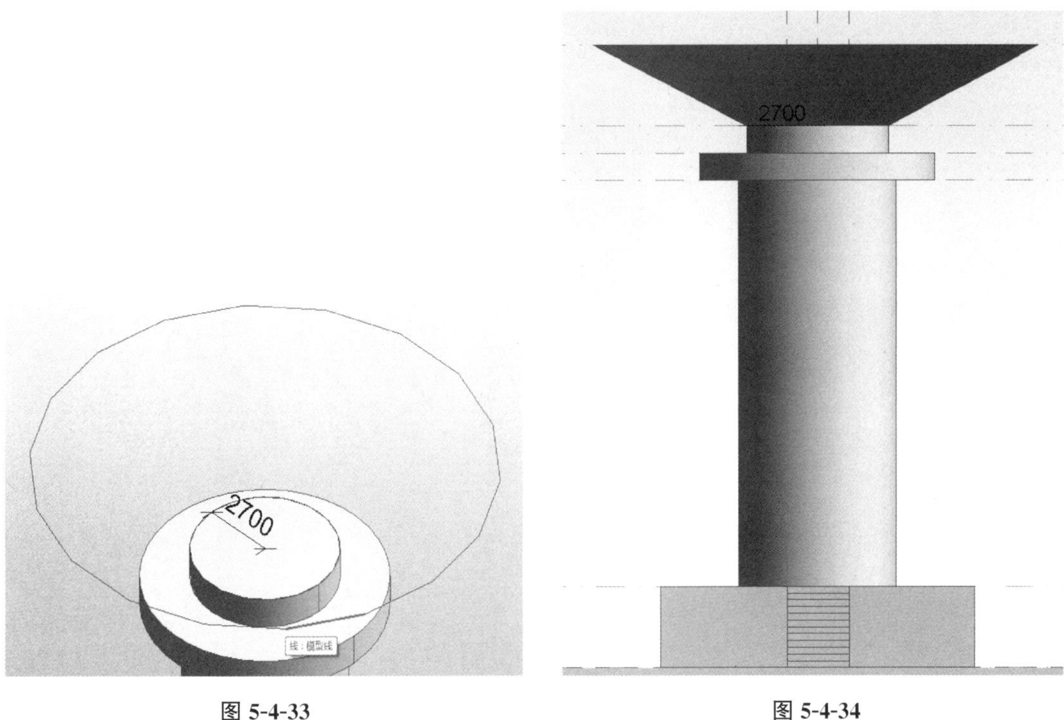

图 5-4-33　　　　图 5-4-34

接下来需要在 18 边形的平台上绘制四根圆柱体，回到【标高 6】分别绘制四个参照平面，绘制完成后如图 5-4-35 所示，四个参照平面距圆点为 2750mm，每个圆形的半径为 1500mm。

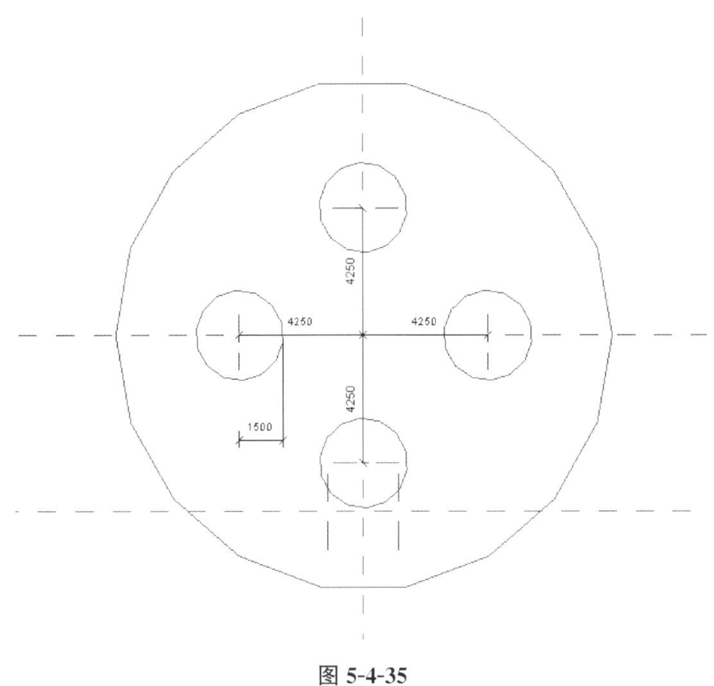

图 5-4-35

对四个圆形分别进行创建实心形状，高度将被从【标高 6】拉伸至【标高 7】，绘制完成后，如图 5-4-36 所示。

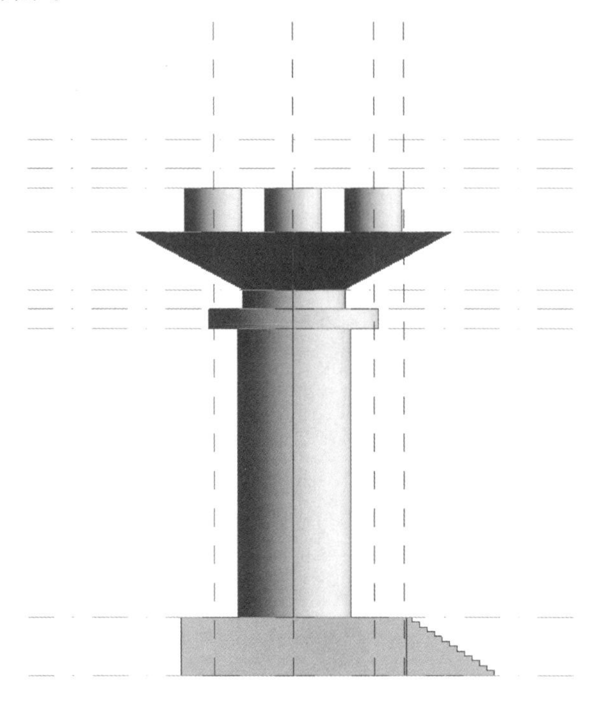

图 5-4-36

在【标高 7】中绘制半径为 8500mm 的 18 边形，在【标高 8】中绘制半径为 3000mm 的 18 边形，使其与【标高 7】中的 18 边形的每条边相对应，绘制完成后按住【Ctrl】键，鼠标分别单击【标高 7】、【标高 8】中的 18 边形，选择【创建形状】下拉选项中的【实心形状】，绘制完成后，如图 5-4-37 所示。

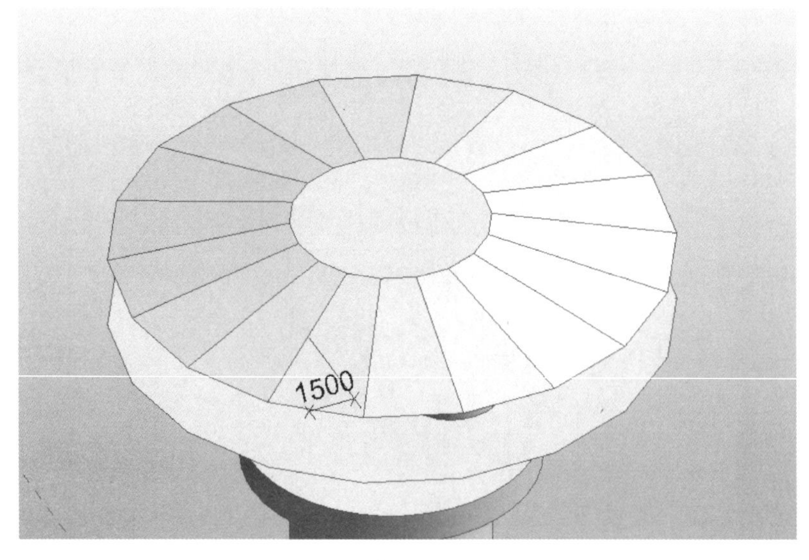

图 5-4-37

在【标高8】中绘制边长为3000mm的正方形，绘制方法同灯塔基础台，如图5-4-38所示，绘制完成后选择【创建形状】下拉选项中的【实心形状】，再将其拖曳至【标高9】，绘制完成后，如图5-4-39所示。

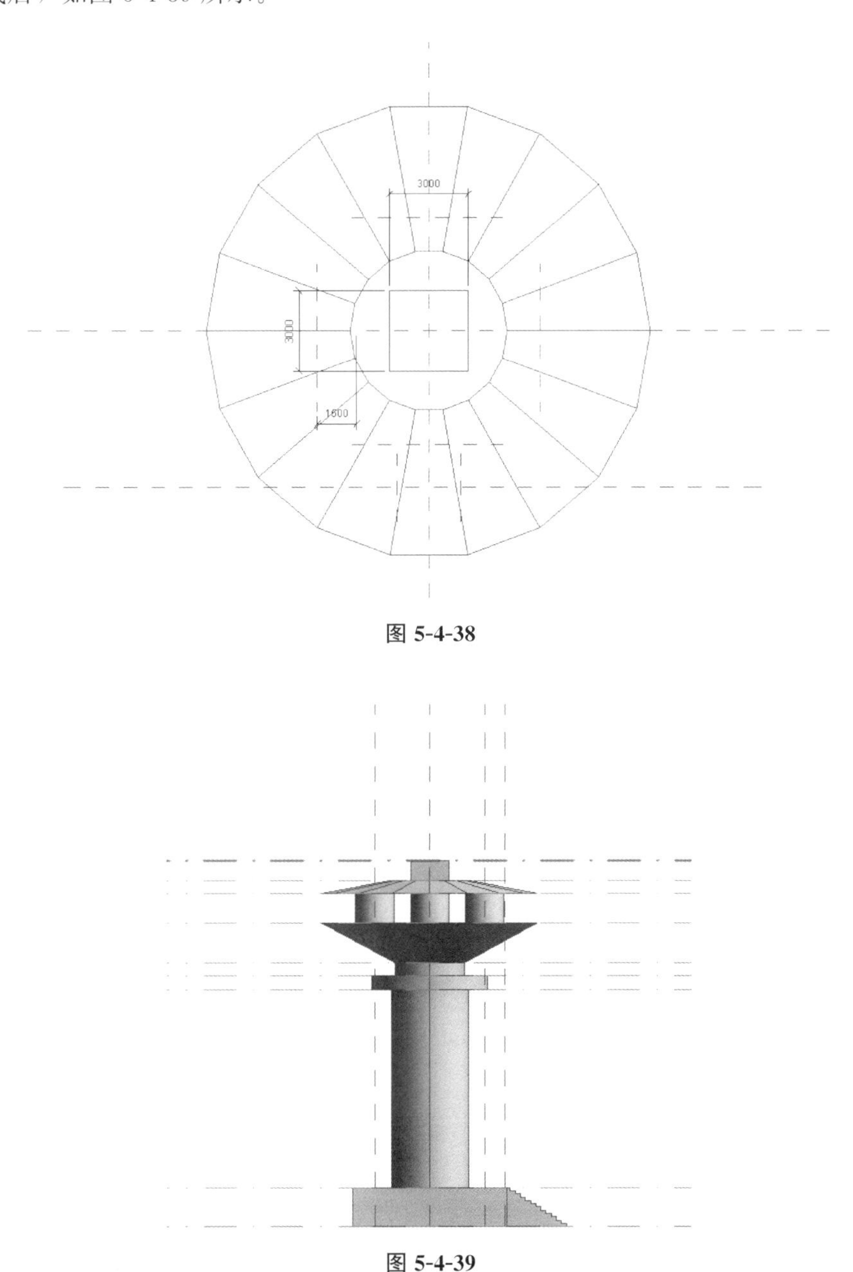

图 5-4-38

图 5-4-39

在【标高9】上创建一个边长为3000mm的正方形，并创建实心形状，高度为500mm，绘制完成后，如图5-4-40所示。

完成后分别在西立面、北立面创建如图5-4-41所示的【空心形状】，步骤同5.3 族构件的创建，创建完成后如图5-4-42所示。

全部完成后，单击【几何图形】面板中的【连接】，如图5-4-43所示，分别单击创建

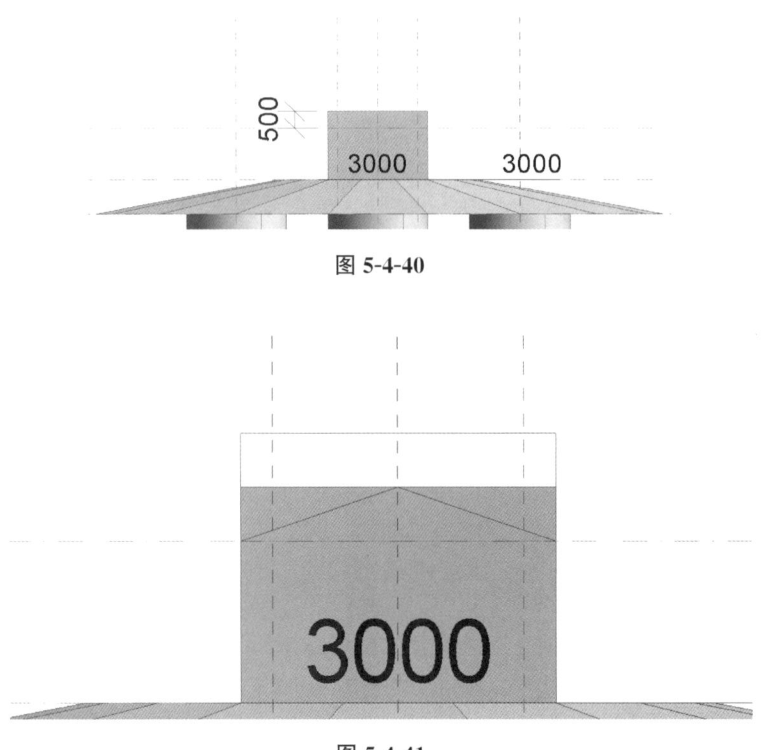

图 5-4-40

图 5-4-41

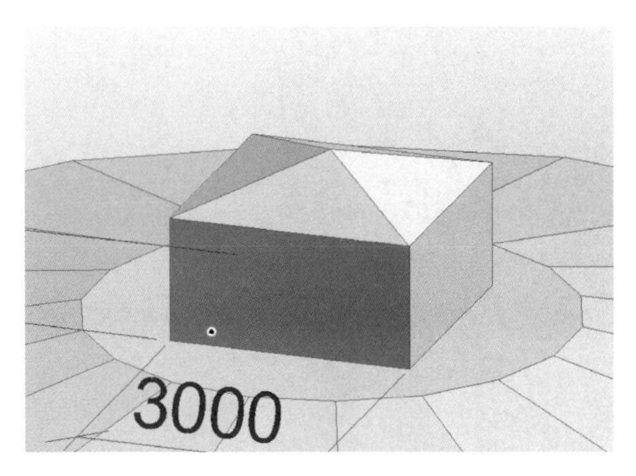

图 5-4-42

好的每一个图形，使其连接为一个整体，完成后如图 5-4-44 所示。

灯塔完成的三维效果图，如图 5-4-45 所示。

图 5-4-43

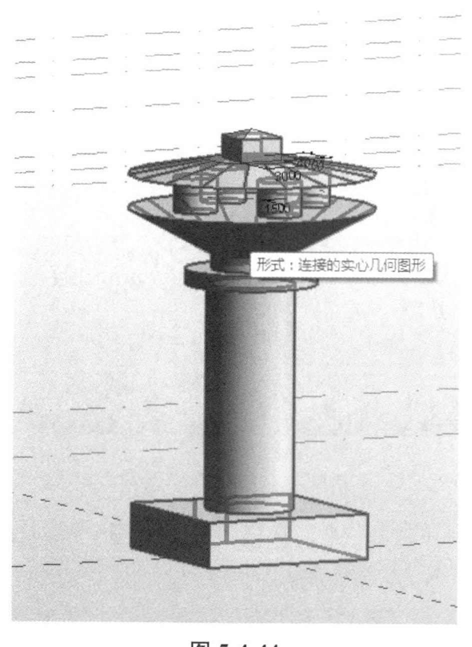

图 5-4-44

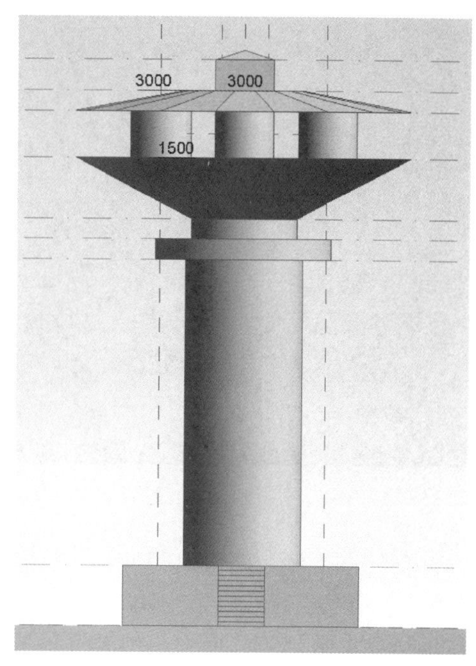

图 5-4-45

5.5 创建螺栓

首先观察螺栓图纸，如图 5-5-1 所示。

打开 Revit 软件，双击【新建】族，选择【公制常规模型】，根据图纸创建平面和立面的辅助线（运用参照平面将该螺栓分成 5 部分），如图 5-5-2 所示。

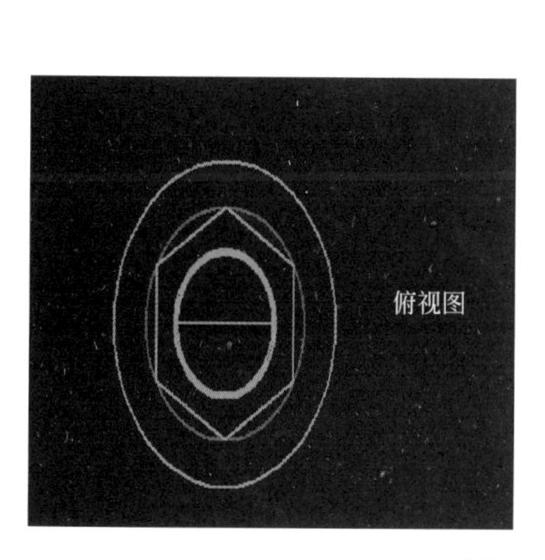

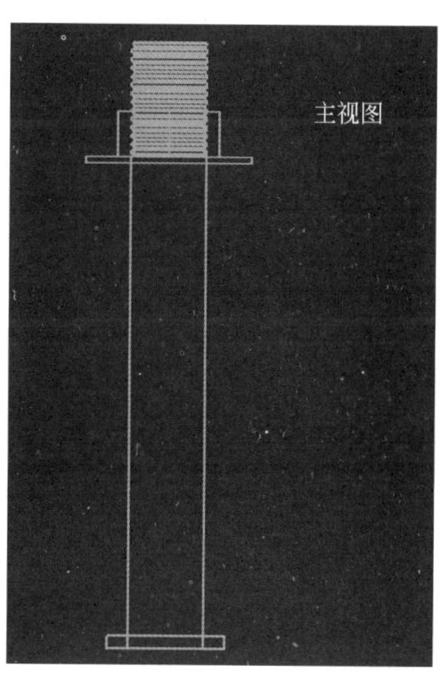

图 5-5-1

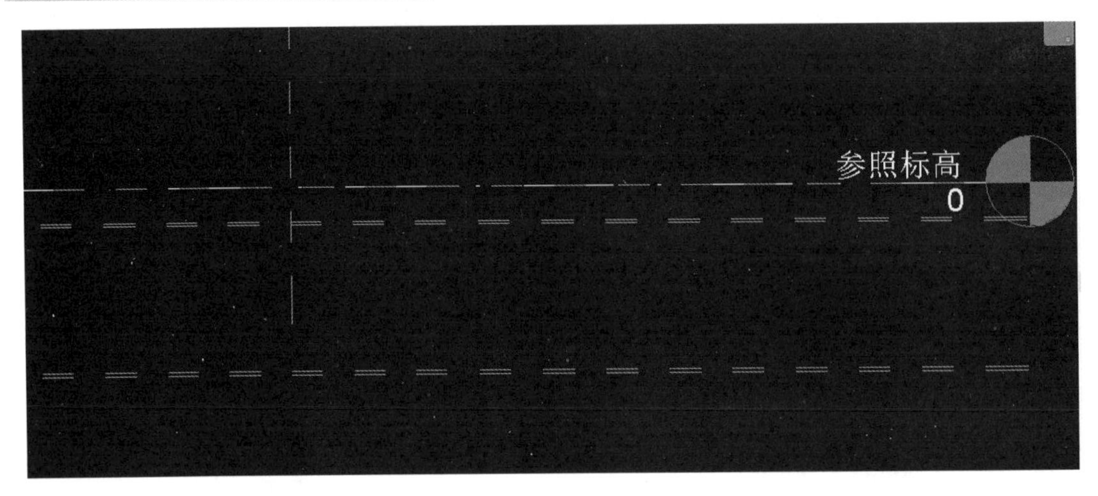

图 5-5-2

参照图纸俯视图可以得知，该螺栓半径为 32mm 的圆柱体，在【参照标高】中运用【拉伸】命令进行绘制，绘制完成，单击【确定】，如图 5-5-3 所示。

绘制完成转到立面中，将其进行拉伸到对应位置，如图 5-5-4 所示。

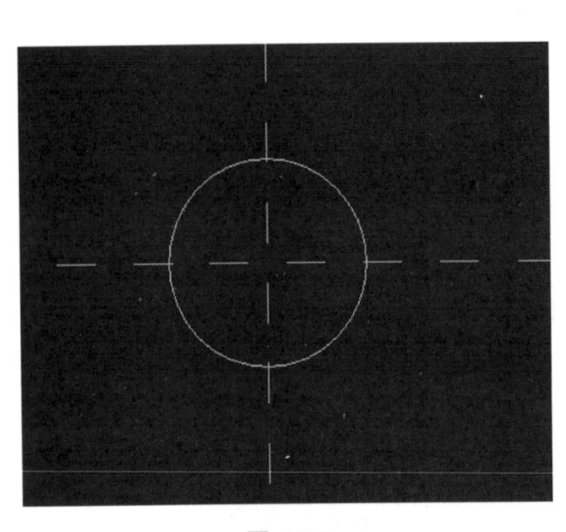

图 5-5-3

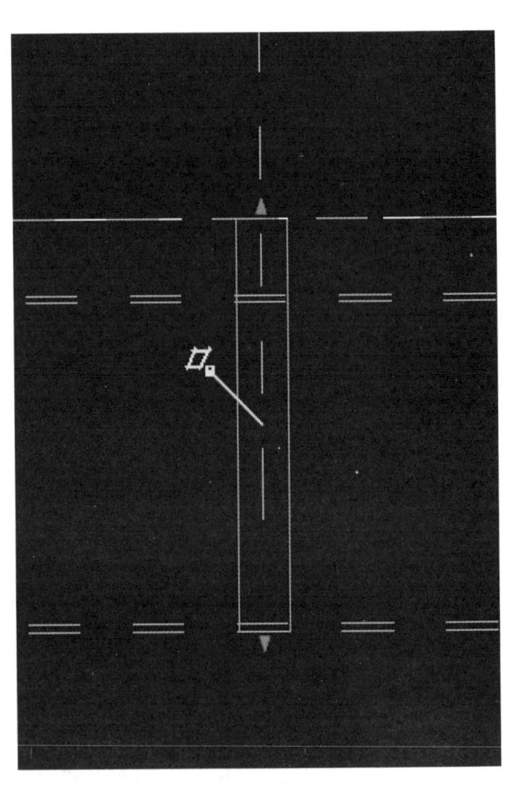

图 5-5-4

利用【拉伸】命令在平面图中创建实心模型之后，转移到立面，使用【空心旋转】对实心形状进行切割、修剪，编辑好需要被切割部分的轮廓，选择绕其旋转的中心轴，单击【确定】，绘制完成，如图 5-5-5 所示。

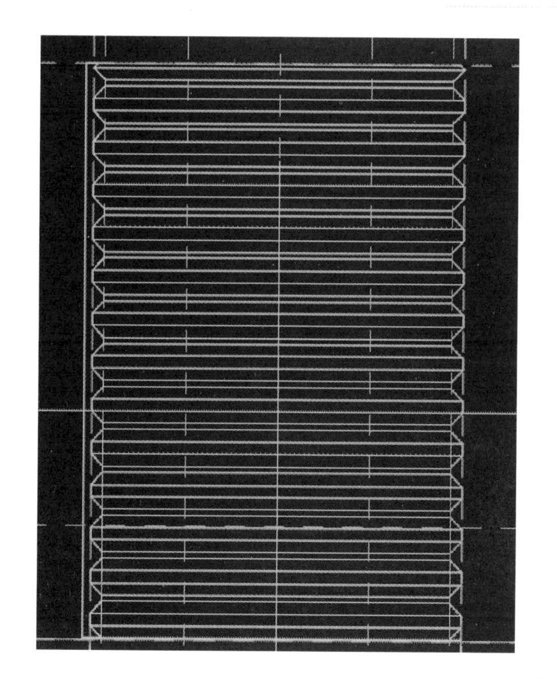
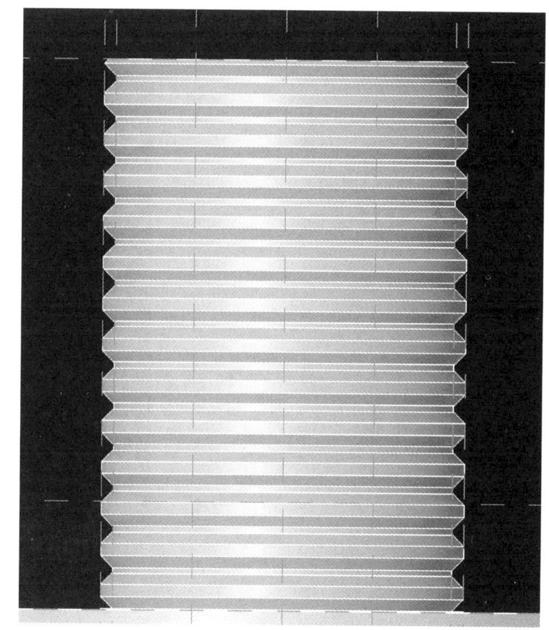

图 5-5-5

其他部分均如上一课节绘制方法，用【拉伸】命令绘制，如图 5-5-6 和图 5-5-7 所示。

图 5-5-6

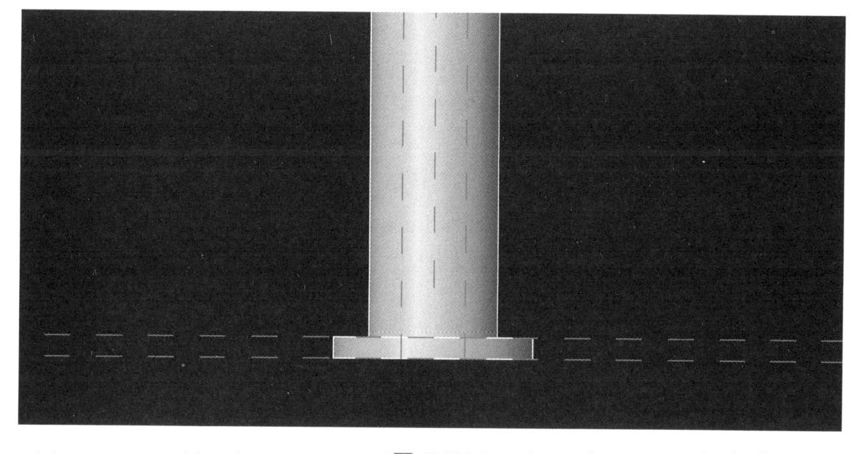

图 5-5-7

整个构件绘制完成，如图 5-5-8 所示。

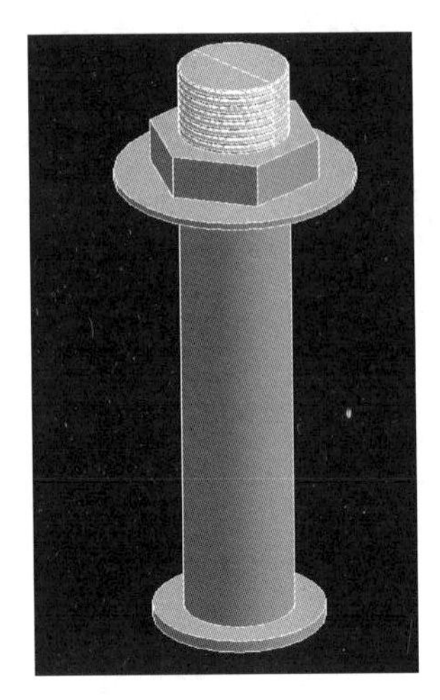

图 5-5-8

BIM 应用于广州周大福金融中心（东塔）

（一）案例简介

广州周大福金融中心（东塔）位于广州天河区珠江新城 CBD 中心地段，占地面积约 2.6 万 m^2，建筑总面积约 50 万 m^2，建筑总高度 530m，共 116 层。通过 MagiCAD、GBIMS 施工管理系统等 BIM 产品应用取得良好成效，实现技术创新和管理提升，主要特点如下：第一，工期缩短，材料损耗低于行业基准值 30%～35%，5D 综合应用均带来大幅的成本节约；第二，国内第一个成功应用“BIM＋PM”系统的项目，有效提升管理水平，提高沟通效率；第三，充分应用 BIM 进行施工模拟，保障超高层复杂节点、大型设备的施工与安装顺利进行；第四，超高层施工应用 BIM 集成数据库，形成切实可行的 BIM 实施方法，积累形成企业内部大数据库，复制推广到其他项目。

（二）编写点评

通过本案例的学习，我们了解了 BIM 技术在工程项目管理中运用的根本目的就是在保证工程质量的前提下，节约成本并缩短工期。我们在对项目进行 BIM 协同设计中，充分考虑项目的造价及工期的关系，合理安排，以求得最佳的项目管理计划。通过本案例的介绍，使大家充分认识 BIM 技术在建设项目管理中的作用与意义，感知我国的 BIM 技术发展水平和高效的协同作业能力。与此同时，在多学科背景下的工程项目团队中，我们还需具有团队合作精神。

练习题

根据图纸，完成模型的创建。来源：历年全国 BIM 技能等级考试一级试题。

一、根据下图中给定的投影尺寸，创建形体体量模型，基础底标高为－2.1m，设置该模型材质为混凝土。请将模型体积用“模型体积”为文件名以文本格式保存在考生文件夹中，模型文件以“杯形基础”为文件名保存到考生文件夹中。（20 分）

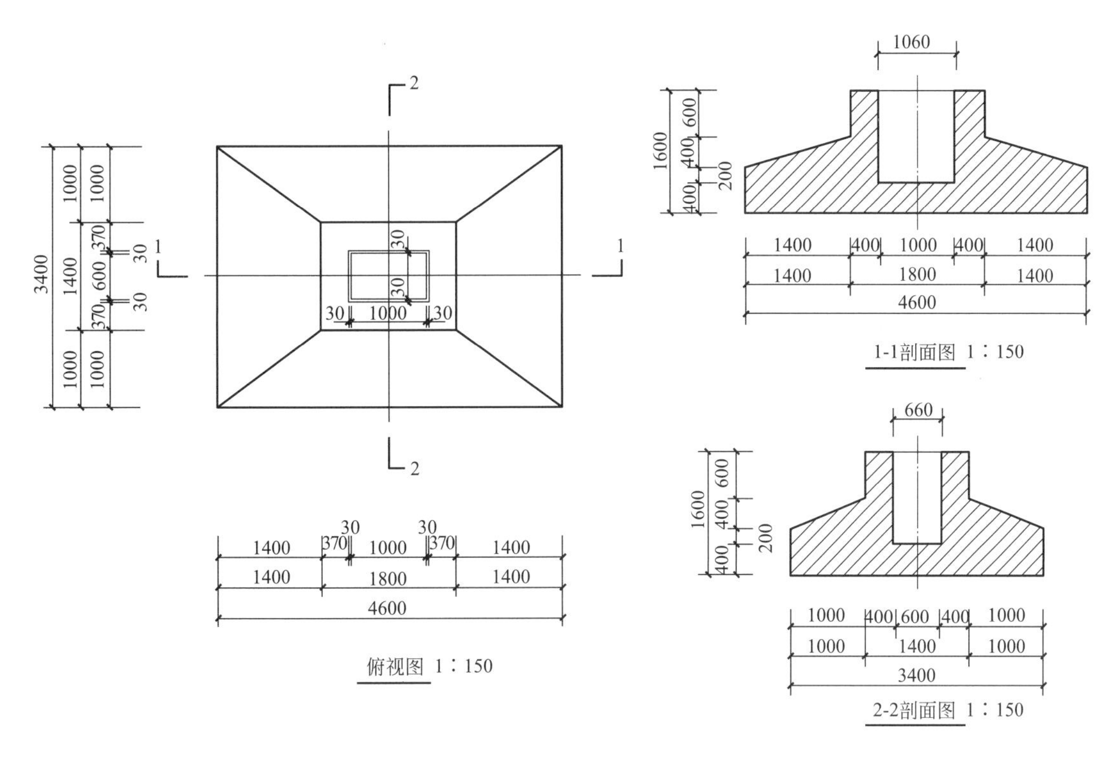

二、图为某牛腿柱。请按图示尺寸要求建立该牛腿柱的体量模型。最终结果以“牛腿柱”为文件名称保存在考生文件夹中。（10 分）

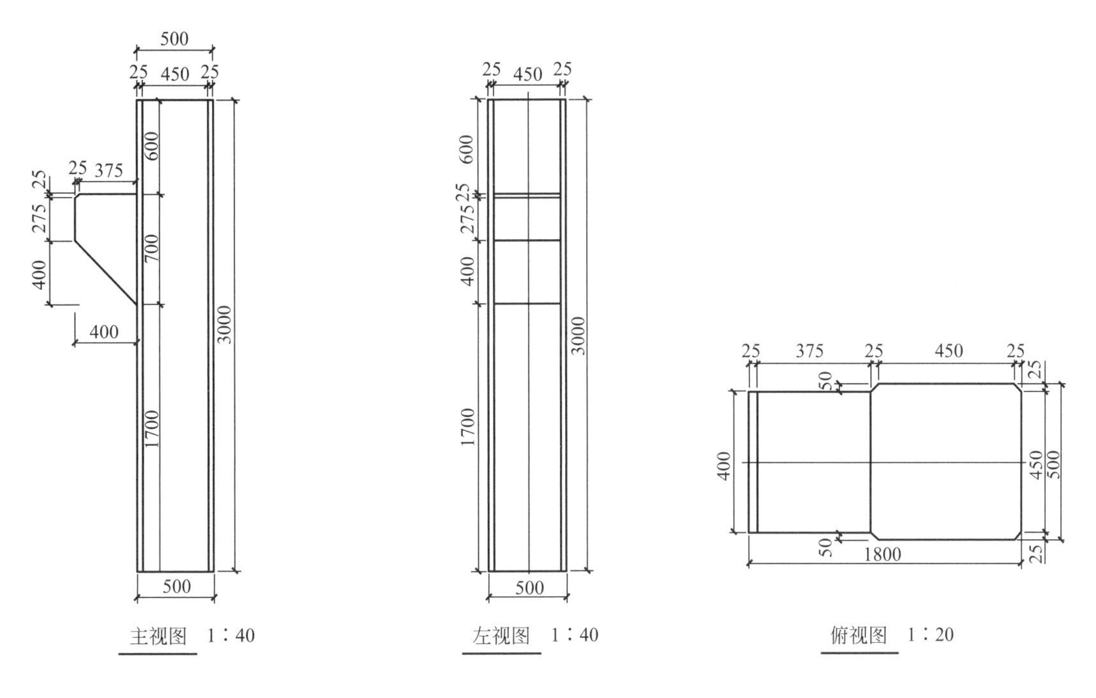

三、创建下图中的螺母模型，螺母孔的直径为 20mm，正六边形边长 18mm、各边距孔中心 16mm，螺母高 20mm，请将模型以“螺母”为文件名保存到考生文件夹中。（10分）

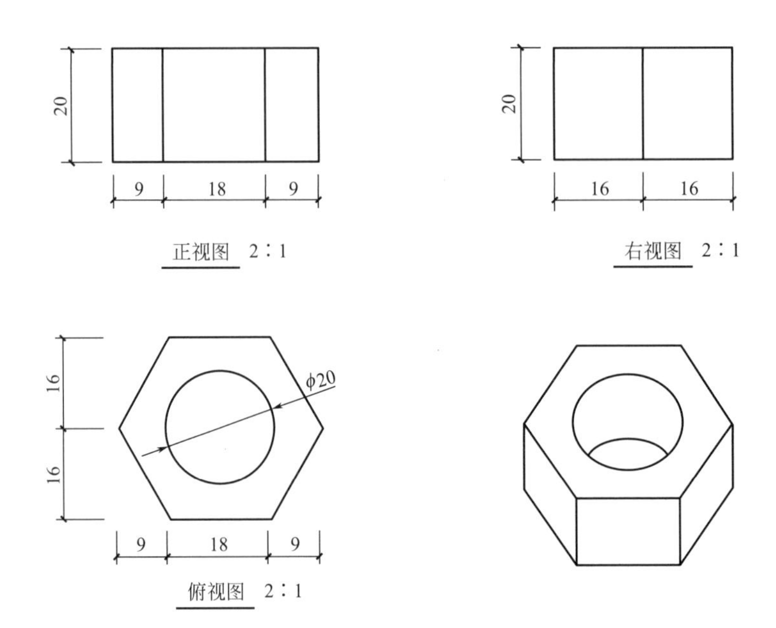

教学单元6　结构配筋及实例解析

钢筋作为承重构件之一，是结构工程中重要的组成部分。在 Revit 中可以为混凝土构件添加实体钢筋，例如混凝土梁、板、柱、剪力墙、基础以及楼梯等构件。本单元将详细介绍添加钢筋的操作方法。

6.1 设置混凝土构件保护层

使用钢筋命令添加钢筋之前，需要设置混凝土构件保护层厚度。在结构样板中，已经根据《混凝土结构设计规范（2015 年版）》GB 50010—2010 的规定，对混凝土构件保护层的厚度进行了设置。点击【结构】选项卡下【钢筋】面板里的【保护层】命令，选项栏如图 6-1-1 所示。

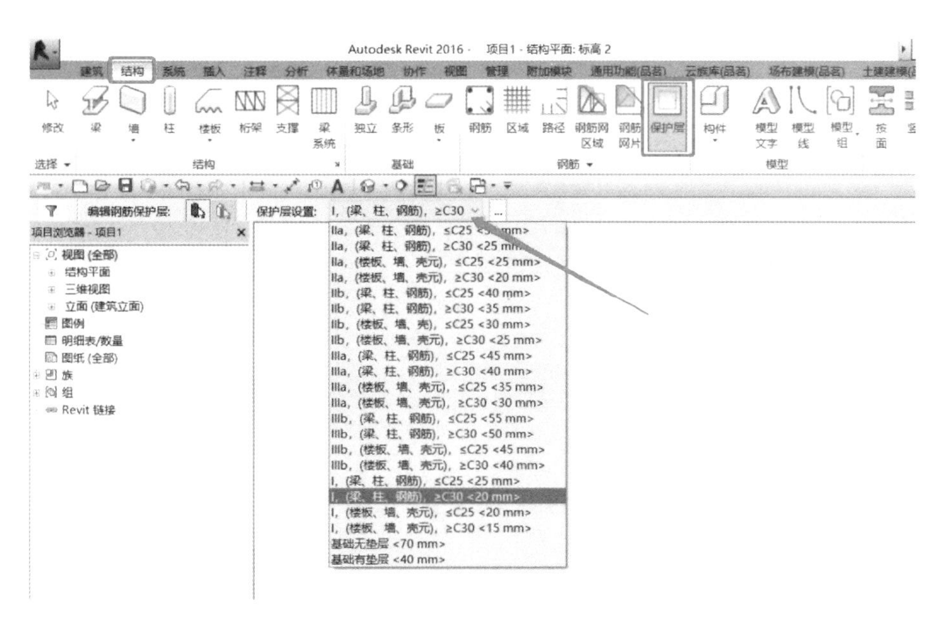

图 6-1-1

点击选项栏最右侧的（编辑保护层设置）按钮，打开钢筋【保护层设置】对话框，如图 6-1-2 所示。对话框中Ⅰ、Ⅱ、Ⅲ分别对应环境类别的一类、二类、三类。如果结构样板中的保护层厚度不能满足用户需求，可以在对话框中添加新的保护层厚度。此外，用户也可以对已有的【保护层】进行复制、删除、修改等操作。

在项目中添加的混凝土构件，Revit 会为其设置默认的保护层厚度。如果需要重新设

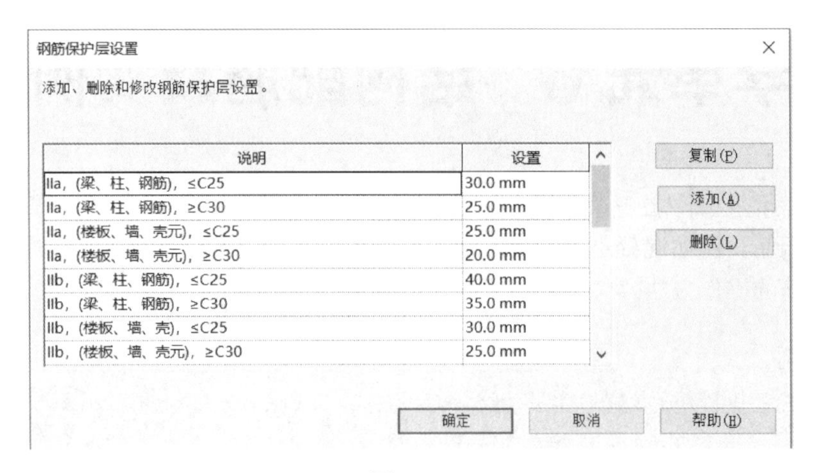

图 6-1-2

置保护层厚度，可以在启动保护层命令后，选择需要设置保护层的图元或者图元的某个面。选中后，在选项栏中显示当前的保护层设置。可在下拉菜单中进行修改，也可以在选中图元后，在属性栏对保护层进行修改，如图 6-1-3 所示。

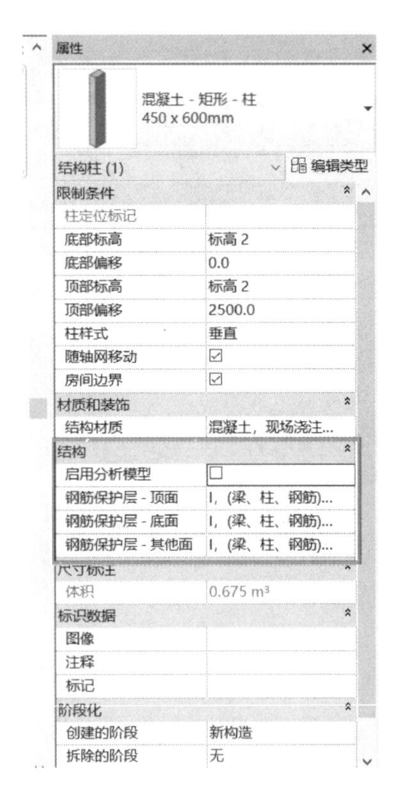

图 6-1-3

6.2 放置钢筋

单击【结构】选项卡下【钢筋】命令，如图 6-2-1 所示。

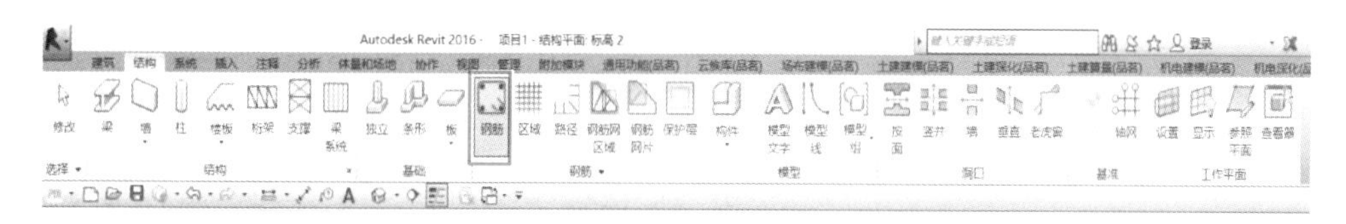

图 6-2-1

启动命令后，状态栏显示如图 6-2-2 所示。在右侧会显示【钢筋形状浏览器】，与状态栏中内容一致，如图 6-2-3 所示。类型选择器可以在状态栏中通过点击…图标来启动和关闭。用户可以在此选择所添加钢筋的形状，若没有所需的钢筋形状，可以通过【修改｜放置钢筋】下面【族】命令来载入钢筋形状。

6.1
配置钢筋
基础操作
介绍

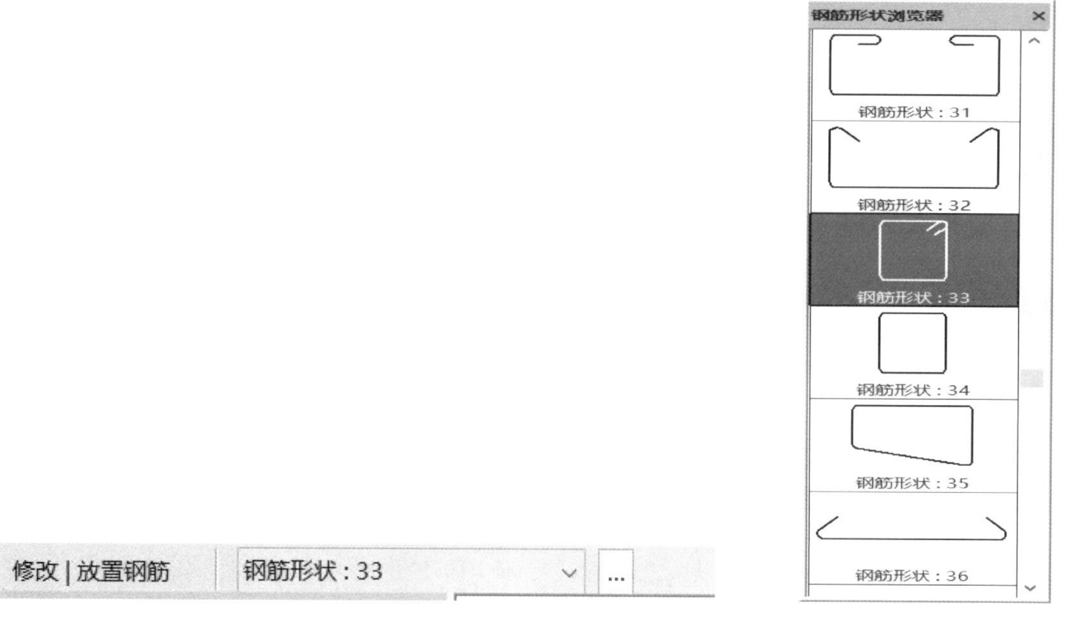

图 6-2-2　　图 6-2-3

在【属性】面板中，选择钢筋的类别，可对形状、弯钩、钢筋集、尺寸等进行设置，如图 6-2-4 所示。也可在钢筋放置完成后，对【属性】面板中内容进行修改。

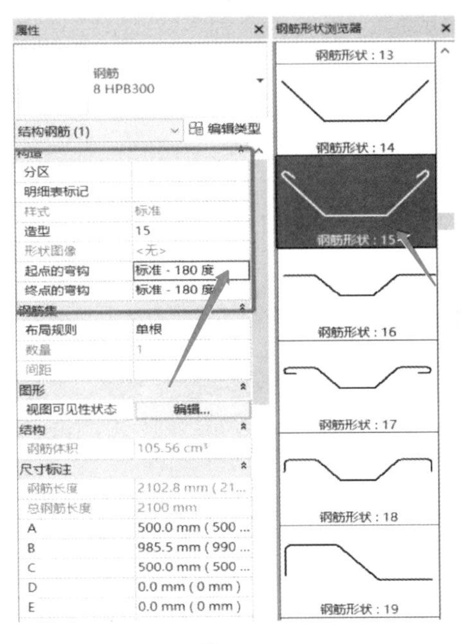

图 6-2-4

【修改 | 放置钢筋】中，可以对钢筋放置平面、钢筋放置方向以及布局进行设置，如图 6-2-5 所示。

图 6-2-5

【放置平面】面板：当前工作平面、近保护层参照、远保护层参照定义了钢筋的放置平面。

【放置方向】面板：平行于工作平面、平行于保护层、垂直于保护层定义了多平面钢筋族的哪一侧平行于工作平面。

【钢筋集】面板：通过设置可以创建与钢筋的草图平面相垂直的钢筋集，并定义钢筋数量和钢筋间距。通过提供一些相同的钢筋，使用钢筋集能够加速添加钢筋的进度。钢筋集的布局如下：

1. 固定数量：钢筋之间的间距是可调整的，但钢筋数量是固定的，以用户的输入为基础。

2. 最大间距：指钢筋之间的最大距离，但是钢筋数量会根据第一条和最后一条钢筋之间的距离发生变化。

3. 间距数量：指定数量和间距的常量值。

4. 最小净间距：指定钢筋之间的最小距离，但钢筋数量会根据第一条和最后一条钢筋之间的距离发生变化。即使钢筋大小发生变化，该间距仍会保持不变。

6.3 显示钢筋

在剖面视图中，选中钢筋，在属性面板中点击【视图可见性状态】一栏中的【编辑】按钮，如图 6-3-1 所示。

在弹出的【钢筋图元视图可见性状态】对话框中，可以对钢筋在不同视图中的显示状态进行设置，三维视图默认不显示，如图 6-3-2 所示。勾选三维视图中清晰的视图作为实体查看。完成后进入三维视图，将【详细程度】设置为【精细】、【视觉样式】设置为【真实】，钢筋的显示效果如图 6-3-3 所示。

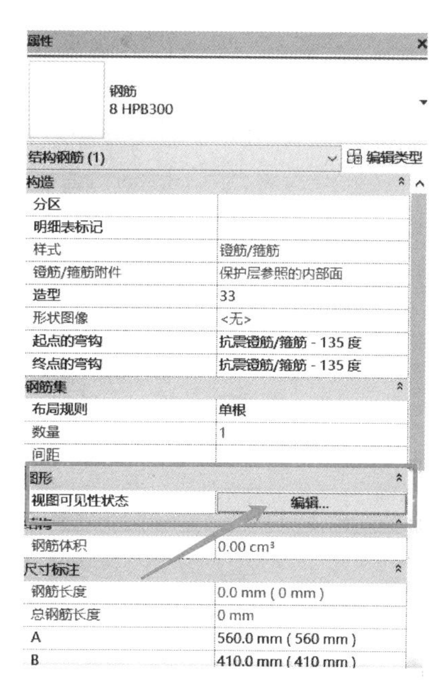

图 6-3-1

钢筋图元视图可见性状态

在三维视图(详细程度为精细)中清晰显示钢筋图元和/或显示为实心。

单击列页眉以修改排序顺序。

视图类型	视图名称	清晰的视图	作为实体查看
三维视图	分析模型	☐	☐
三维视图	{三维}	☐	☐
立面	南	☐	
立面	东	☐	
立面	北	☐	
立面	西	☐	
结构平面	标高 1	☐	
结构平面	标高 2	☑	
结构平面	标高 2 - 分析	☐	
结构平面	标高 1 - 分析	☐	
结构平面	场地	☐	

确定　取消

图 6-3-2

图 6-3-3

6.4 实例解析

本节通过对常见的构件类型：结构柱、梁、楼板、墙、基础以及楼梯等结构构件进行配筋的详细实操，来解析配置钢筋的方法。

1. 结构柱配筋

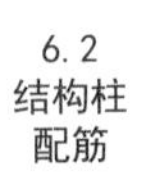

钢筋命令配筋时，必须在构件的剖面中进行，若在立面中无法创建剖面视图，标高平面就可当做竖向构件的剖面。本例中保护层厚度均采用软件默认值。

（1）创建结构柱

点击【结构】选项卡下的【柱】命令，在【属性】下选择混凝土矩形柱“450×600mm”，长度设置为 3000mm，如图 6-4-1 所示。点击结构柱后，再点击【保护层】，按照默认值确定保护层的厚度。

（2）添加箍筋

点击【结构】选项卡下【钢筋】命令，选择钢筋形状【33】，在【属性】面板类型选择器中选择【8HRB400】。放置平面设置为【近保护层参照】，放置方向设置为【平行于工作平面】，钢筋集【布局】选择【最大间距】，间距设置为【200mm】，如图 6-4-2 所示。

将鼠标移动至构件内部，会显示出箍筋的预览，通过将鼠标移动至截面内的不同位置或按空格键可以改变弯钩的位置。在放置后，也可选中钢筋，再按空格键来切换方向。视图中虚线表示混凝土保护层，钢筋会自动附着在保护层上。放置完成后，选中钢筋，在箍筋的四边会出现箭头，拖动箭头可以改变相应的位置，如图 6-4-3 所示。也可以在【属性】

面板中对箍筋尺寸进行精确调整，配合移动命令摆放到目标位置。

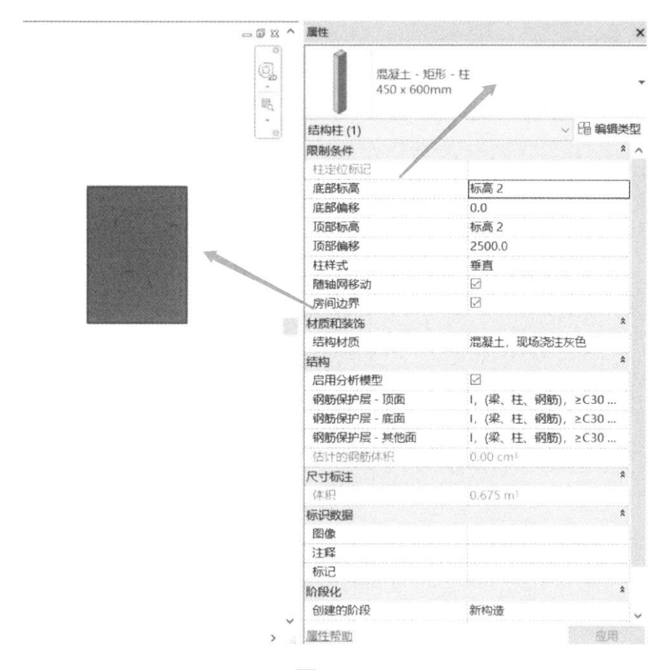

图 6-4-1

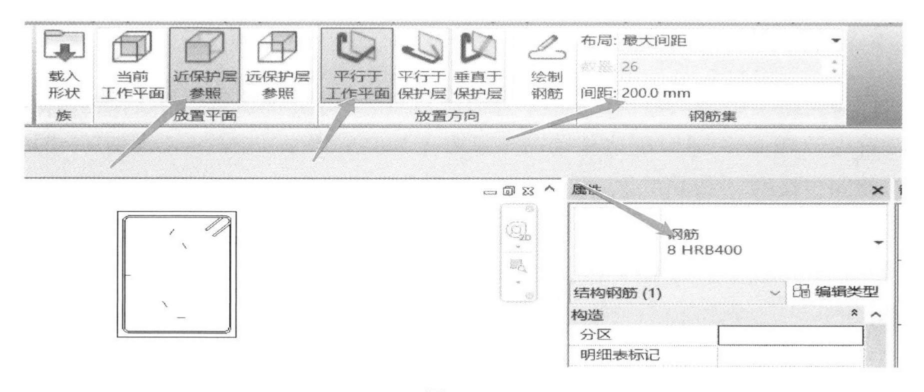

图 6-4-2

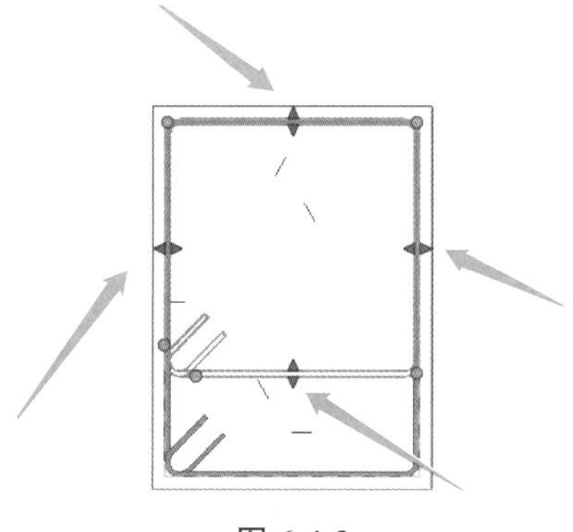

图 6-4-3

（3）加密区与非加密区设置

创建柱底加密区，加密区高度设置为 1500mm。可以直接在柱底上方设置一个距离为 1500mm 的参照平面帮助定位，也可以直接选中所有箍筋，在【属性】面板中，将钢筋集【布局规则】改为【间距数量】，数量为【15】，间距为【100mm】。调整完毕后如图 6-4-4 所示。

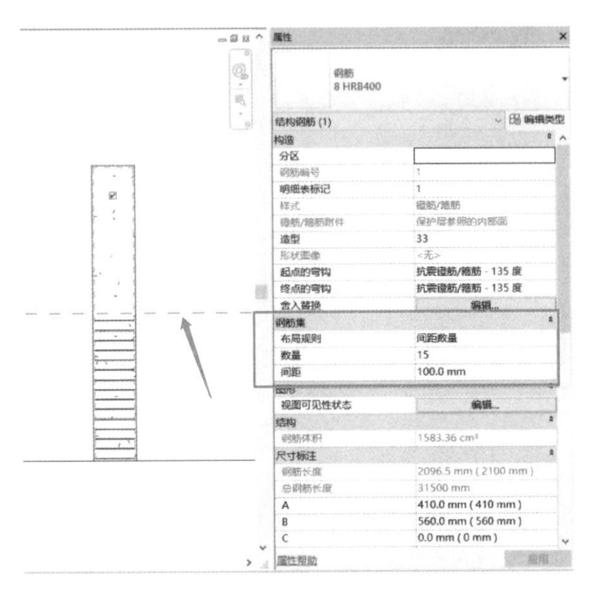

图 6-4-4

复制箍筋，用上述方法对竖向分布进行调整，创建箍筋加密区和非加密区，顶部加密区高度设置为 800mm。可以配合移动命令调整位置，完成后如图 6-4-5 所示。中间非加密区部分箍筋间距按照【200mm】、数量按照【3】布置，如图 6-4-6 所示。

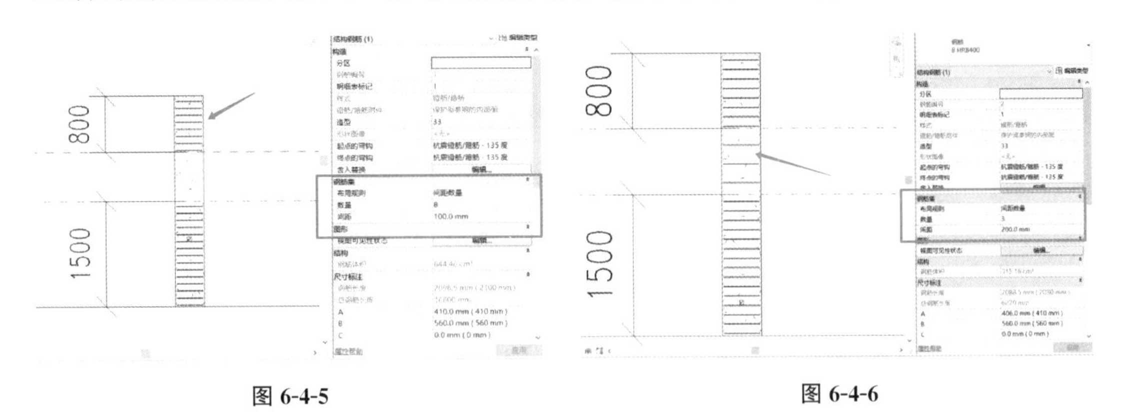

图 6-4-5　　图 6-4-6

（4）添加纵筋

在结构平面视图下，钢筋选择【18HRB400】，钢筋形状选择【01】，放置平面选择【近保护层参照】，放置方向选择【垂直于保护层】，设置如图 6-4-7 所示。在柱中放置纵筋，纵筋会吸附在箍筋上。放置完成后，选中钢筋，设置可见性，进入三维视图中，详细程度设置为【精细】，视觉样式设置为【真实】，效果如图 6-4-8 所示。

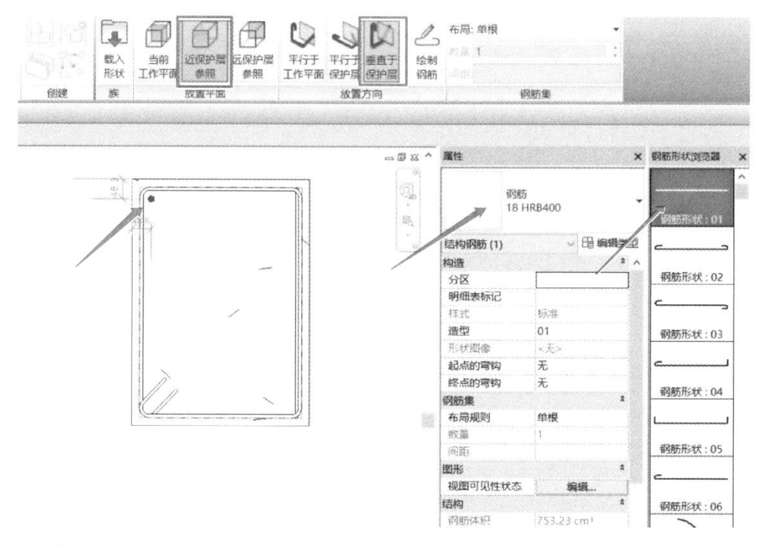

图 6-4-7

图 6-4-8

2. 梁配筋

(1) 创建梁构件

点击【结构】选项卡下的【梁】命令，在【属性】选项卡中选择混凝土矩形梁“400×800mm”，创建长度为4500mm的混凝土梁，如图6-4-9所示。单击【结构】选项卡下【保护层】命令，后点击【梁】构件，保护层厚度取软件默认值。

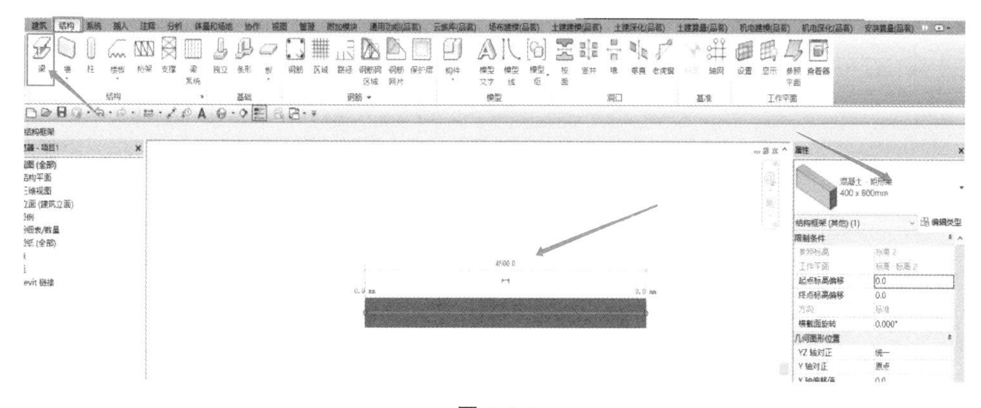

图 6-4-9

(2) 添加箍筋

切换到【东】立面后，点击【结构】选项卡下【钢筋】命令，选择钢筋形状【33】，在属性面板类型选择器中选择【8HRB400】。放置平面设置为【近保护层参照】，放置方向设置为【平行于工作平面】，钢筋集布局选择“最大间距”，间距设置为【200mm】，如图6-4-10所示。

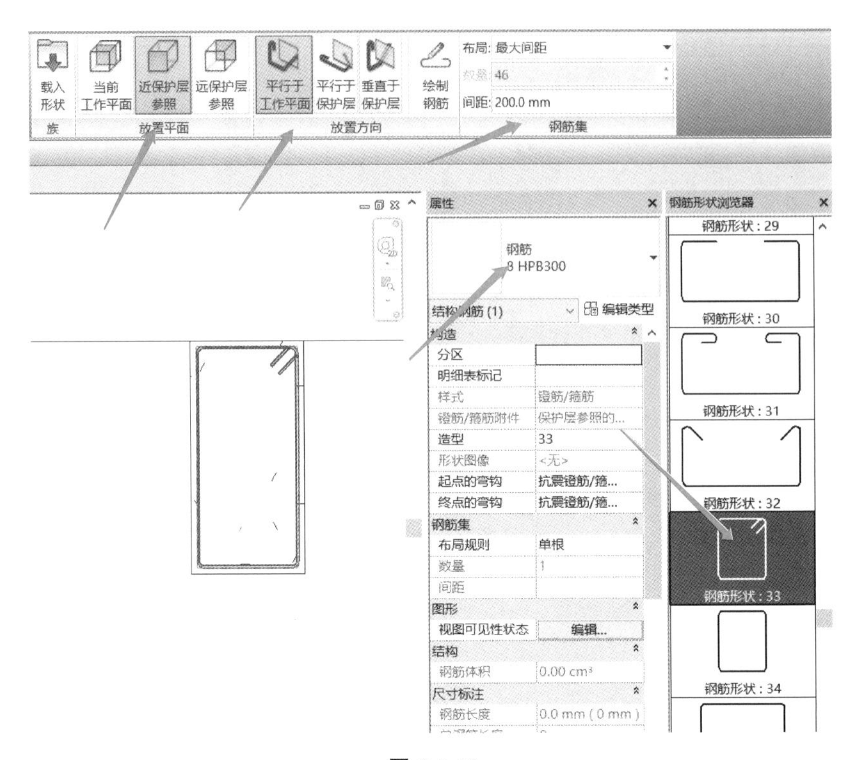

图 6-4-10

（3）加密区与非加密区设置

切换到【北】立面，在梁构件两侧分别向内设置 2 个距离为 1000mm 的参照平面，确定两段加密区距离为 1000mm，加密区内箍筋距离设置为 100mm，如图 6-4-11 所示。中间部分为非加密区，箍筋距离设置为 200mm。

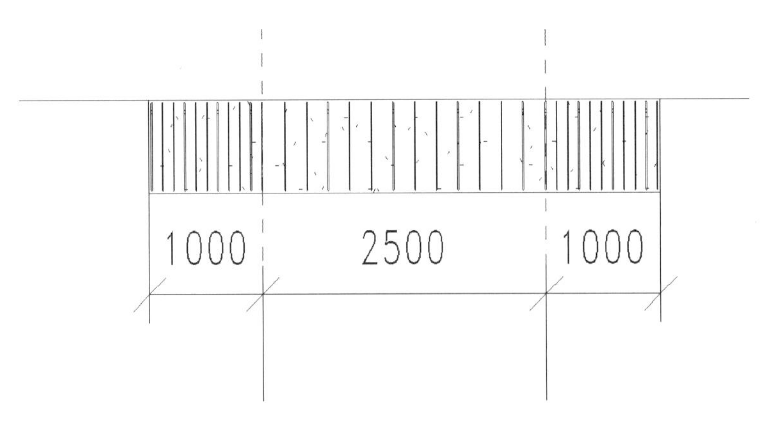

图 6-4-11

（4）添加纵筋及构造筋

切换到【东】立面，点击【结构】选项卡下面【钢筋】命令选择【25HRB400】，钢筋形状选择【01】，放置平面选择【近保护层参照】，放置方向选择【垂直于保护层】，设置如图 6-4-12 所示。上部放置 3 根钢筋，下部放置两排，最底层放置 4 根钢筋，沿最底层钢筋往上25mm处放置3根钢筋。按照上述操作选择【10HRB400】，钢筋形状选择【01】，作为构造钢筋放置梁2侧，每侧对称放置2根。放置完成后，选中钢筋，设置可见性，进入三维视图中，详细程度设置为【精细】，视觉样式设置为【真实】，效果如图6-4-13所示。

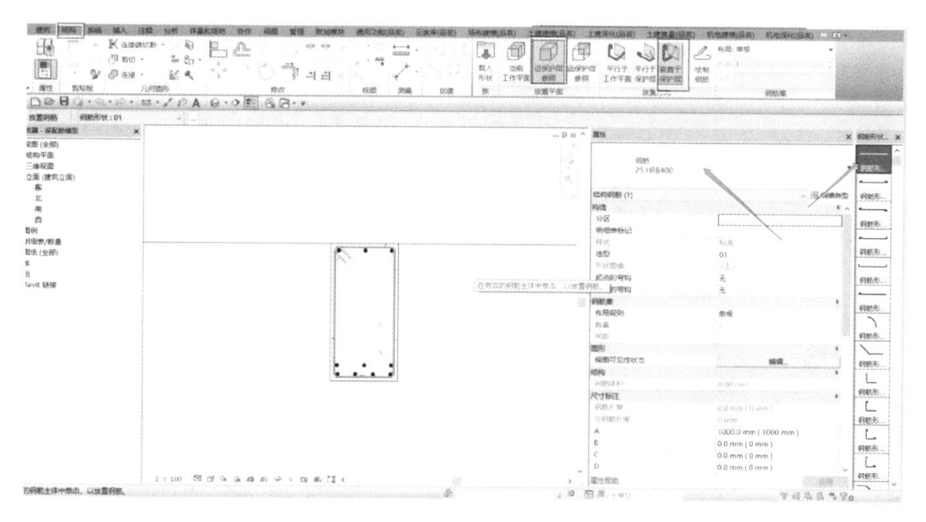

图6-4-12

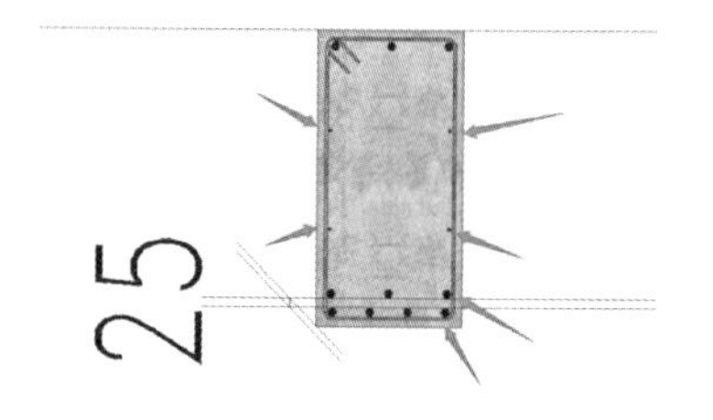

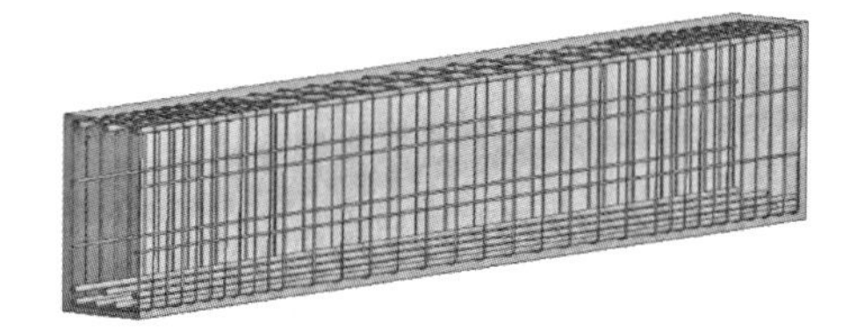

图6-4-13

3. 楼板配筋

（1）创建板构件

点击【结构】选项卡下的【板】命令，选择【楼板-结构】。在【属性】选项卡中选择【常规-120mm】，创建长度为6000mm，宽度为4000mm结构楼板，如图6-4-14所示。单击【结构】选项卡下【保护层】命令后，点击板构件，保护层厚度取软件默认值。

（2）添加区域钢筋

点击【钢筋】面板中的【结构区域钢筋】命令，选择板构件，进入区域钢筋编辑界面，如图6-4-15所示。此次需要注意区域钢筋布置分为顶部与底部。顶部表示符号为T，底部表示符号为B。X、Y向分别对应主筋类型方向和分布筋类型方向。根据图纸信息，可以了解到此案例只有底部X、Y双方向布置钢筋。因此，在【属性】面板下取消顶部主筋类型与分布筋类型选项，仅勾选底部钢筋即可，底部主筋类型选择【10HPB300】，底部主筋间距选择为【250mm】，底部分布筋类型选择【12HPB300】，底部分布筋间距选择为【250mm】。

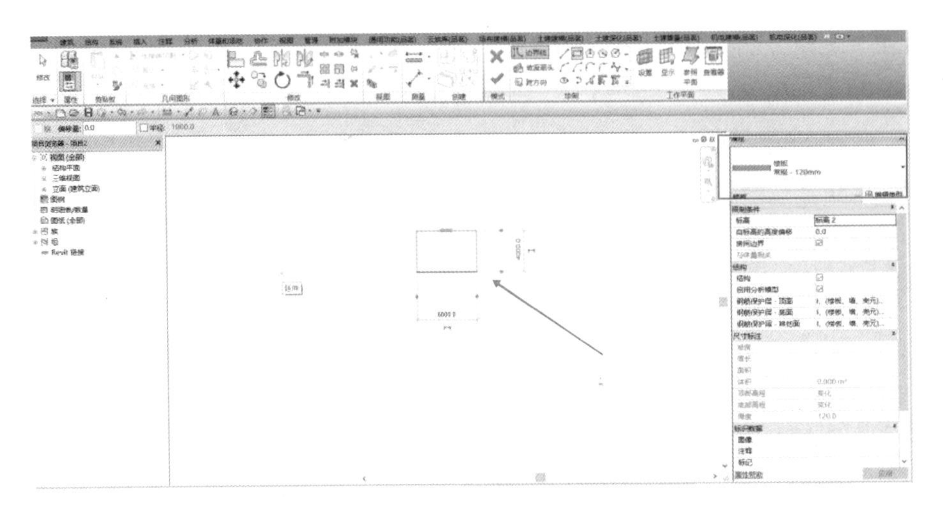

图 6-4-14

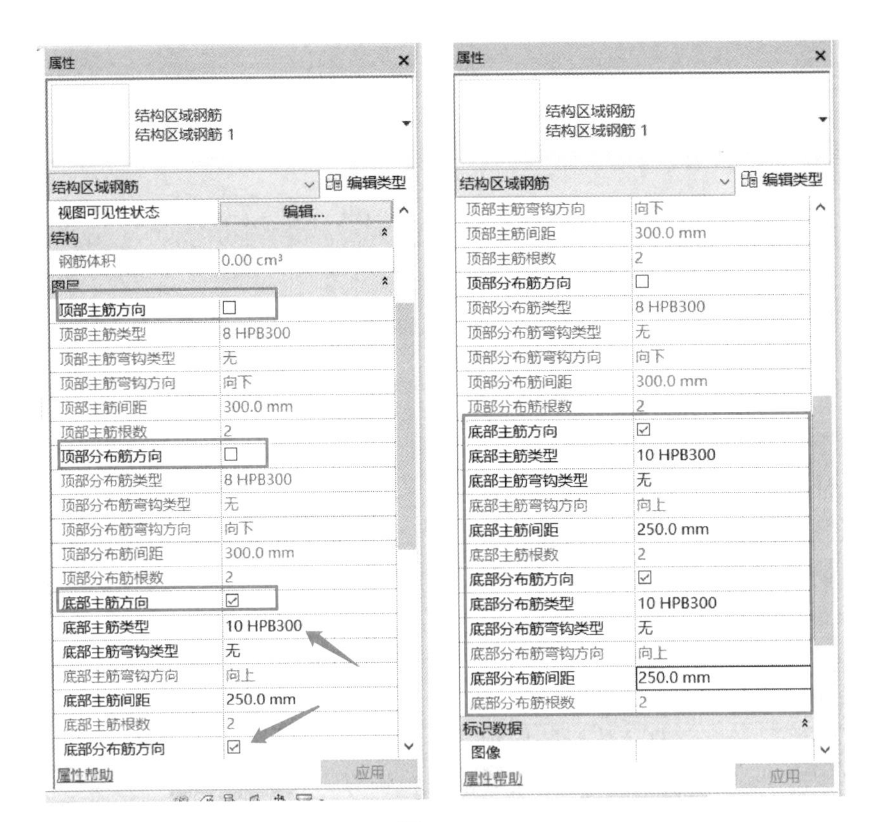

图 6-4-15

（3）确定主筋方向

点击【绘制】命令栏下的【主筋方向】，选择【直线】命令，沿板横向绘制一条线段确定主筋方向，如图 6-4-16 所示。完成楼板钢筋布置，最终效果如图 6-4-17 所示。

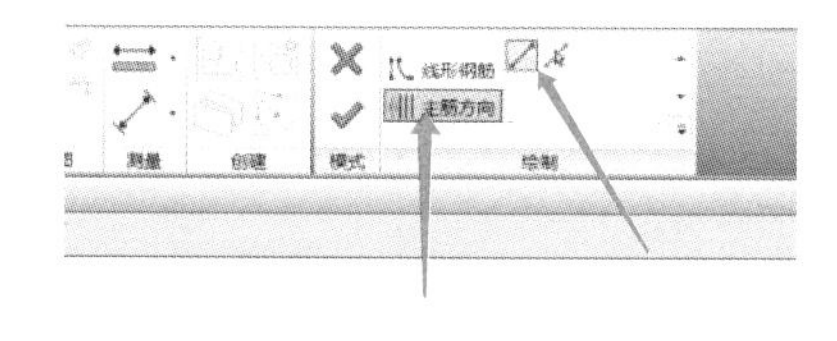

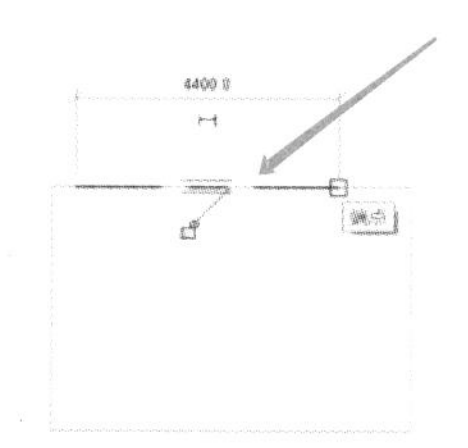

图 6-4-16

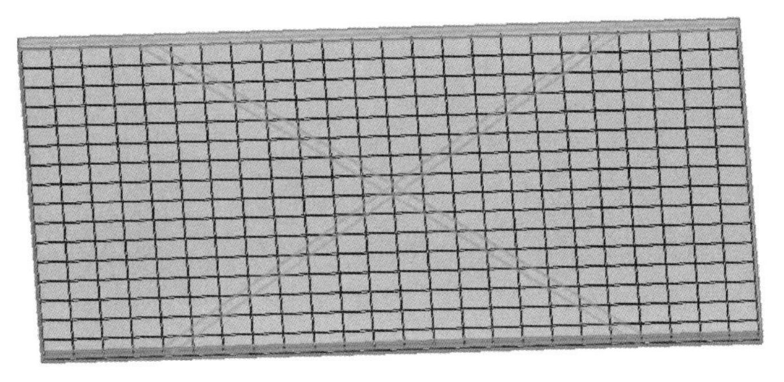

图 6-4-17

4. 墙配筋

（1）创建墙构件

点击【结构】选项卡下的【墙】命令，选择【墙-结构】。在【属性】选项卡中选择【常规-200mm】，创建长度为 7000mm，【顶部约束】设置为【未连接】，【无连接高度】设置为 3600 mm 的剪力墙，如图 6-4-18 所示。单击【结构】选项卡下【保护层】命令后点击板构件，保护层厚度取软件默认值。

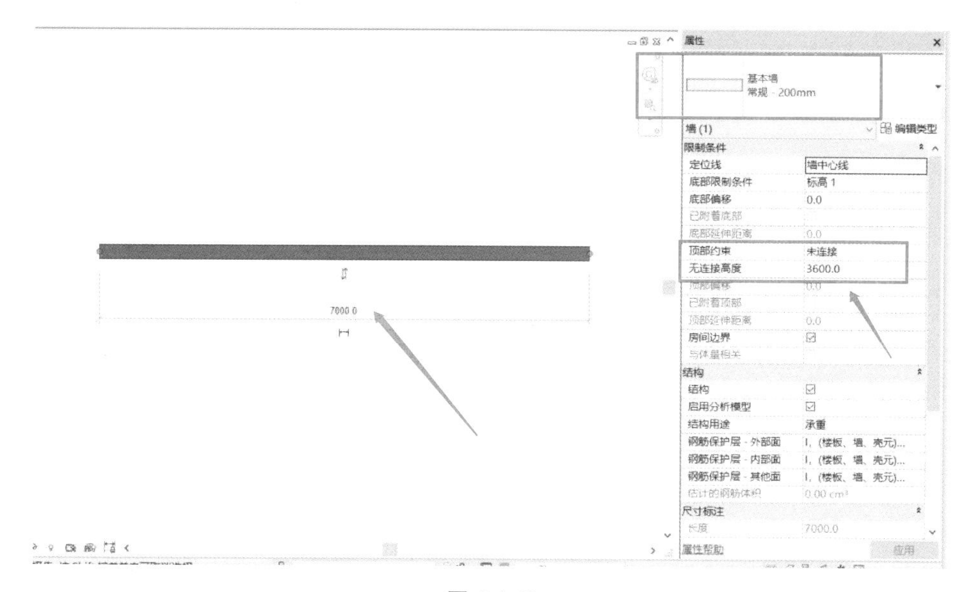

图 6-4-18

（2）添加区域钢筋

切换至【南】立面，点击【钢筋】面板中的【结构区域钢筋】命令，选择墙构件，进入区域钢筋编辑界面，如图 6-4-19 所示。此构件与结构板构件绘制方式相同，不再赘述。根据图纸信息，在【属性】面板下确定主筋类型与分布筋类型，分别设置为【12HRB400】

和【10HRB400】，间距分别设置为【200mm】和【150mm】。

图 6-4-19

（3）确定主筋方向

点击【绘制】命令栏下的主筋方向，选择【直线】命令，沿墙横向绘制一条线段确定主筋方向。完成墙体钢筋布置，最终效果如图 6-4-20 所示。

6.6
基础配筋

5. 基础配筋

（1）创建基础构件

点击【建筑】选项卡下【构件】中的【内建模型】命令，【族类别与族

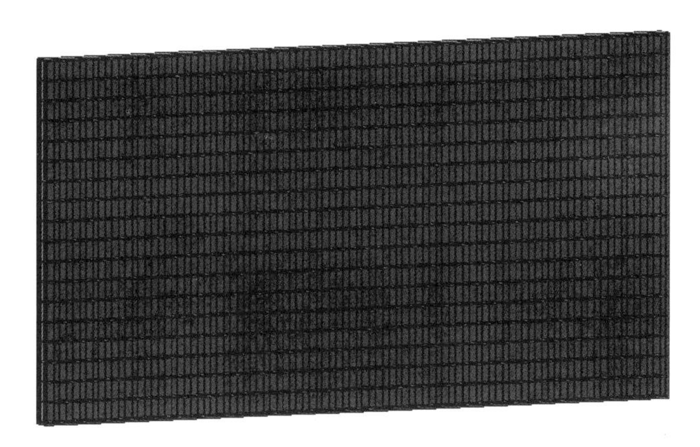

图 6-4-20

参数】选择【结构】选项卡下的【结构框架】(后期需要配筋，只有结构柱和结构框架可以配筋)，如图 6-4-21 所示。名称设置为基础。单击【创建】选项卡下面的【拉伸】命令，根据图纸信息创建出基础构件模型。创建好的模型如图 6-4-22 所示。

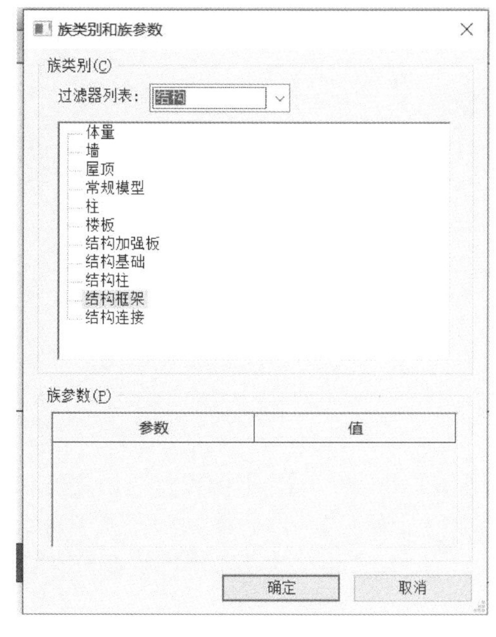

图 6-4-21

图 6-4-22

(2) 添加主筋

切换至【标高 1 结构平面】视图中，点击【视图范围】旁边的编辑按钮，调整【主要范围】中的【顶（T）】和【剖切面（C）】的偏移量设置为【1000.0】，如图 6-4-23 所示。选择合适位置创建一个剖面，转到剖面视图，如图 6-4-24 所示。

点击【结构】选项卡下面的【钢筋】中的【绘制钢筋】命令，如图 6-4-25 所示。根据图纸信息钢筋类型选择【12HRB400】，选择【直线】命令进行绘制。注意主筋锚固到基础底，锚固长度为【210mm】，如图 6-4-26 所示。通过复制、镜像、移动等命令完成主筋的添加。

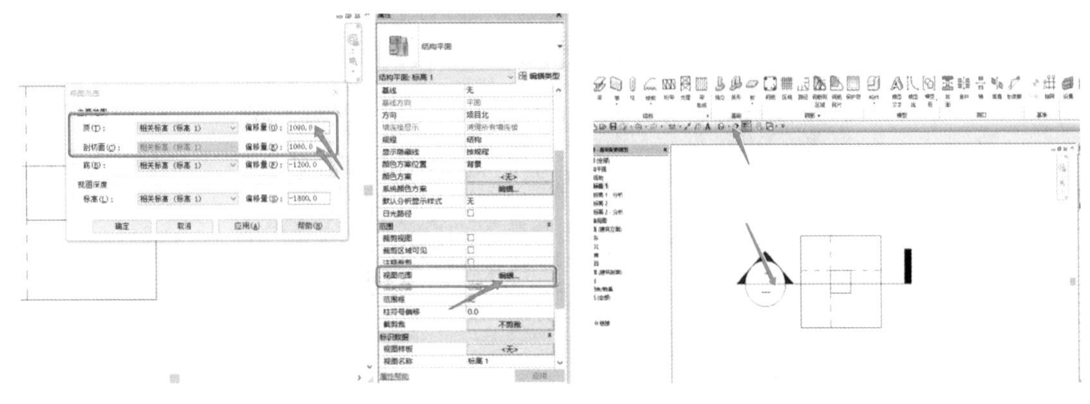

图 6-4-23　　　　图 6-4-24

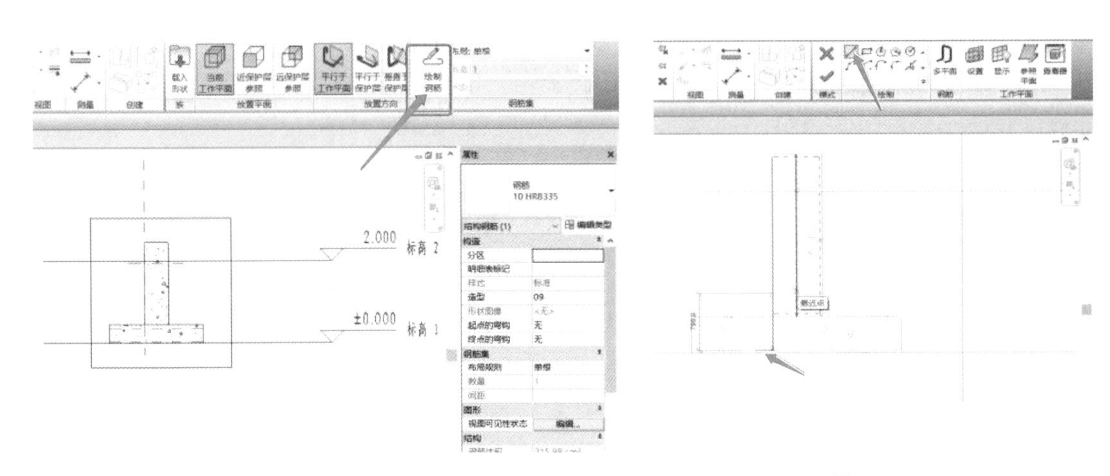

图 6-4-25　　　　图 6-4-26

（3）添加箍筋

在剖面视图中选择【钢筋】命令，钢筋类型选择【10HRB400】，钢筋形状选择【33】，放置平面选择【近保护层参照】，放置方向选择【垂直于保护层】，钢筋集布局选择【间距数量】，数量选择【3】，间距选择【120mm】，如图 6-4-27 所示。设置后通过移动命令移动到基础底部，最终效果如图 6-4-28 所示。

6. 楼梯配筋

（1）创建楼梯构件

点击【建筑】选项卡下的【楼梯】命令，在【属性】选项卡里选择【整体浇筑楼梯】进行创建，标高 2 设置为【2900mm】，【底部标高】与【顶部标高】分别设置为【标高 1】与【标高 2】。【所需踢面数】设置为【17】，【实际踏板深度】设置为【260.0】，如图 6-4-29 所示。点击【编辑类型】，在【梯段类型】中点击▭，在【类型属性】对话框中，设置【结构深度】为【200.0】，如图 6-4-30 所示。

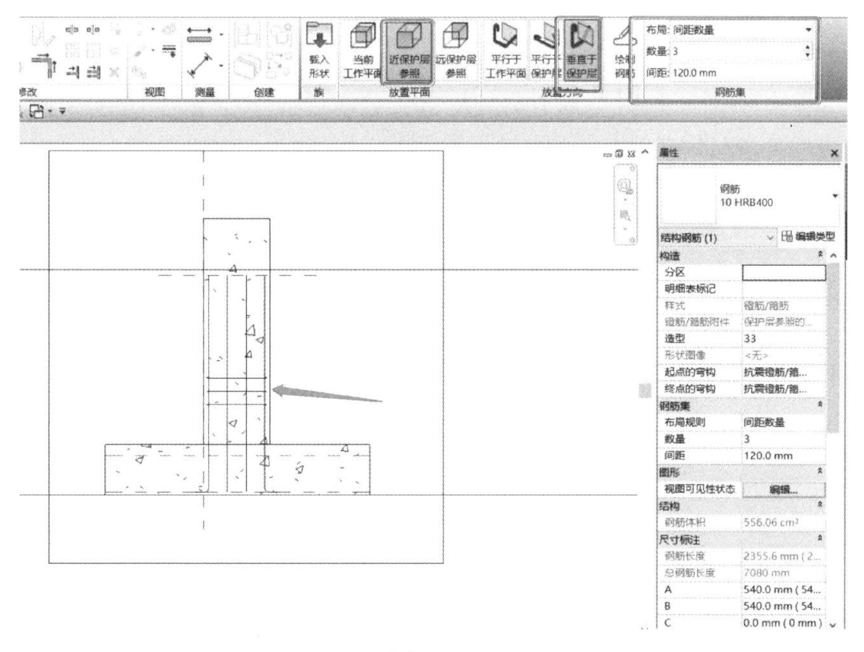

图 6-4-27

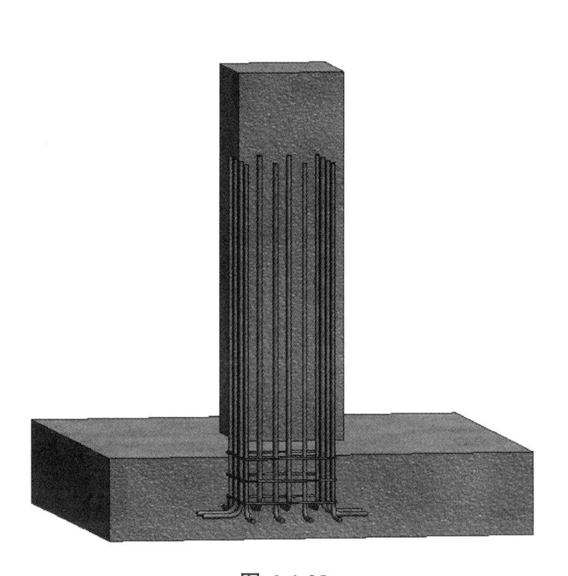

图 6-4-28

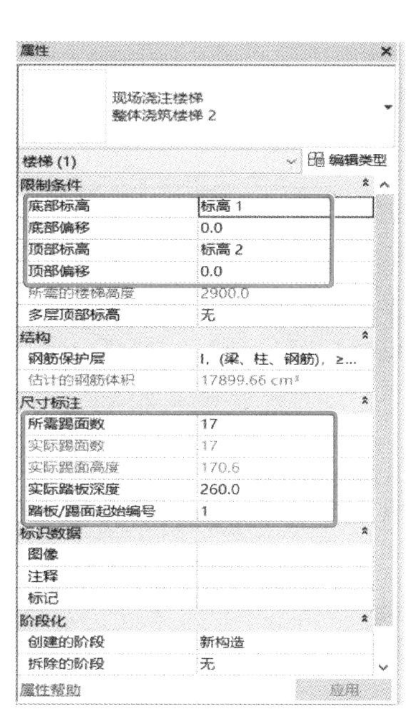

图 6-4-29

其中楼梯底部平台部分可以用【建筑】选项卡下的【内建模型】命令创建，需要注意的是：构件类别需要选择【结构框架】或者【结构柱】，用于后期配筋。这里操作方式与之前讲到的类似，故不作赘述。

（2）添加主筋

在结构平面中创建一个剖面，转到剖面视图。点击【结构】选项卡下的【绘制钢筋】命

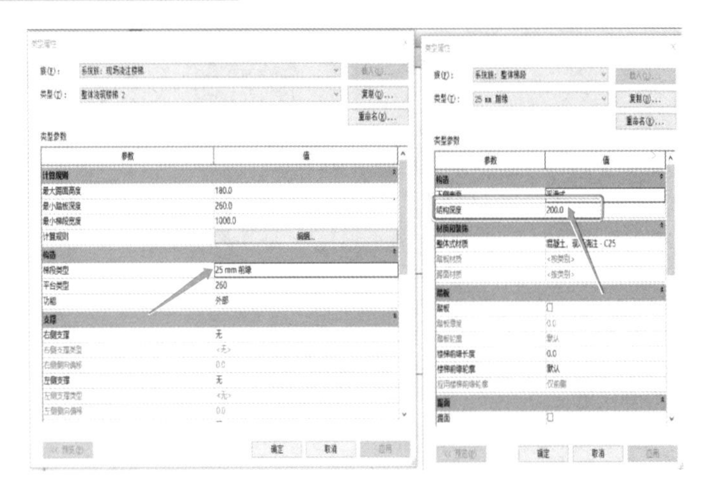

图 6-4-30

图 6-4-31

令，根据图纸信息选择钢筋类型为【12HRB400】，【钢筋集】命令栏中【布局】选择【最小净间距】、【间距】选择【150mm】进行放置，如图 6-4-31 所示。选择钢筋类型【8HRB400】，【钢筋集】命令栏设置相同，钢筋布置方向垂直于参照平面进行纵筋布置。

（3）添加箍筋与拉筋

点击【结构】选项卡下【钢筋】命令，根据图纸信息选择钢筋类型为【8HRB400】，钢筋形状选择【33】，【钢筋集】命令栏中【布局】选择【最小净间距】，【间距】选择【200mm】，分别对顶部与底部平台进行布置，选择钢筋类型为【8HRB400】，钢筋形状选择【02】，【钢筋集】命令栏中【布局】选择【最小净间距】，【间距】选择【200mm】，对顶部与底部平台进行拉筋的布置，如图 6-4-32 所示。最后创建钢筋效果如图 6-4-33 所示。

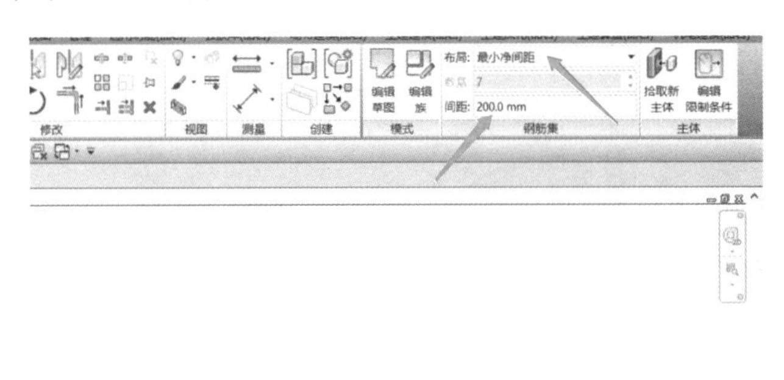

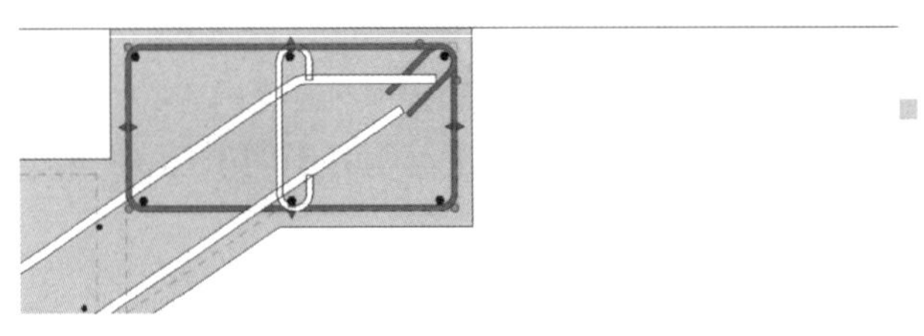

图 6-4-32

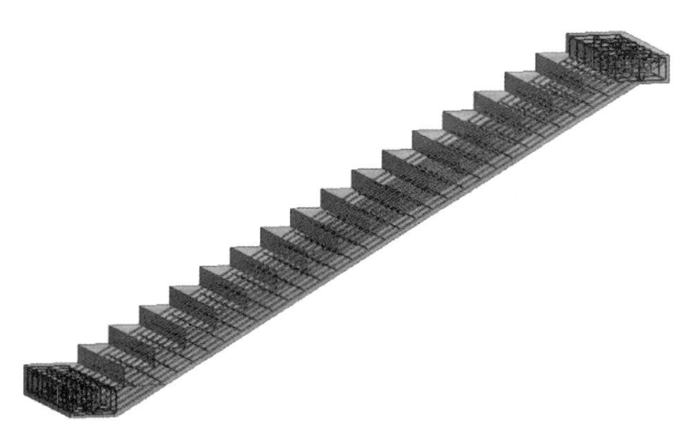

图 6-4-33

BIM应用于上海中心大厦

（一）案例简介

上海中心大厦为多功能摩天大楼，主要用途为办公、酒店、商业、观光等公共设施；主楼为地上127层，建筑高度632m，地下室有5层；裙楼共7层，其中地上5层，地下2层，建筑高度为38m；总建筑面积约为57.8万m^2，其中地上总面积约41万m^2，地下总面积约16.8万m^2，占地面积约30368m^2。巨大的体量、庞杂的系统分支、严苛的施工条件，给建设管理者们带来了全新的挑战，上海中心大厦团队在项目初期就决定将数字化技术与BIM技术引入项目的建设中，BIM技术在项目的设计建造与项目管理中发挥了重要的作用。主要有以下突出亮点：（1）塔式起重机运行分析。该项目的管理人员利用BIM技术，通过3D视角模拟项目的施工，保证4台塔式起重机同时施工，提高效率，减少塔式起重机租赁、人工等成本。（2）供应链管理。在设计和施工的阶段中，上海中心大厦将供应链管理和BIM技术有机地结合在一起，提高了管理效率，大大降低了各环节的出错率，降低了施工成本。（3）预制构件的加工管理。在上海中心大厦项目中，借助于BIM技术进行预制构件的加工设计，再通过机械设计、数据转换实现预制构件的加工设计。（4）施工管理。借助BIM技术具有可视化的优点，对该项目进行虚拟施工，及时地看到项目施工的全过程，增强管理者控制施工过程的能力，降低施工过程中的返工、管理和风险成本。

（二）编写点评

通过本案例的学习，我们发现具备多学科背景下的团队协作能力的重要性，平时我们大家可以按3或4人组成项目团队，项目团队成员可基于实训任务书内容进行任务分解，按照任务书要求完成BIM设计各模块的任务内容。另外，本课程是实践类课程，需要做到理论与实践相结合，不急不躁、由表及里、全面观察，不断加深对建筑工程全过程的认识。

教学单元 7　BIM 模板与脚手架工程专项设计解析

建筑工程施工过程中，依据《危险性较大的分部分项工程安全管理规定》（中华人民共和国住房和城乡建设部第 37 号令）的要求，危险性较大的分部分项工程，在施工前需组织工程技术人员编制专项施工方案，本单元讲述如何通过 BIM 技术完成结构工程施工中的模板、脚手架工程的专项方案设计与编制。

7.1 BIM 模板设计的基本流程

本教材以品茗 BIM 模板工程设计软件（后文简称“BIM 模板工程设计软件”）进行讲解，该软件是采用 BIM 技术理念设计开发的针对建筑工程现浇结构的模板支架设计软件，主要包括模板支架设计、施工图设计、专项方案编制、材料统计功能等。首先通过软件内建的结构模型或导入已完成的结构模型，设计模板工程的参数，然后依据 BIM 模型信息及其相应的设计要求，对模板支架进行智能布置并输出需要的成果，其基本的使用流程如图 7-1-1 所示。

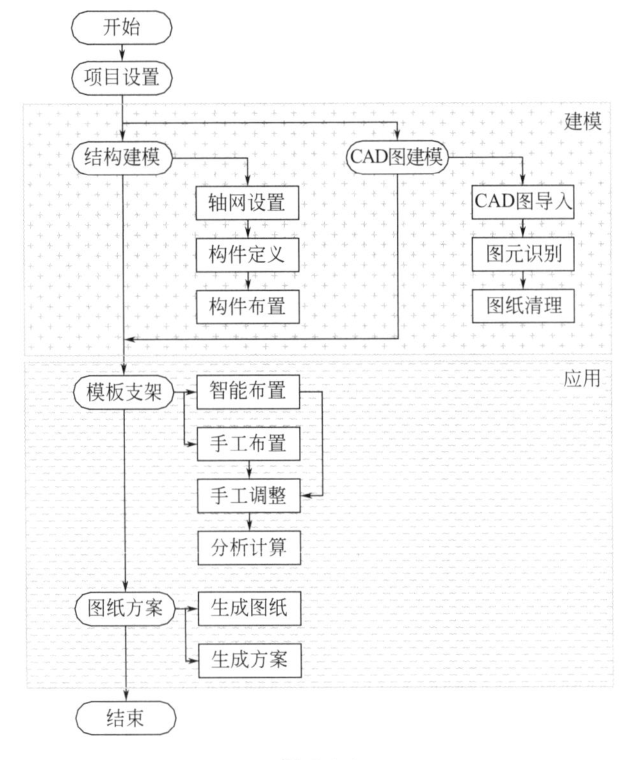

图 7-1-1

7.2 工程新建

启动 BIM 模板工程设计软件，并打开软件登录界面，如图 7-2-1 所示。软件是基于 AutoCAD 平台运行，可以在登录界面右下角切换 CAD 版本。点击【新建工程】，将弹出新建工程的保存路径与工程文件的命名窗口，输入需要保存的工程名称【宿舍办公楼】，点击【保存】完成工程的新建。

图 7-2-1

工程新建完成后，登录软件界面，弹出选择模板窗口。模板工程依据其架体形式不同，分为扣件式、盘扣式、碗扣式、插槽式等类型，在符合相应规范要求的前提下，结合模板工程所在地区和实际工程要求，选择合理的支模架架体类型，这是进行模板工程设计的关键，所有设计都将建立在相应的标准和规范之上。本教材以扣件式为例，选择【全国版-扣件式】后，点击【打开】进入工程信息的设置，依据要求补充工程项目名称、地址、各参建单位信息后，点击【确定】完成工程项目的新建。完成后如图 7-2-2 所示：①功能栏：软件的功能命令区，包含三维显示、模板设计与成果制作；②建模栏：软件建模、翻模功能命令栏；③属性栏：各类模型构件的属性界面；④中央编辑区：结构模型与架体的编辑区域；⑤常用编辑栏：常用的 CAD 与模型图形编辑命令栏。

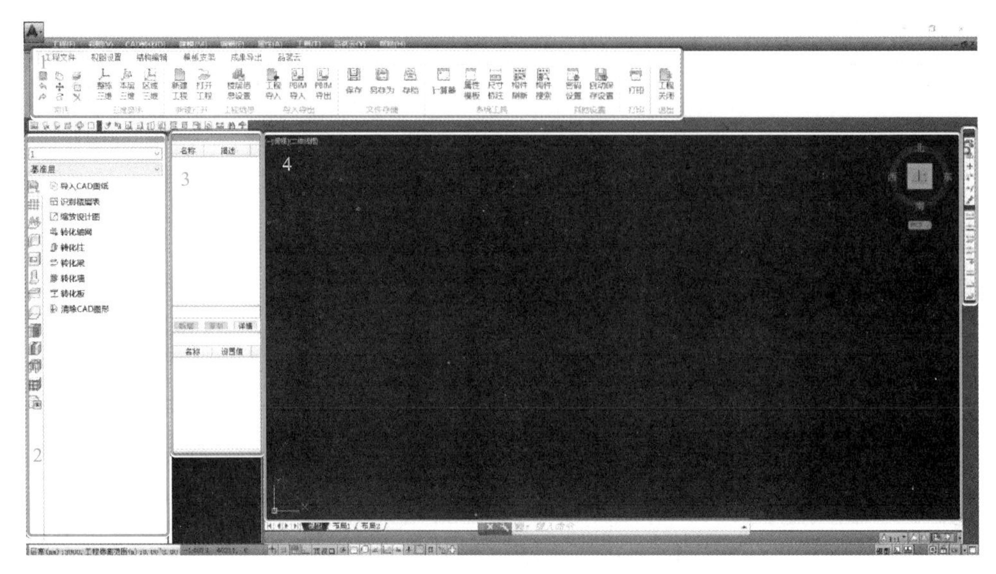

图 7-2-2

7.3 结构模型建模

1. 图纸准备

7.1
图纸准备

BIM 模板工程设计软件中的结构模型，可以通过软件直接建模，也可以通过 Revit 等建模软件完成模型后导入结构模型。在本节中引用工程项目图纸，结合项目图纸内容识别转化，完成结构模型。

启动 AutoCAD，在 CAD 左上角【文件】中选择【打开】，打开【宿舍办公楼结构图】图纸，在打开图纸后，弹出如图 7-3-1 所示，此提示为本电脑缺少该图纸中的指定字体，在右侧【大字体】列表中选择【gbcbig. shx】进行替换显示。如果多个字体未找到，选择多次即可，全部完成后即可打开图纸。

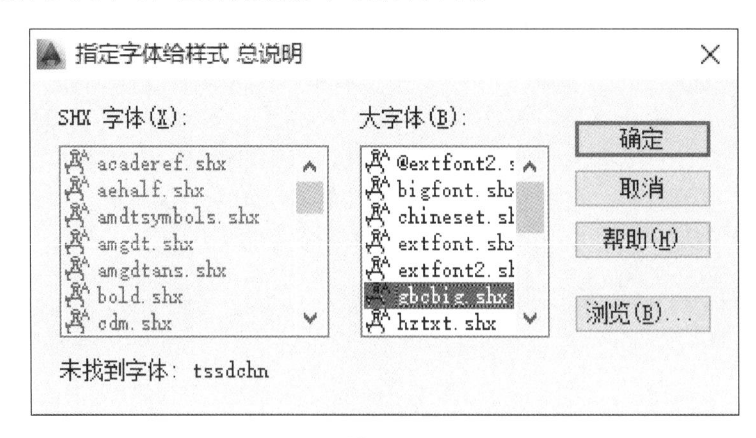

图 7-3-1

备注：① BIM 模板设计软件是基于 CAD 平台运行的，先打开模板设计软件后，再双击图纸会将图纸在模板设计软件中打开，所以需要手动启动 CAD，再从 CAD 打开图纸。

② gbcbig. shx 为国标字体，大部分字体内容都可以用其进行替换显示，除了此方法外也可以通过网络下载缺少的字体，将其放置在 CAD 的字体库中。

2. 转化楼层表

7.2
转化
楼层表

依据基本的建模习惯，第一步需要建立标高与轴网，在 BIM 模板设计软件中，主要是通过楼层表来进行区分楼层。楼层表可以通过 BIM 模板设计软件的【工程设置】-【楼层管理】进行编辑，也可以直接通过图纸进行识别。

在打开的宿舍办公楼结构图中，找到“地下室顶板～9.600 框架柱平面定位图”，将其框选后，复制到 BIM 模板设计软件。

在 BIM 模板设计软件的【建模栏】中，点击【图纸转化】-【识别楼层表】，点击后鼠标移动到中央编辑区，框选图纸中的楼层表，弹出【楼层表】编辑栏如图 7-3-2 所示。在该栏内依据楼层表信息将每一列依次修改为“层号”“楼地面标高”“层高”“柱墙砼标号”“梁板砼标号”，修改后再将表格中红色未识别的信息进行修改补充，点击【确定】完成楼层表转化。

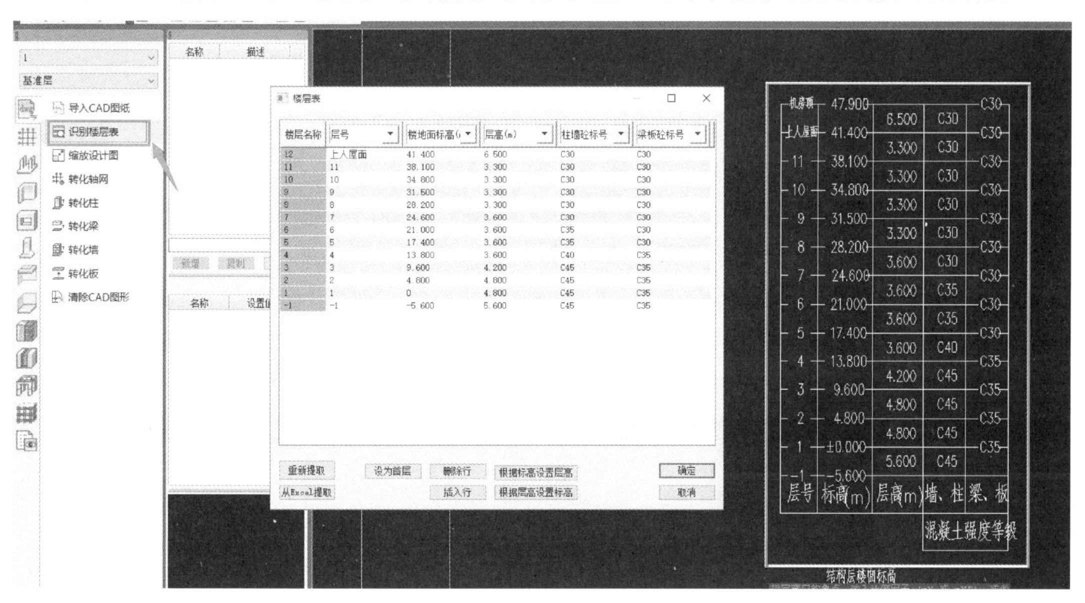

图 7-3-2

楼层表转化后，会自动跳转到楼层管理界面，可以对楼层信息进行再编辑，同时在软件建模栏上方可以点击【1】的部位，从而切换至其他楼层，【1】为当前为 1 层。

3. 转化轴网

7.3
轴网与柱
转化

点击【图纸转化】中的【转化轴网】，如图 7-3-3 所示，弹出识别轴网窗口。通常的图纸转化建模需要提取 2 个对象，分别为转化对象的标注与线层。如转化轴网，【轴符层】提取轴线的标注，【轴线层】提取轴线，提取内容未选择对象的图层，选择完后点击【转化】即可完成轴网的转化。

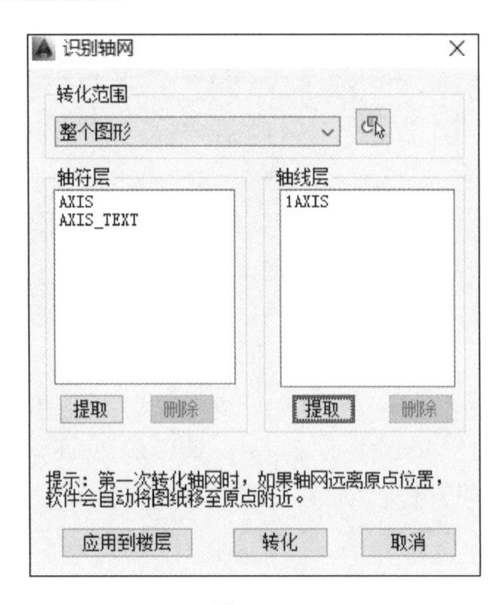

图 7-3-3

备注：轴网转化时，可以通过【应用到楼层】功能将轴网应用到其余楼层，否则此轴网只在【1 层】显示。后期可通过【楼层复制】命令将轴网复制到其他楼层，用于不同楼层的结构模型定位。

4. 转化柱

点击【图纸转化】中的【转化柱】命令，如图 7-3-4 所示，弹出识别柱窗口，点击【提取】依次提取柱的标注与边线，点击【转化】命令可以完成本层柱的转化。【识别符设置】内为柱的类型识别，依据提取到的柱标注信息转化成对应的柱类型，如 KZ-1，则对应到【混凝土柱：KZ】，识别为混凝土柱。【转化范围】一般默认为整个图形，若复制的结施图内容过多，可以选择指定范围内的柱构件转化。【无标注构件转化设置】则是在选择未提取到标注时，将柱转化为混凝土柱或暗柱的设置。

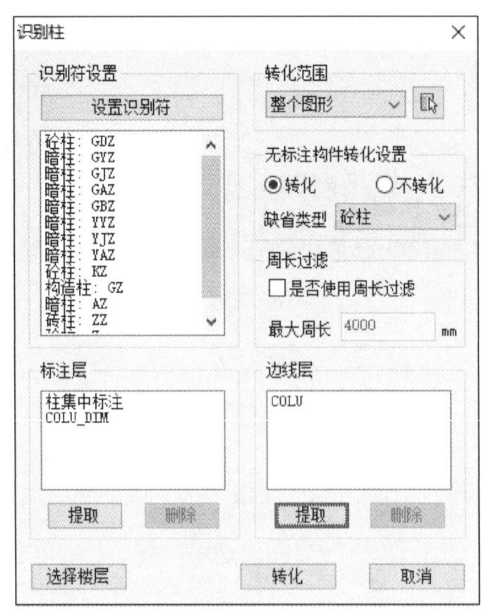

图 7-3-4

转化柱完成后，点击【功能栏】中的【本层三维】可以打开三维显示如图 7-3-5 所示，在三维界面通过按住鼠标左键拖拽切换视角。

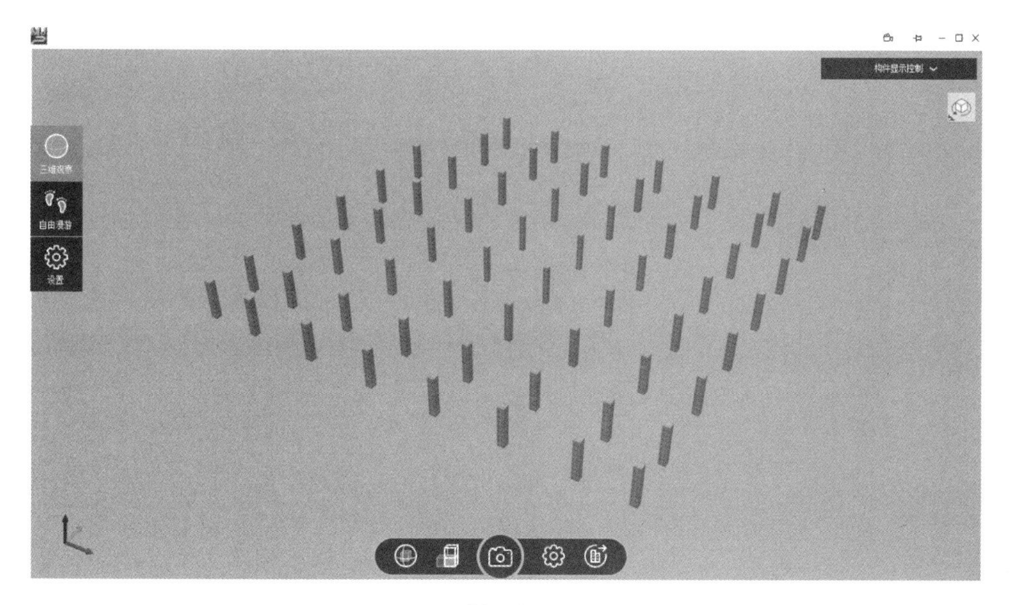

图 7-3-5

5. 转化梁

在轴网与柱转化完成后，当前图纸“地下室顶板～9.600 框架柱平面定位图”已经可以删除，点击【图纸转化】中的【清除 CAD 图形】命令，清除当前层的 CAD 图纸。

切换至 CAD 软件界面，在打开的宿舍办公楼结构图中找到“二层梁平法施工图”，全选后鼠标点击右键，选择【带基点复制】功能，指定①轴与Ⓐ轴交点为基准点，将其复制到 BIM 模板设计软件中，与已转化的轴网柱构件重合。然后通过【图纸转化】中的【转化梁】命令，提取梁的集中标注、原位标注信息以及梁边线，完成梁的转化，如图 7-3-6 所示。转化后通过【清除 CAD 图形】命令清除底图。

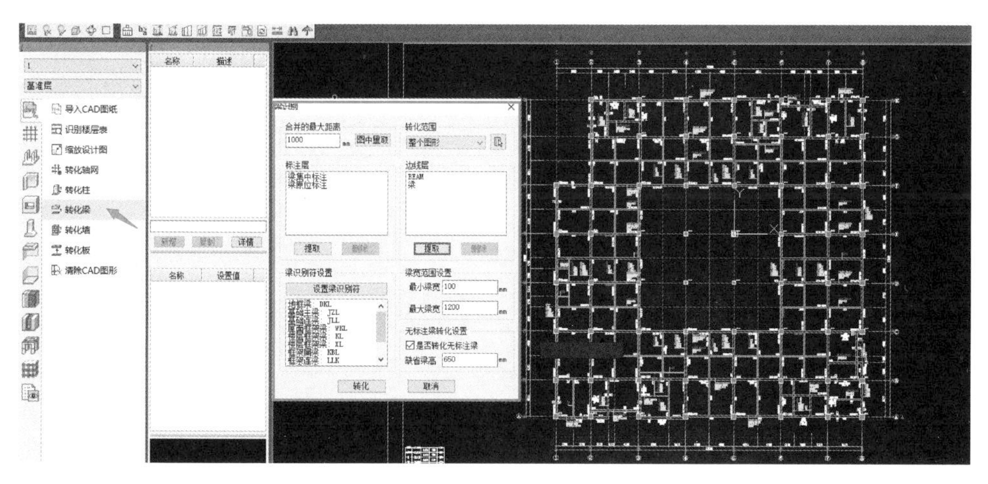

图 7-3-6

6. 布置板

结合项目图纸，已知本项目为框架结构，最后一步完成板构件的布置即可完成本项目第一层模型的建立。本教材介绍板的手动建模方法。

切换至 CAD 软件界面，在打开的宿舍办公楼结构图中找到“二层结构平面图”，通过图纸掌握本项目 2 层板（1 层顶板）的基本信息，如图 7-3-7 所示，说明第 1 条为通用板厚为 120mm，第 4 条为降板信息，第 5 条属于后浇筑的板，其余说明为板的配筋信息与模板设计无关。

说明：

1.未注明板厚为120mm。

2.未画出板底钢筋为φ8@200双向通长。

3.画出未标注板面钢筋未φ8@200。

4.打 ▦ 标记相对于本层楼面降50mm。

5.打 ▨ 标记部位为设备管井。

管井位置预留钢筋，管道安装完毕后浇C30混凝土

6.板负筋长度从梁边线算起，例：

图 7-3-7

切换至 BIM 模板设计软件，在【建模栏】中切换至【布置板】状态，再在【属性栏】中点击【新增】命令，新增一个 120mm 厚的板。新增完成后点击【自动生成】命令，在弹出的自动形成板选项中可以选择自动生成板的方式，如按梁中线组成的封闭区域生成一张一张板，点击【确定】后框选整个模型，点击鼠标右键完成板的自动生成，如图 7-3-8 所示。

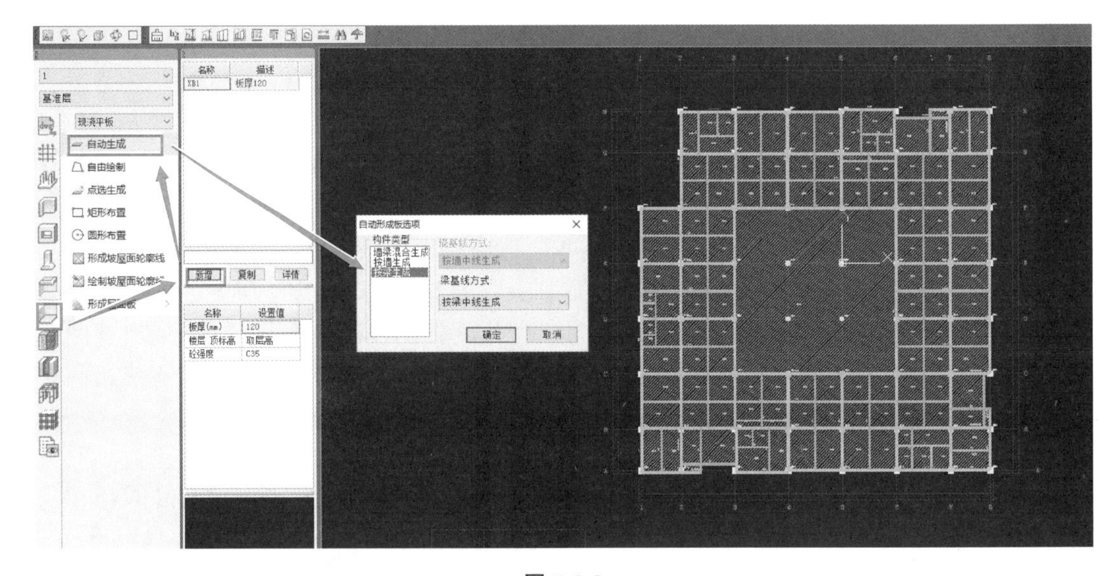

图 7-3-8

7. 构件调整

板布置完成后，可以通过选中单一的板，按【Delete】键删除，或通过【自由绘制】补充缺失的板。此处需要依据原图纸信息，对楼梯以及无板的部位进行删除板的操作。

板的布置与删除完成后，依据图纸说明第 4 条，本项目⑥～⑦轴与Ⓐ～Ⓑ轴间有 3 块板要求降 50mm。点击软件上方【编辑】中的【构件高度调整】，选择对应的 3 块板，选择完成后，点击回车弹出如图 7-3-9 高度调整的界面，此时默认板的标高为当前层高 4800mm，取消【高度随属性】前方的勾选，将【值】改为 4750mm 后，点击

【应用】再点击【确定】。调整后的板，其名称显示为深蓝色，有别于其他随属性板的浅蓝色。依据图纸说明第 5 条，设备管井部位的板需待管道安装完毕后再进行混凝土浇筑（本项目做结构阶段的模板设计，对应板部位可以作为空板处理）。

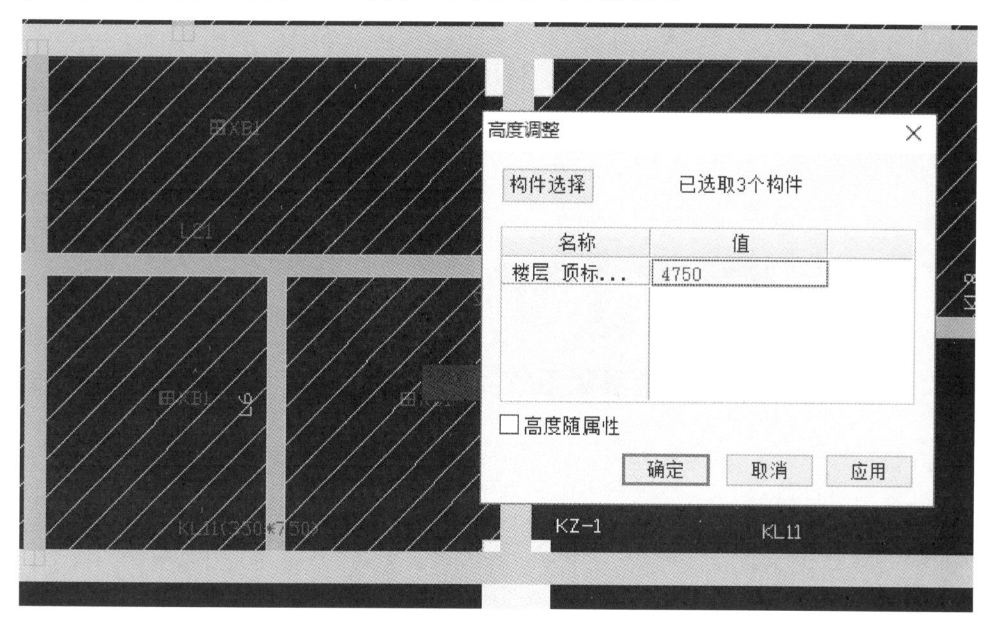

图 7-3-9

修改完降板后，点击【功能栏】中的【本层三维】，找到该部位，可以查看降板区域如图 7-3-10 所示，经观察发现，梁构件已是降 50mm 的高度，在转化梁时该部位梁的标注中有（－0.050m）的信息标注，软件自动拾取了降梁信息。在工程项目中，结合三维模型的图纸会审，可以更清晰地发现图纸设计的不足，如图 7-3-10 所示中在降梁后，有板凸出在梁上方，可以将其汇总提交给设计单位。

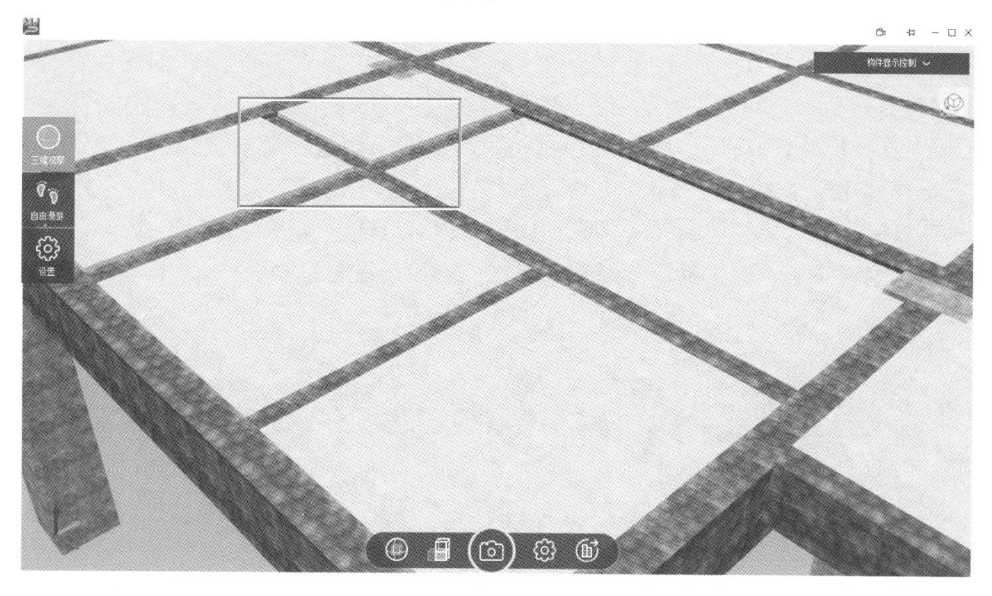

图 7-3-10

8. 楼层复制

完成第一层的模型后，在建模栏上方的【1】处切换至层【2】，继续完成其他楼层的建模翻模。需要注意的是：在切换楼层前，需要对轴网进行复制，用于不同楼层的结构模型定位。

点击软件上方【工程】中的【楼层复制】命令，如图 7-3-11 所示，将原楼层 1 层的【轴网】复制到其他楼层。

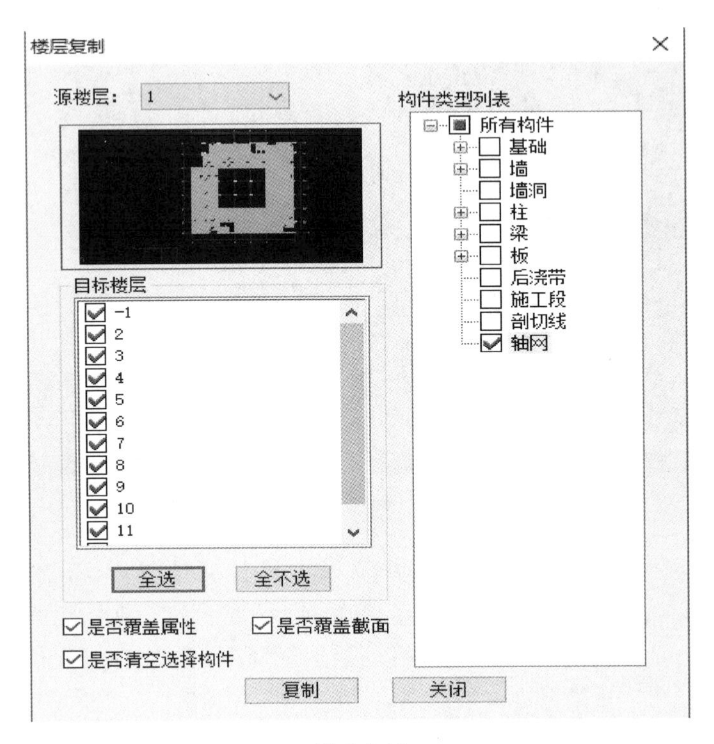

图 7-3-11

【是否覆盖属性】：目标楼层如果存在相同类型构件，是否将该构件的属性进行覆盖；【是否覆盖界面】：目标楼层如果存在相同类型构件，是否将该构件进行覆盖避免重叠；【是否清空选择构件】：目标楼层如果存在相同类型构件，是否清空该构件后再进行复制。以上三个选型建议全选。

本项目第一层与第二层的柱构件是相同的，也可以通过【楼层复制】命令将第一层的柱构件复制到第二层，楼层的复制适用于标准层的楼层批量复制。

7.4 BIM 模板工程设计

完成创建结构模型后，就可以结合 BIM 模板工程设计软件完成模板工程的设计与布置，首先需要完成工程参数的设计。

1. 工程特征设计

点击【模板支架】任务栏下面的【计算参数】命令，切换至【计算参数】栏，如图 7-4-1 所示，在此界面设置模板工程的设计计算依据与架体类型等内容。

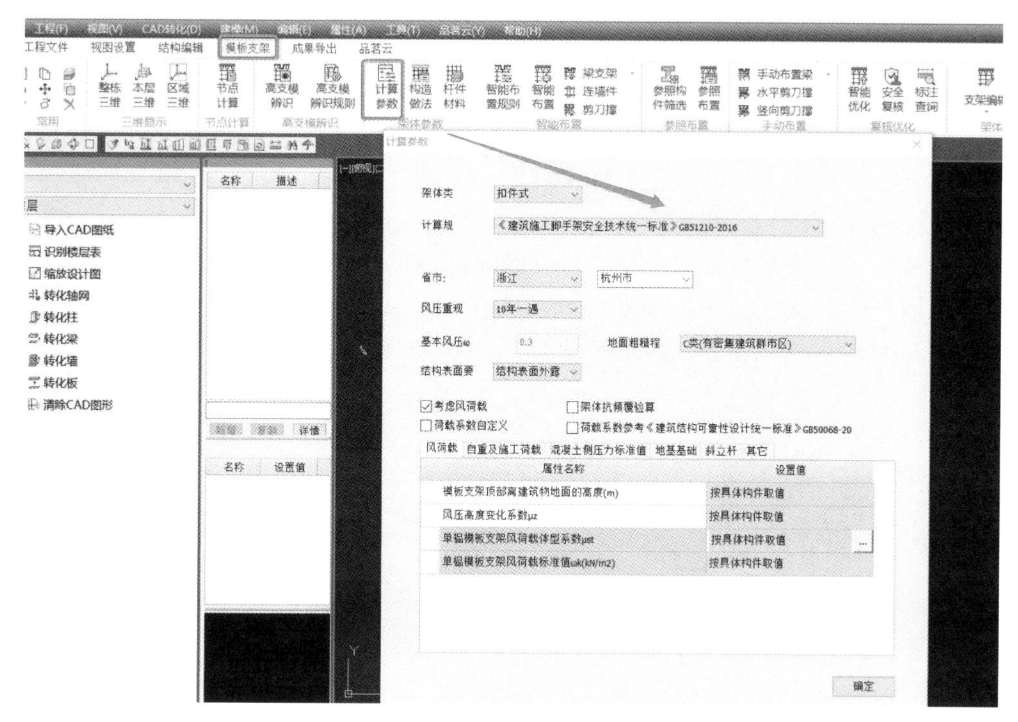

图 7-4-1

在【计算规则】栏中，可以选择架体类型及其计算依据，如本项目拟采用扣件式模板支架进行支撑，则选择【扣件式架体】，其设计计算参考依据包含国家标准、行业标准与地方标准，通常情况下如果工程项目所在地有相应的地方标准，在设计时需参考地方标准进行设计；无地方标准的情况下可以结合工程项目特点选择适合的国家标准、行业标准进行设计，在有多个可选标准且有冲突的情况下，一般建议选择修订年限最新的标准和规范，如本项目使用《建筑施工脚手架安全技术统一标准》GB 51210—2016。

在【基本数据】栏中，主要涉及工程项目建设所在地、风压重现期、地面粗糙度类别。有别于建筑结构设计，模板工程作为建筑工程的临建设施，在考虑风压重现时取“10 年一遇”的对应风压。地面的粗糙度类别可以参考《建筑结构荷载规范》GB 50009—2012 第 8.2.1 条。选择完地区、风压重现期和地面粗糙度类别后，软件会自动生成该地区基本风压值。

【自重及施工荷载】栏中的参数主要包含为永久荷载和可变荷载，可根据项目实际情况输入。【混凝土侧压力标准值】栏中的参数主要包含混凝土侧压力相关计算规范、混凝土重力密度、浇筑速度以及计算方式等参数，以及振捣与倾倒混凝土对竖向面模板的荷载标准值。【地基基础】栏中的参数主要包含模板支架作用的位置，分为混凝土楼板、地基基础和不计算三种工况。【斜立杆】栏中的参数主要包含当计算边梁时荷载、计算依据的取值以及确定支架作用位置三个方向。【其他】栏中参数主要包含脚手架安全等级的确定、剪刀撑的设计，以及顶部步距和计算长度系数的确定等。

2. 施工构造参数设计

7.6 施工构造参数设计及模板支架智能布置规则

点击【模板支架】任务栏下面的【构造做法】命令，如图 7-4-2 所示，在【公共做法】栏中确定智能设计时，立杆构件的间距范围、板洞扣减参数设置以及斜立杆参数设置。如【立杆到梁边的距离】：200，500，指的是在进行模板工程设计时，梁底部立杆的距离梁边最小间距为 200mm，最大间距为 500mm。对上下限区间的设置可以结合项目要求进行选择，如要求立杆搭设间距不得小于 250mm 时，可以将下限值更改为 250mm，当间距范围设置较宽时，架体布置会更灵活。在【构件做法】栏中确定各个构件材料属性设计，包含面板、小梁（次楞）、主梁（主楞）、2 号主梁（主楞）、可调托座、立杆、扣件、柱箍、地基基础、对拉螺栓、斜撑等材料的类型、尺寸及其相应的力学性能指标。例如，本项目面板采用覆面木胶合板 15mm，方木 50mm×80mm，立杆 48.0mm×3.5mm，对拉螺栓为 M14。也可以通过复制、删除、重命名添加新材料、新材质。点击【确定】完成参数设置。

3. 模板支架智能布置规则

点击【模板支架】任务栏下面【智能布置规则】命令，如图 7-4-3 所示，此界面包含柱、墙、梁、板支模设计时距离参数的设置，可以根据不同做法要求进行针对性的参数设计。点击【构造设置】命令，不仅可以设定对梁高小于一定距离的梁侧模仅使用固定支撑，并且还可设计其相关距离。同时，还可以对梁底模架、板、墙、柱以及柱帽模板等参数进行设计。

4. 模板智能设计

参数设计完成后，点击【智能布置】命令，鼠标移动至中央编辑区提示：选择需要布置的柱、墙、梁、板；按住左键框选整个项目后按回车键，软件即可结合 BIM 模板信息及工程安全参数，对模板支架进行安全设计与智能布置，如图 7-4-4 所示。

【智能布置】命令是一键完成该项目当前楼层的柱、墙、梁、板等构件的模板工程设计与布置，在右侧还包含梁、板、柱、墙、后浇带的单独设计。在【智能布置】完成后，其布置的重点是为选定构件进行安全计算的模板支撑系统，【连墙件】【剪刀撑】在模板工程属于构造要求措施，需要额外单独布置。

【连墙件】属于模板工程中立杆的辅助加固措施，当模板支架的高宽比超过 3 时，需要进行布置，（房建工程的模板支架高宽比超过 3 的情况较少，一般可以不考虑布置）。【剪刀撑】则属于模板工程中一种必要的加固措施，是一定要补充的，点击【剪刀撑】命令，鼠标移动至中央编辑区，此时鼠标右侧悬浮 3 个命令，选择【本层】后，弹出剪刀撑布置规则，按需设置剪刀撑的参数后，点击确定即可完成剪刀撑的布置。在完成模板支架及剪刀撑的布置后，在【视图设置】栏里点击【本层三维】命令，可以切换至三维状态，查看三维支架，如图 7-4-5 所示。在三维界面右上角展开构件显示控制，可以控制建筑结构、模板支架的显隐开关，下方的相机图标可以输出当前视口的三维截图，也支持导出 skp 格式的三维模型进行二次渲染。

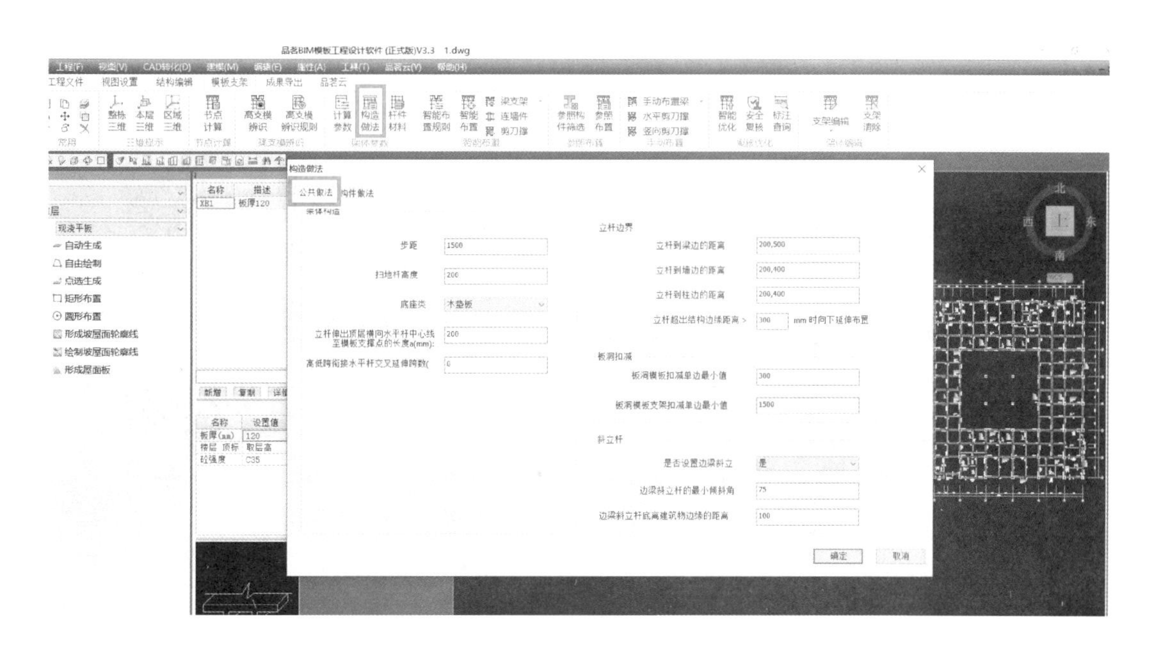

构造做法
公共做法
构件做法
步距
1500
扫地杆高度
200
底座类
木垫板
立杆边界
立杆到梁边的距离
200,500
立杆到墙边的距离
200,400
立杆到柱边的距离
200,400
板洞扣减
板洞模板扣减单边最小值
300
板洞模板支架扣减单边最小值
1500
斜立杆
是否设置边梁斜立
是
边梁斜立杆的最小倾斜角
75
边梁斜立杆底离建筑物边缘的距离
100
确定
取消

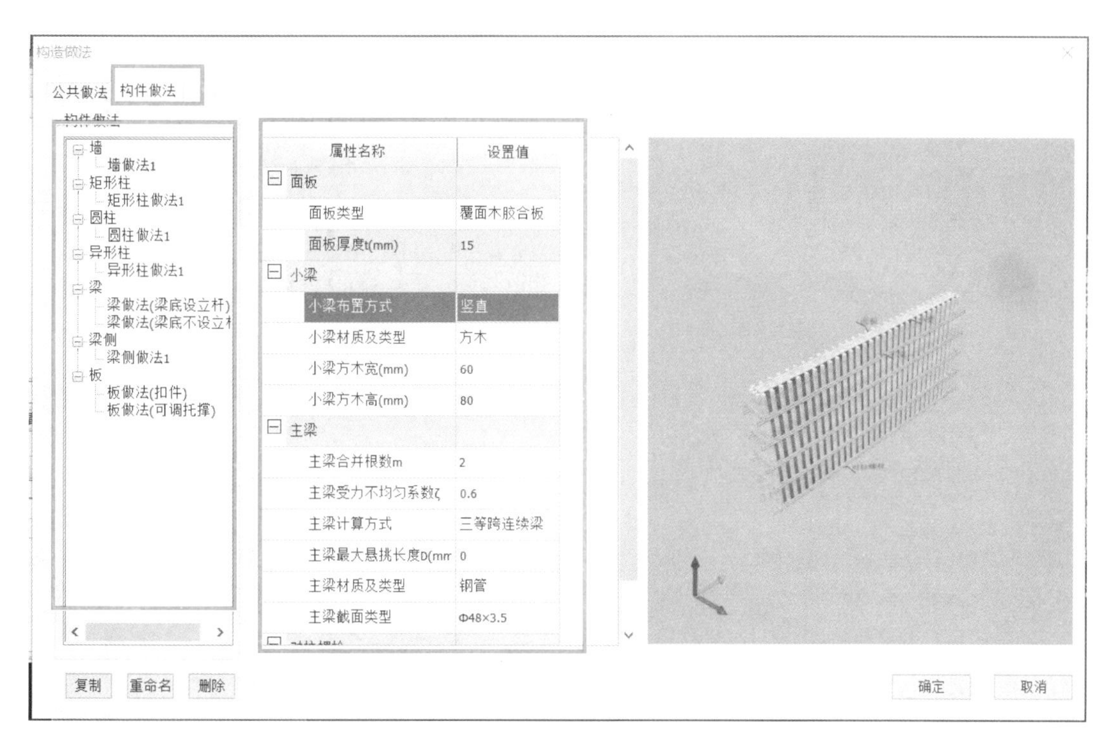

构造做法
公共做法
构件做法
墙
墙做法1
矩形柱
矩形柱做法1
圆柱
圆柱做法1
异形柱
异形柱做法1
梁
梁做法(梁底设立杆)
梁侧
梁侧做法1
板
板做法(扣件)
板做法(可调托撑)
属性名称
设置值
面板
面板类型
覆面木胶合板
面板厚度t(mm)
15
小梁
小梁布置方式
竖直
小梁材质及类型
方木
小梁方木宽(mm)
60
小梁方木高(mm)
80
主梁
主梁合并根数m
2
主梁受力不均匀系数ζ
0.6
主梁计算方式
三等跨连续梁
主梁材质及类型
钢管
主梁截面类型
Φ48×3.5
复制
重命名
删除
确定
取消

图 7-4-2

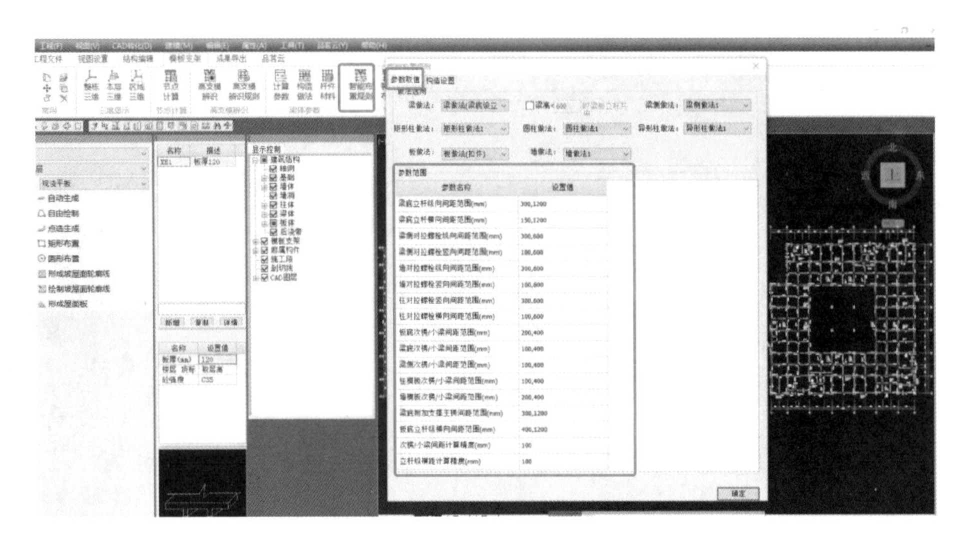

智能布置规则

参数取值 构造设置

梁侧模

当梁高小于 600 mm时，梁侧仅使用固定支撑

使用对拉螺栓时梁侧是否同时使用固定支撑： 否

梁侧首道对拉螺栓距梁底距离(mm)： 100

梁底模架

是否设置梁底附加主楞： 是

工具架立杆横向布置规则： 标准杆对称设置优先

板边立杆与梁不共用时允许梁两侧立杆偏离梁中心的距离是梁宽的多少倍： 0.25

梁模板共用时梁底单根立杆的截面面积限值(m2)： 0.24

板

板底立杆排布规则： 纵横距相等优先

纵横距相等优先时允许偏离误差比例(%)： 20

墙柱

墙首道对拉螺栓距墙底距离(mm)： 100

柱首道对拉螺栓距柱底距离(mm)： 100

柱帽模板

柱帽立杆加密倍数： 1倍

加密方式： 横向

板立板距离柱帽上边缘距离： 250,500

柱帽垂直侧面高度： 200

柱帽立杆距离柱帽边缘距离： 0,200

柱帽水平杆延伸跨数： 不延伸

柱帽和板杆件拉通最大距离： 150

确定

图 7-4-3

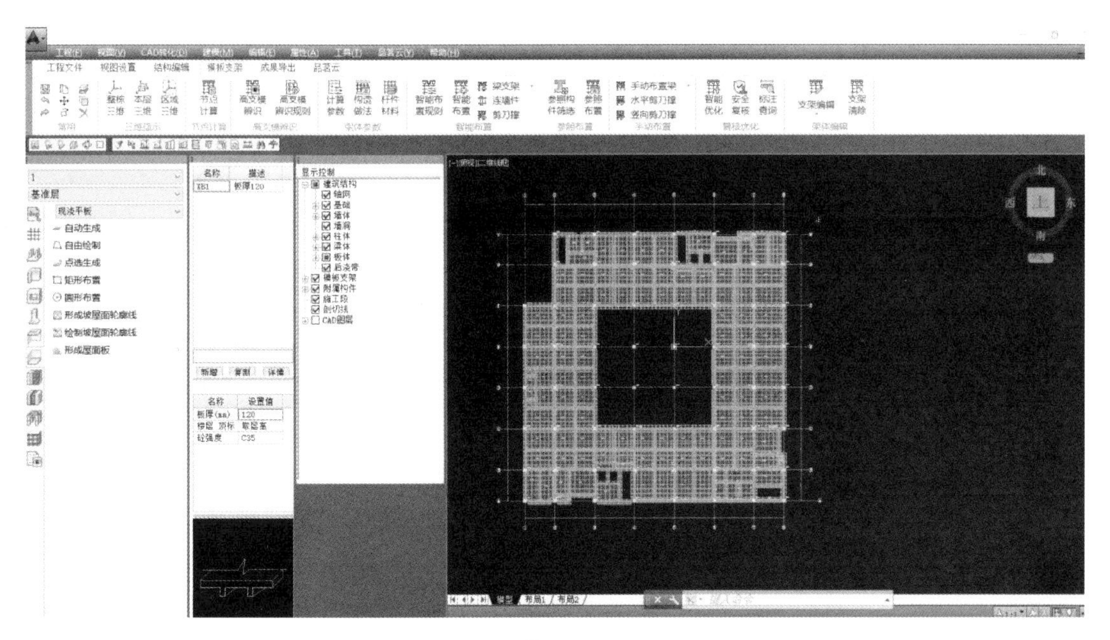

图 7-4-4

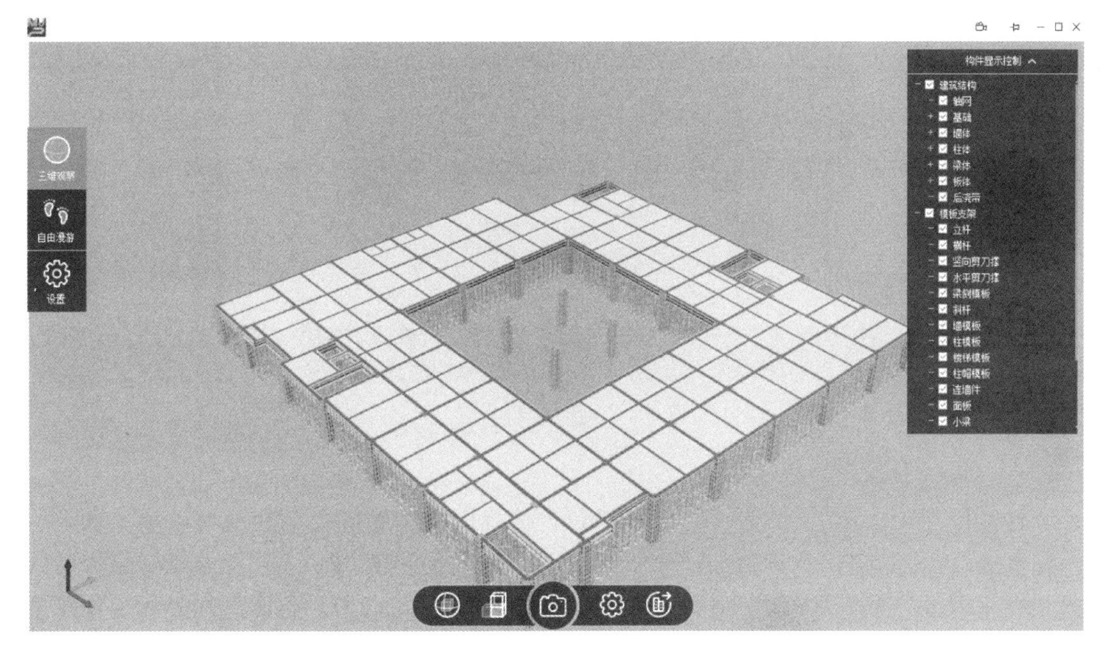

图 7-4-5

7.5 模板工程成果制作与输出

1. 计算书制作

7.7
模板工程
成果制作
与输出

通过 BIM 模板工程设计软件的【智能布置】所完成的模板支架，是设计计算后的支撑系统，可以生成配套的计算书。点击【成果导出】栏下面的【计算书】命令，选择工程中的任一构件，即可生成其计算书，如图 7-5-1 所示。在计算书中包含其设计计算依据、构件参数信息、计算过程与结果，如果设计结果符合要求（绿字提示为满足要求），如果设计计算结果超限，则提示不满足要求并给出参数调整意见。计算书内容检查无误后，可以点击【合并计算书】或【导出计算书】命令，将计算书以 word 格式文件导出保存。

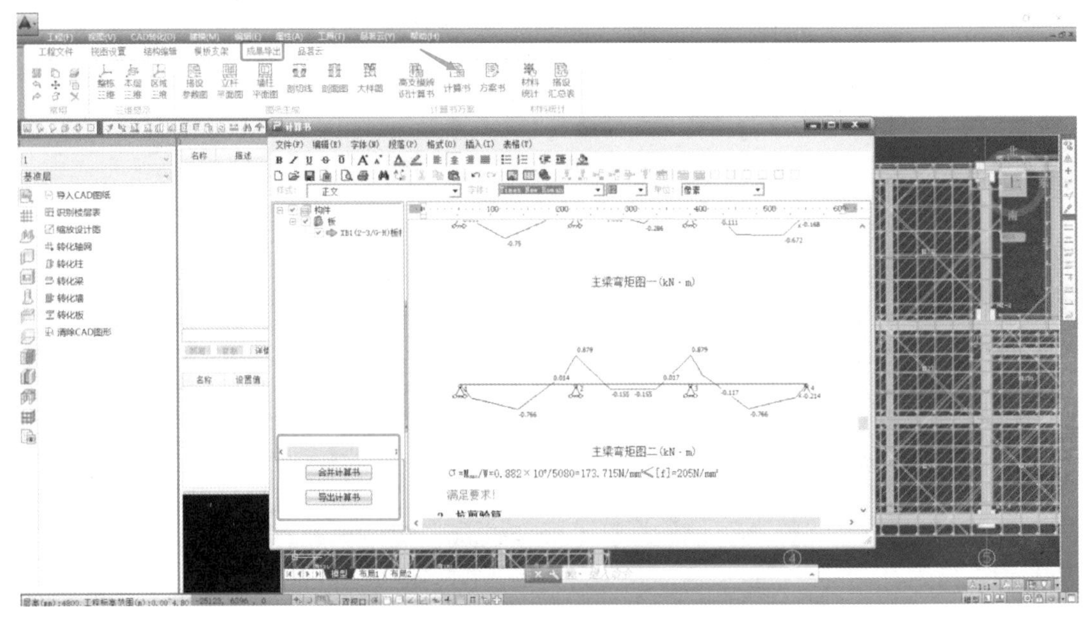

图 7-5-1

2. 方案书制作

在模板工程专项方案书中，包含大量项目信息以及计算书。在方案书中的计算书部分，宜选取有代表性的构件进行计算，软件会自动筛选。点击【方案书】命令，鼠标移动至中央编辑器，选择【本层】后再选择【导出施工方案】，即可导出本层的模板工程安全专项施工方案，包含工程概况、编制依据、施工计划、施工工艺技术、施工安全保证措施、施工管理及作业人员配备和分工、验收要求、应急处置措施、计算书及相关施工图纸等章节。在施工方案中，除设计计算的部分外，软件套用的是一个固定的模板，在实际项目的模板安全专项方案编制时，需根据实际工程项目情况进行编制修改。

3. 施工图制作

在模板工程专项方案编制时，需要绘制施工平面图与节点详图。

（1）平面图。模板支架平面图是所有图纸优化中的起始工作，需要充分优化，将经济性和安全性做合理的兼顾，方可再进行后续的工作，否则容易返工。以第一层立杆平面图为例，点击【成果导出】-【立杆平面图】命令，选择本层后自动生成立杆平面布置图（1层），软件制作输出的图纸是在软件中新建一个临时窗口，然后将需要的平面图复制过去。图纸的保存是通过点击右上角的【×】命令将其另存为 dwg 格式文件，如图 7-5-2 所示。

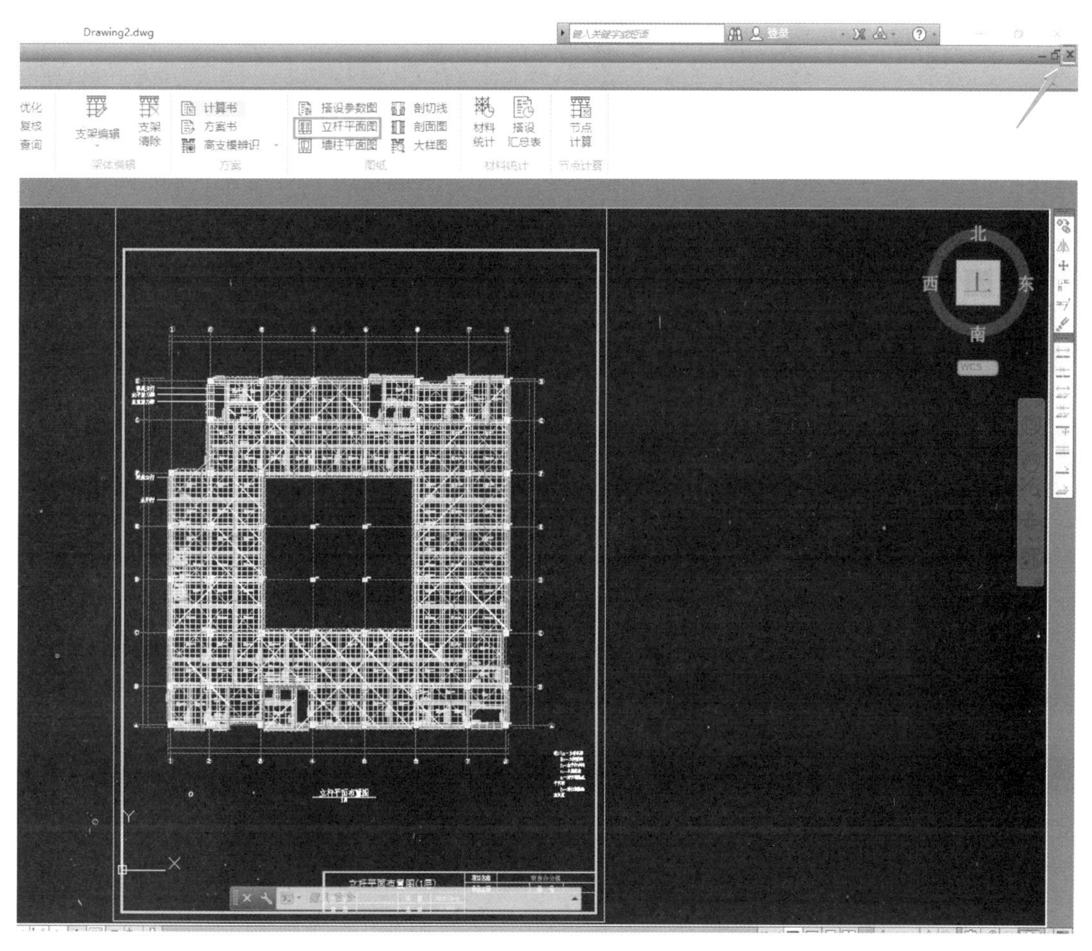

图 7-5-2

（2）剖面图。制作剖面图需要先绘制剖切线，剖切位置宜选在典型构件且平面规整处，剖切深度宜按默认值，深度较大时，后方处的架体会显现，影响干扰剖面图的质量。开启正交命令，点击【成果导出】-【剖切线】命令，绘制一道剖切线后，点击【生成剖面图】命令，选择该剖切线，以本层剖切深度 1000mm 生成剖面图，如图 7-5-3 所示。

（3）三维图。当工程体量较大时，一般不用整体三维，三维图一般多用于细部节点的三维表达，以及技术交底、方案设计、安全检查和验收等环节。如选择边梁、边柱和楼板汇集点为节点，则反映了梁底扣件、每纵距内附件横杆间距/数量、板底扣件、梁侧支撑

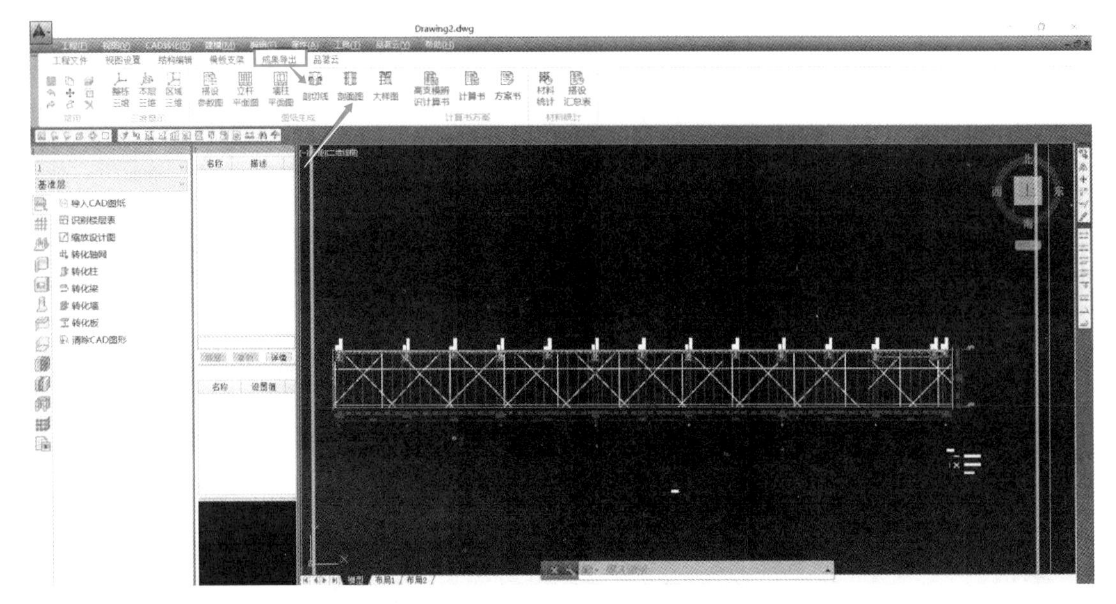

图 7-5-3

做法等要素。点击【区域三维显示】命令，框选 1 层模型右上角边梁、边柱和楼板区域，如图 7-5-4 所示，再点击【拍照】命令，输出当前视图。

图 7-5-4

4. 材料统计表

通过【材料统计】获得模板支撑系统各构件材料用量。点击【成果导出】栏下面的【材料统计】命令，选择第 1 层后对其进行统计，可输出 excel 表格形式材料统计表，如图 7-5-5 所示。

材料统计反查报表(2.2.3.9426)

文件(F)　查看(V)　操作

材料统计表

序号	构件信息	单位	工程量
1	砼量		
1.1	砼强度[C35]	m3	442.038
1.1.1	现浇平板	m3	200.899
1.1.2	框架梁	m3	174.042
1.1.3	次梁	m3	67.097
1.2	砼强度[C45]	m3	179.328
1.2.1	砼柱	m3	179.328
2	模板		
2.1	覆面木胶合板[18]	m2	4178.882
2.1.1	现浇平板	m2	1674.195
2.1.2	砼柱	m2	874.413
2.1.3	框架梁	m2	1090.085
2.1.4	次梁	m2	540.189
3	立杆		
3.1	钢管[Φ48×3.5]	m	18535.566
3.1.1	现浇平板	m	4843.644
3.1.2	框架梁	m	9434.326
3.1.3	次梁	m	4257.596
4	横杆		
4.1	钢管[Φ48×3.5]	m	19373.745
4.1.1	现浇平板	m	10522.221
4.1.2	框架梁	m	5904.135
4.1.3	次梁	m	2947.389
5	剪刀撑		
5.1	钢管	m	4522.068
5.1.1	竖向剪刀撑	m	2242.821
5.1.2	水平剪刀撑	m	2279.247

图 7-5-5

7.6 模板工程配模

模板工程配模技术是在传统木模板施工工艺基础上，将混凝土各构件根据深化的配模图纸采用固定配模的方式进行加工，进一步将模板支撑加固体系及安装做法定型化，提高主体结构实测质量及观感质量，减少安全隐患，达到精细化管理的要求。

7.8 模板工程配模

在左侧【建模栏】中找到【配模】选项，【配模规则】命令是对模板面板的成品规格、配模切割拼接做法的参数设计；【周转设置】是对高层建筑模板周转使用的设置；点击【模板配置】命令，选择【本层】，对第一层面板进行配置，然后点击【配模三维】，如图 7-6-1 所示，可查看整体三维配模模型，选择单独构件，可查看模板加工图。

【模板配置】完成后，可以通过点击【模板配置图】命令生成配模的施工图，作为面板加工依据，通过点击【模板配置表】生成面板材料统计，包含面板使用总量、各构件切割与非切割材料使用情况等，同时支持各编号面板切割详情进行切割板、非切割板的总体用量情况，如图 7-6-2 所示。

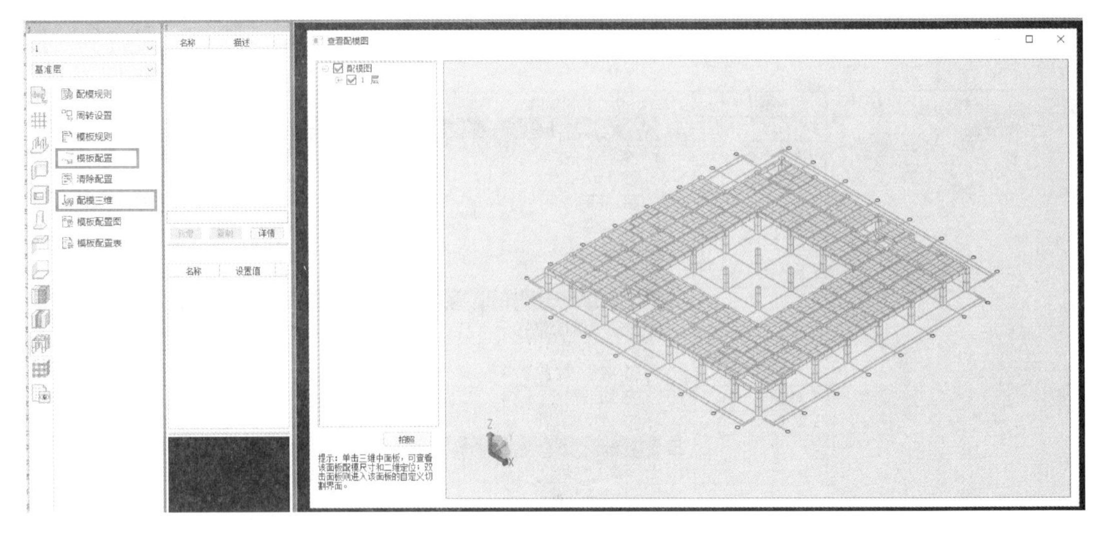

图 7-6-1

配模统计反查报表(2.2.3.9426)

文件(F)　查看(V)　操作

- 模板周转总量表
- 本层模板总量表(损耗自定义)
- 配模详细列表
- 配模切割列表

序号	部位	标准板规格	张数	总面积(m2)
1	1层	915*1830	2604	4358.607
1.1	其它	915*1830	2604	4358.607
1.1.1	非切割整板	915*1830	502	840.574
1.1.1.1	板	915*1830	502	840.574
1.1.2	切割整板	915*1830	2102	3518.033
1.1.2.1	梁	915*1830	1026	1717.792
1.1.2.2	板	915*1830	525	878.903
1.1.2.3	柱	915*1830	551	921.337

图 7-6-2

7.7 模板工程保存

在完成模板工程设计后，点击【工程】-【保存（S）】，可将模板工程默认保存在新建工程时指定的路径。有别于 Revit 软件，该 BIM 模板工程设计软件建立的模板工程，是以文件夹的方式进行保存，如本项目新建的工程名称为“宿舍办公楼”，保存后的工程为一个文件夹，文件夹内所有的数据均为该工程的数据，可以通过打开文件夹内的“宿舍办公楼.Pmjmys”文件打开工程，同时之前输出的成果文件默认保存在工程文件夹下的“我的成果”文件夹内，如图 7-7-1 所示。

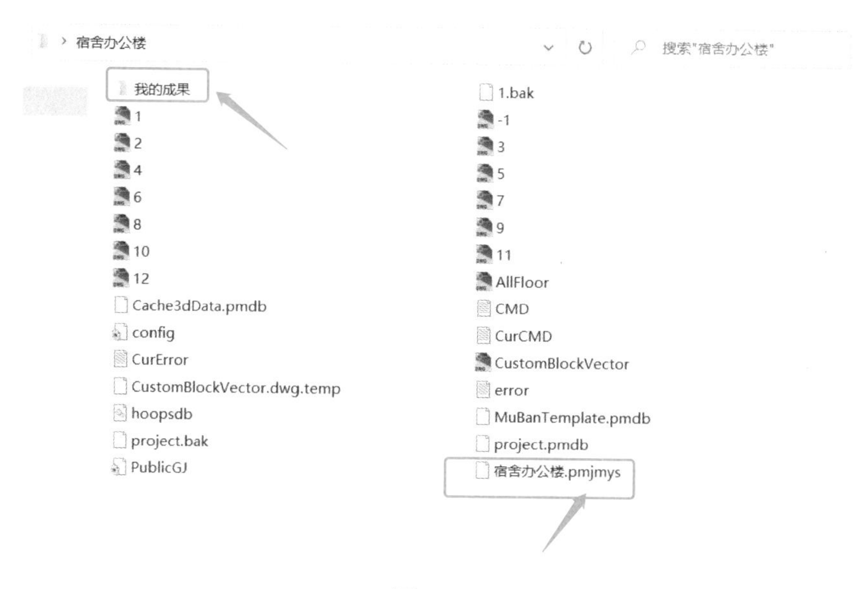

图 7-7-1

7.8 脚手架工程设计与成果制作

BIM 脚手架工程设计软件的操作流程与 BIM 模板工程设计软件是类似的。下面就用模板工程设计软件，完成结构模型，将其导入 BIM 脚手架工程设计软件。

1. P-BIM 模型导出

在该 BIM 模板工程设计软件中打开宿舍办公楼的模板工程，点击【工程】-【BIM 模型导出】，弹出对话框如图 7-8-1 所示，需要设置导出的模型保存路径及模型名称，此时模型保存的类型为 pbim 格式文件（该软件的 BIM 模型通用格式文件）。编辑好路径与名称后，点击【保存】命令，将弹出导出范围的选择，导出－1～12 层的所有构件，点击确定后，还需要依据鼠标提示，选择模型插入点（即模型的定位点，一般建议选择①轴与Ⓐ的交点作为定位点），插入点选择完成后开始 P-BIM 模型导出。

2. P-BIM 模型导入

打开 BIM 脚手架工程设计软件，选择【新建工程】，保存为“宿舍办公楼脚手架”工程，如图 7-8-2 所示，点击【保存】后弹出模板列表，选择【全国版-扣件式】对脚手架工程进行设计。

脚手架工程新建完成后，点击【工程】-【BIM 模型导入】，选择下一步导出“宿舍办公楼 . pbim”文件，点击【打开】在中选择“宿舍办公楼 . pbim”文件，点击【打开】，弹出如图 7-8-3 所示，选择【覆盖性导入】（覆盖性导入会将目标 P-BIM 模型的楼层信息等全部覆盖导入，从而避免了添加楼层表的重复操作）。

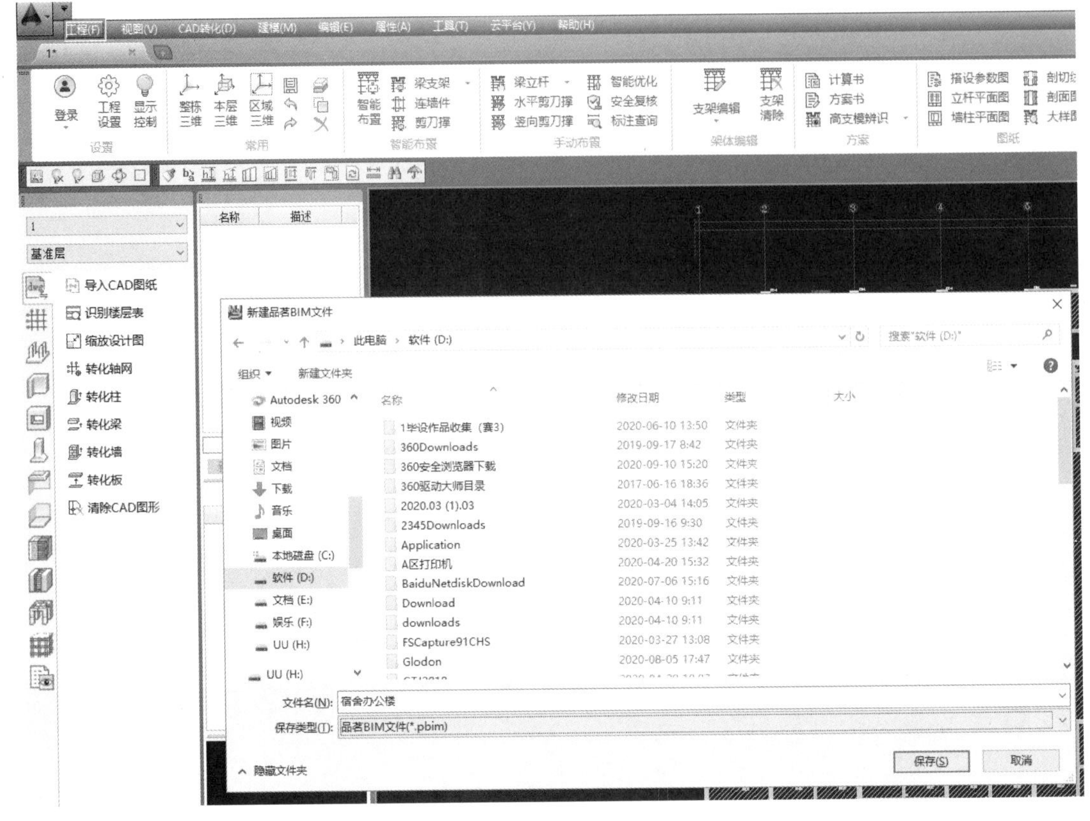
工程(F)
视图(V)
CAD转化(D)
建模(M)
编辑(E)
属性(A)
工具(T)
云平台(Y)
帮助(H)
登录
工程设置
显示控制
整栋三维
本层三维
区域三维
智能布置
梁支架
连墙件
剪刀撑
梁立杆
水平剪刀撑
竖向剪刀撑
智能优化
安全复核
标注查询
支架编辑
支架清除
计算书
方案书
高支模辨识
搭设参数图
立杆平面图
墙柱平面图
设置
常用
智能布置
手动布置
架体编辑
方案
图纸
基准层
导入CAD图纸
识别楼层表
缩放设计图
转化轴网
转化柱
转化梁
转化墙
转化板
清除CAD图形
名称
描述
新建品茗BIM文件
此电脑
软件 (D:)
组织
新建文件夹
Autodesk 360
视频
图片
文档
下载
音乐
桌面
本地磁盘 (C:)
软件 (D:)
文档 (E:)
娱乐 (F:)
UU (H:)
名称
修改日期
类型
大小
1毕设作品收集（赛3）
360Downloads
360安全浏览器下载
360驱动大师目录
2020.03 (1).03
2345Downloads
Application
A区打印机
BaiduNetdiskDownload
Download
downloads
FSCapture91CHS
Glodon
文件名(N):
宿舍办公楼
保存类型(T):
品茗BIM文件(*.pbim)
隐藏文件夹
保存(S)
取消

图 7-8-1

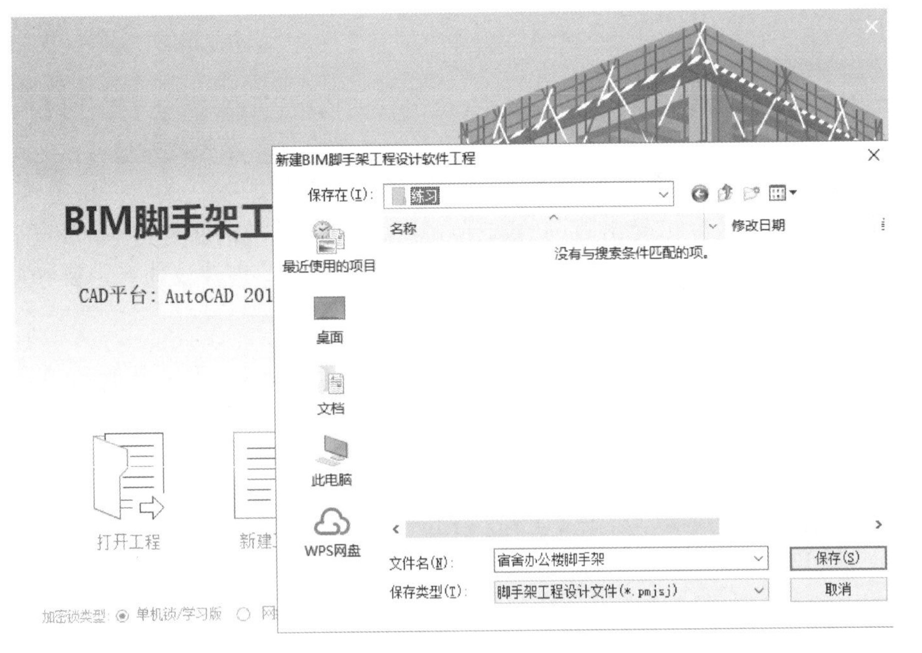
BIM脚手架工
CAD平台：AutoCAD 201
打开工程
新建
加密锁类型: 单机锁/学习版
新建BIM脚手架工程设计软件工程
保存在(I):
练习
名称
修改日期
没有与搜索条件匹配的项。
最近使用的项目
桌面
文档
此电脑
WPS网盘
文件名(N):
宿舍办公楼脚手架
保存类型(T):
脚手架工程设计文件(*.pmjsj)
保存(S)
取消

图 7-8-2

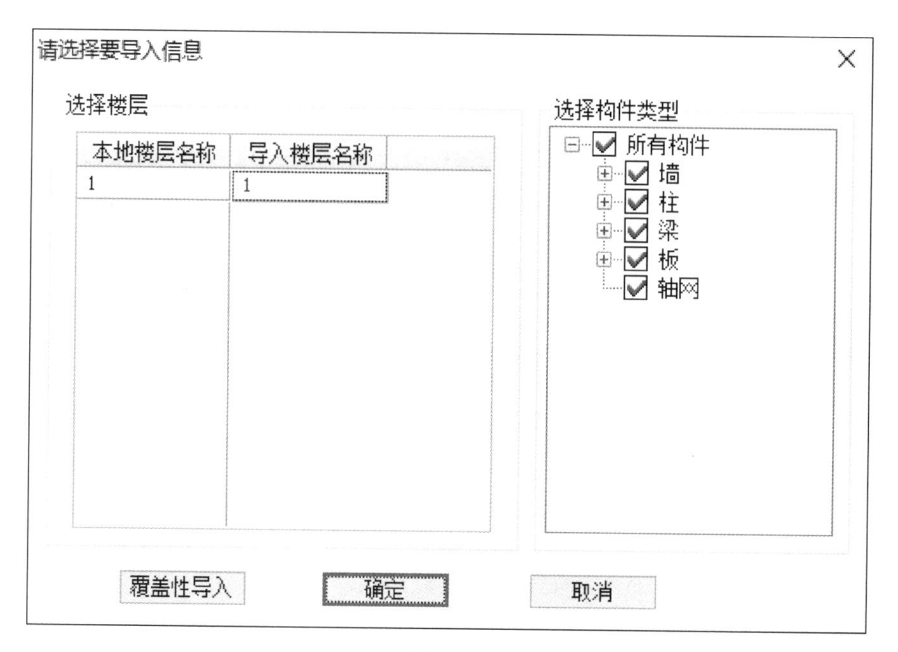

图 7-8-3

模型导入完成后，点击【整栋三维】命令，检查核对模型三维界面，如图 7-8-4 所示。

图 7-8-4

3. 脚手架参数设计

点击【工程设置】命令，切换至【工程特征】栏和【施工安全参数】栏，如图 7-8-5 所示。【工程特征】界面主要设置脚手架工程的设计计算依据与构造做法要求。【施工安全参数】界面主要设置多排脚手架、多排悬挑主梁、搁置主梁、型钢悬挑（阳角 B）的基本做法参数、荷载条件和材料参数。在脚手架设计计算时，其做法要求、材料参数需考虑工程项目情况、工艺特点等，荷载条件结合规范要求及项目特点进行设置，修改完成后点击【确定】，将其应用到项目中。

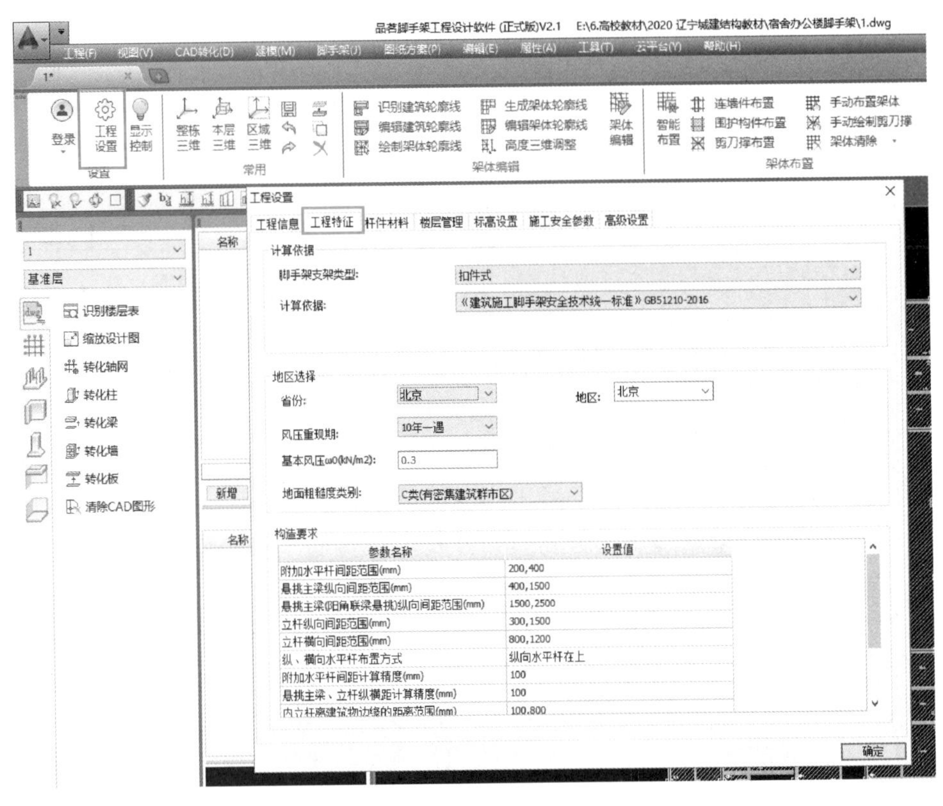

图 7-8-5

4. BIM 脚手架工程设计与成果制作

BIM 脚手架工程设计的方法与 BIM 模板工程设计稍有不同，需要分 3 个步骤来完成。

（1）点击【架体编辑】中的【识别建筑轮廓线】命令，选择－1～12 层所有楼层，点击【确定】后软件会根据建筑模型完成建筑外轮廓线识别，并在建筑物外圈生成一条红色的轮廓线。

（2）点击【架体编辑】中的【生成脚手架轮廓线】命令，弹出【脚手架分段高度设置】，在此界面可以设置架体的分段、高度等，如图 7-8-6 所示。在分段高度设置时，如果建筑高度过高，可以通过【增加分段】命令添加多个分段，软件默认第一个分段为落地式脚手架，其余分段为悬挑式脚手架，在设置时，需要注意依据《建筑施工扣件式钢管脚手架安全技术规范》JGJ 130—2011 的要求，落地式脚手架高度不宜超过 50m，悬挑式脚手架高度不宜超过 20m。分段设计完成后点击【确定】，软件会依据 1～7 层生成落地式脚手架的分段轮廓线、依据 8～13 层生成悬挑式脚手架的分段轮廓线（脚手架轮廓线生成时，会综合考虑建筑物外立面的变化）。

（3）完成分段高度设置后，点击【架体布置】中的【智能布置】命令，鼠标移动至中

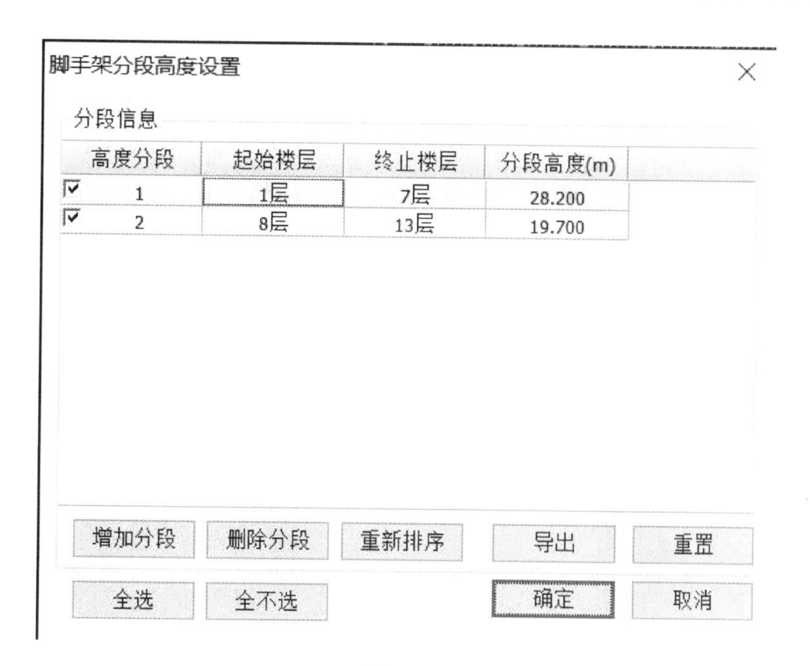

图 7-8-6

央编辑区后，依据提示点击【整栋布置】，完成整栋外脚手架工程的设计与布置（有别于模板工程，脚手架工程可以一次性整栋设计，模板工程只能一层一层设计），如图 7-8-7 所示。【智能布置】命令是完成架体受力构件（立杆、水平杆、扣件、基础垫板等）的布置，还需通过【连墙件布置】【围护构件布置】【剪刀撑布置】命令依次补充连墙件、脚手架安全网、剪刀撑等的布置。

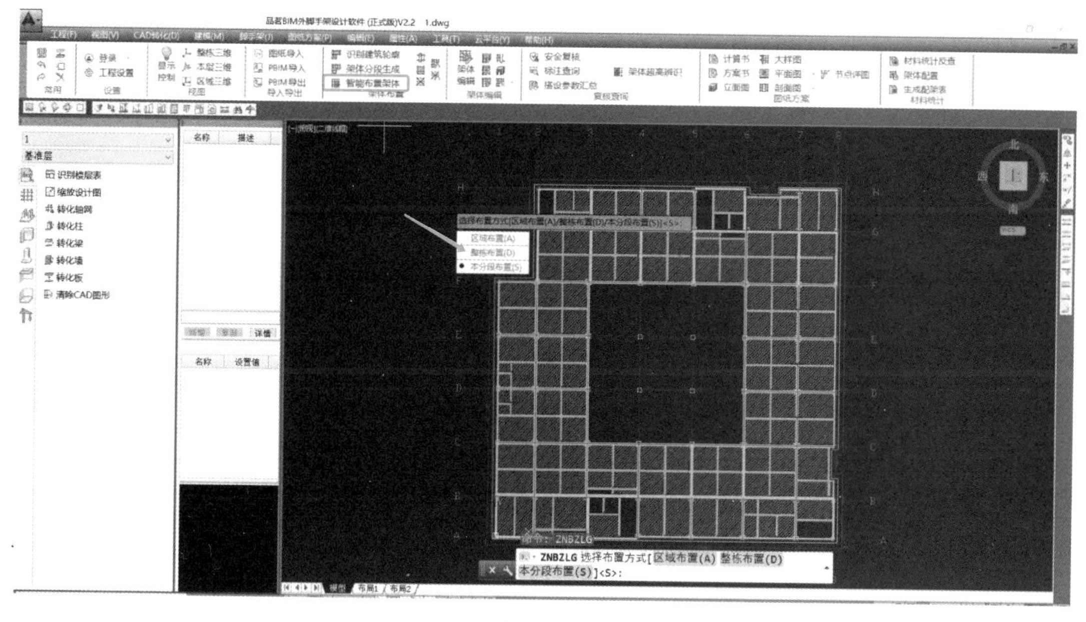

图 7-8-7

脚手架工程设计完成后，其成果制作与保存的方法与 BIM 模板工程设计软件是相同的，唯一不同的是在生成计算书或节点详图时，模板工程是选择柱、梁等构件生成模板计算书，而脚手架的计算书是通过选择分段线生成的。点击【计算书】命令，此时鼠标提示【选择需要生成的分段线】，如图 7-8-7 所示中的【1LD1-2】即为脚手架的分段线，点击选择【1LD1-2】，再按回车键就可以生成此分段的计算书，如图 7-8-8 所示。

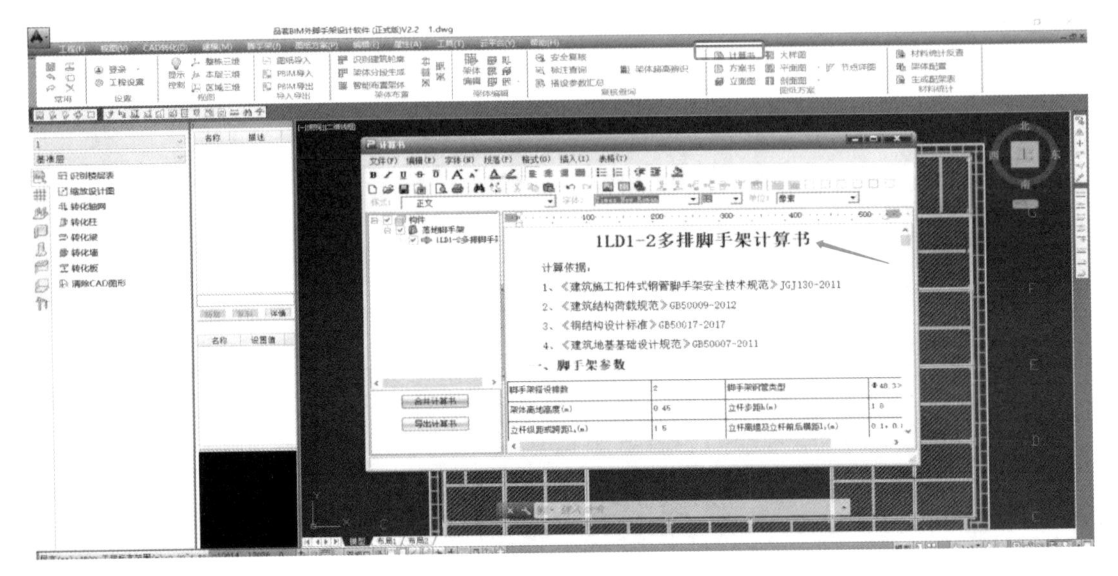

图 7-8-8

7.9 P-BIM 模型与 Revit 模型的互导

P-BIM 模型可以通过品茗 HiBIM 软件完成 Revit 模型（Rvt 为 Revit 缩写）与 P-BIM 模型的互导。

打开 HiBIM 软件，再打开需要导出的 Rvt 模型，如图 7-9-1 所示。HiBIM 是在 Revit 软件上开发的二次辅助软件，通过【通用功能】中的【PBIM 导入】【PBIM 导出】命令实现 Rvt 模型与 P-BIM 模型的互导。

在 Hibim 软件中打开 Rvt 模型后，点击【算量楼层划分】命令，可以将 Rvt 工程按标高线划分为多个楼层，再点击【构件类型印射】命令，如图 7-9-2 所示。点击【印射】命令，将 Rvt 的各类构件印射成算量模型构件（通过此方法，可以对 Rvt 模型进行清单定额计算），印射完成后点击【P-BIM 模型导出】命令，即可导出 P-BIM 模型，而导入 P-BIM 模型成为 Rvt 模型则需要点击【P-BIM 模型导入】命令。

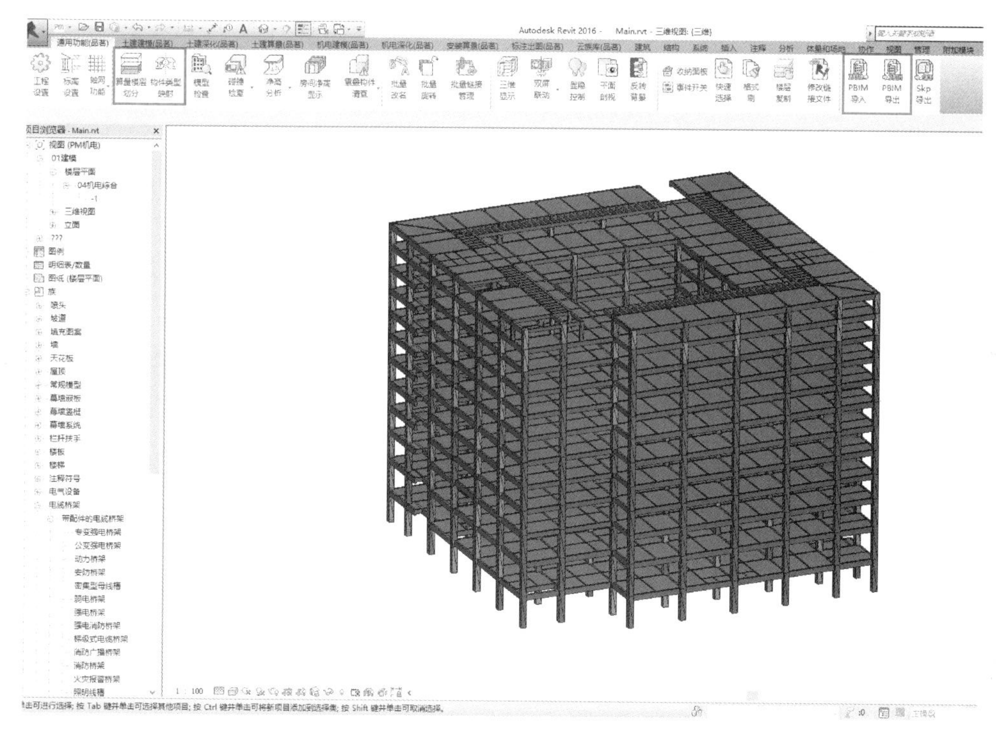

图 7-9-1

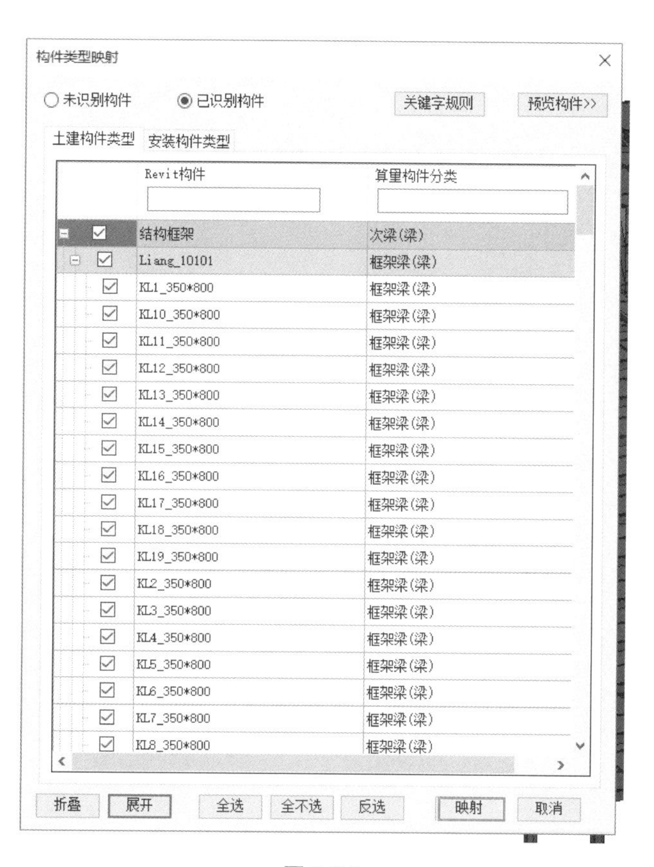
构件类型映射
未识别构件
已识别构件
关键字规则
预览构件>>
土建构件类型
安装构件类型
Revit构件
算量构件分类
结构框架
次梁(梁)
Liang_10101
框架梁(梁)
KL1_350*800
框架梁(梁)
KL10_350*800
框架梁(梁)
KL11_350*800
框架梁(梁)
KL12_350*800
框架梁(梁)
KL13_350*800
框架梁(梁)
KL14_350*800
框架梁(梁)
KL15_350*800
框架梁(梁)
KL16_350*800
框架梁(梁)
KL17_350*800
框架梁(梁)
KL18_350*800
框架梁(梁)
KL19_350*800
框架梁(梁)
KL2_350*800
框架梁(梁)
KL3_350*800
框架梁(梁)
KL4_350*800
框架梁(梁)
KL5_350*800
框架梁(梁)
KL6_350*800
框架梁(梁)
KL7_350*800
框架梁(梁)
KL8_350*800
框架梁(梁)
折叠
展开
全选
全不选
反选
映射
取消

图 7-9-2

BIM 应用于苏州中南中心

（一）案例简介

苏州中南中心项目位于苏州金鸡湖湖西 CBD 核心区，为大型超高层综合体。项目总建筑面积约 51 万 m^2，其中地上 36 万 m^2、地下 15 万 m^2，地下 6 层、地上 103 层，主体建筑高度 499m。项目业态复杂，专业分包众多，净高控制严格，地下逆作法施工复杂，而且作为中南集团对工程质量和进度要求非常高。BIM 技术应用对本工程深化设计、优化施工方案及方案比选、提高项目协同能力、实现建设工程集约化精细化管理都有重要作用。

（二）编写点评

本课程是实践类课程，通过实践出真知，对于工程项目建设过程的认知，需要了解建设过程、分清事物彼此间的区别联系，大胆假设、小心求证、循环往复，不断加深对建筑工程全过程的认识。

教学单元 8　框剪结构建模解析

8.1 新建项目

本教材以盈建科软件为例讲解本单元，打开软件时，显示初始页面，可以在左侧看到项目菜单栏，点击【新建】命令，设置好项目保存的路径，就可完成新项目的创建，如图 8-1-1 和图 8-1-2 所示。

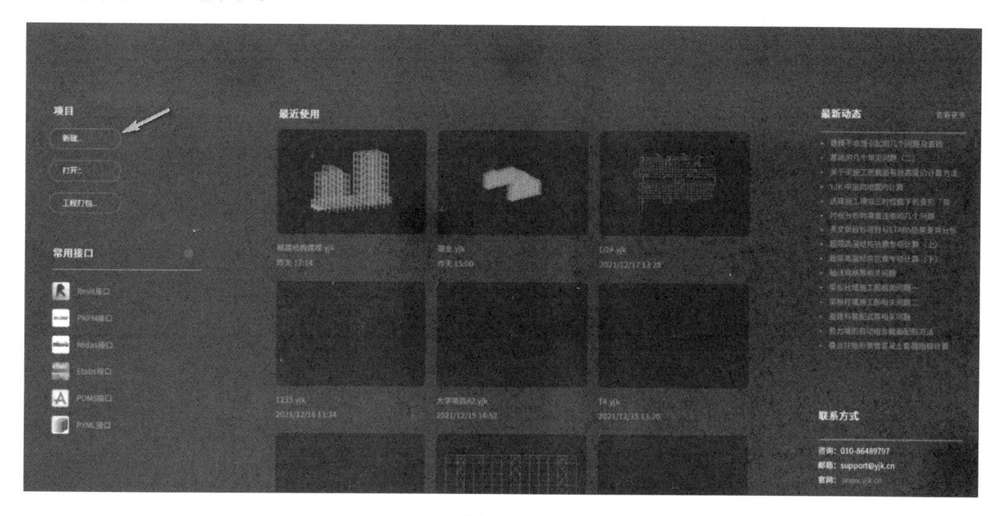

图 8-1-1

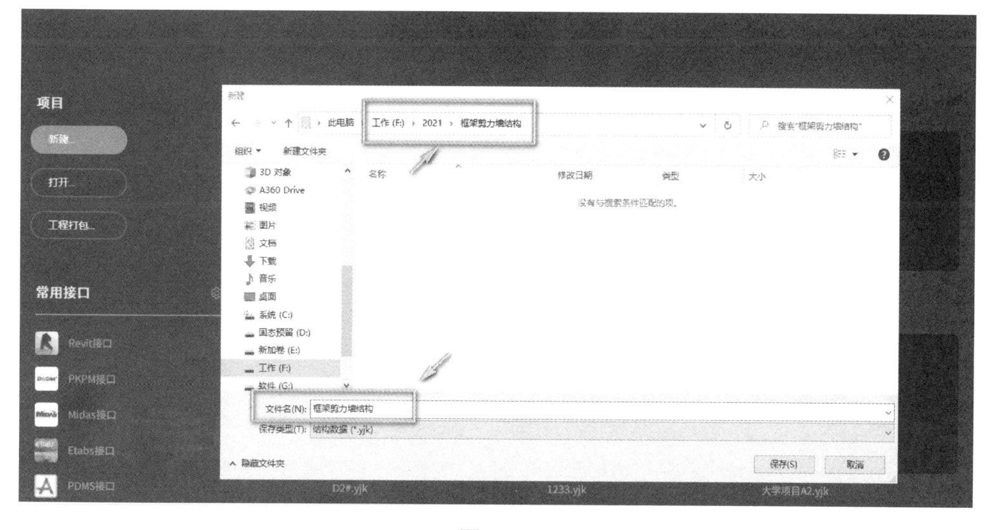

图 8-1-2

8.2 轴线网格设置

根据建筑图纸，查看其轴线网格尺寸，然后在轴线网格菜单下，点击【正交网格】命令，通过开间和进深，准确输入轴网尺寸，点击【确定】命令，即可快速生成轴网，如图 8-2-1 和图 8-2-2 所示。

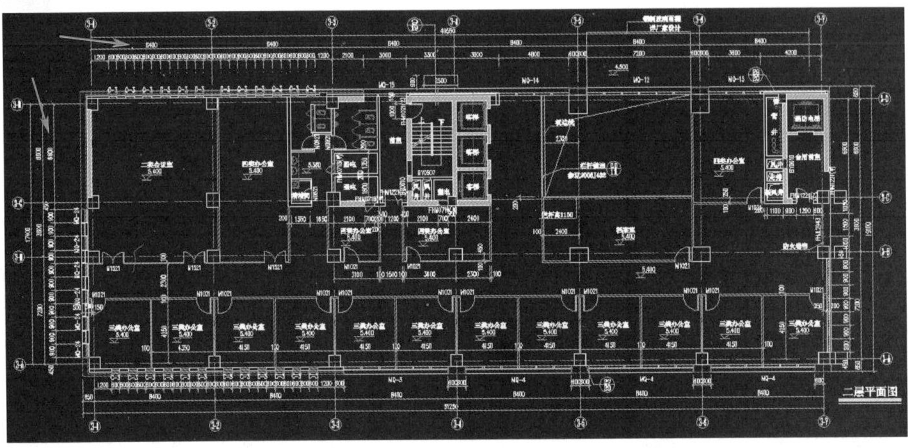

图 8-2-1

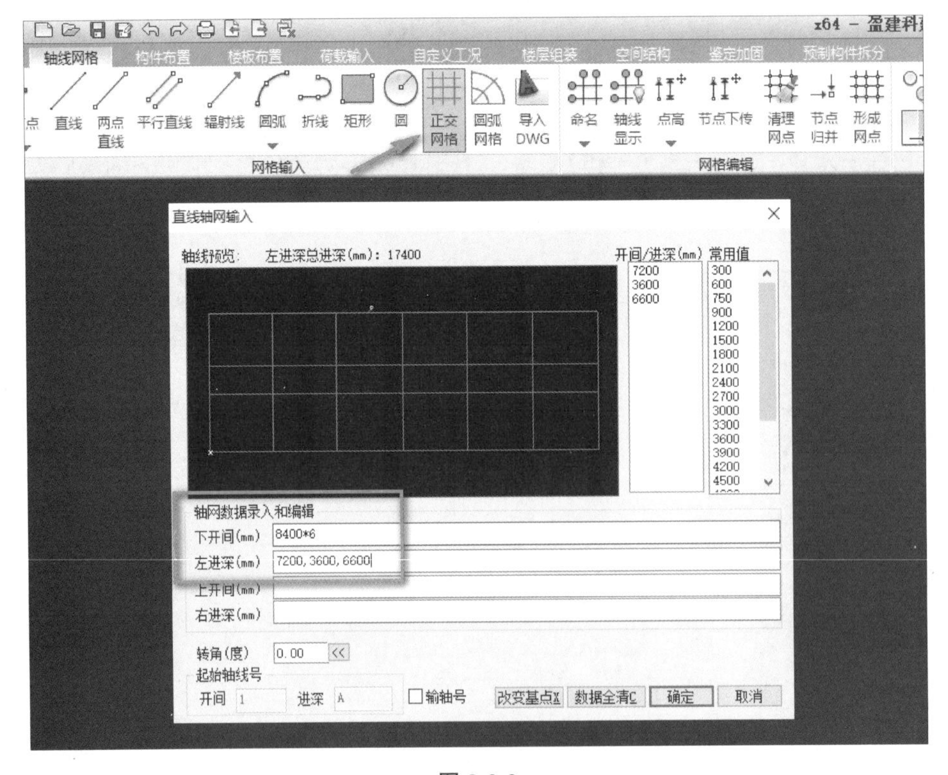

图 8-2-2

若需要补充其他位置轴网，点击【直线】命令，通过两点绘一条直线的方式，进行轴线的绘制，如图 8-2-3 所示。

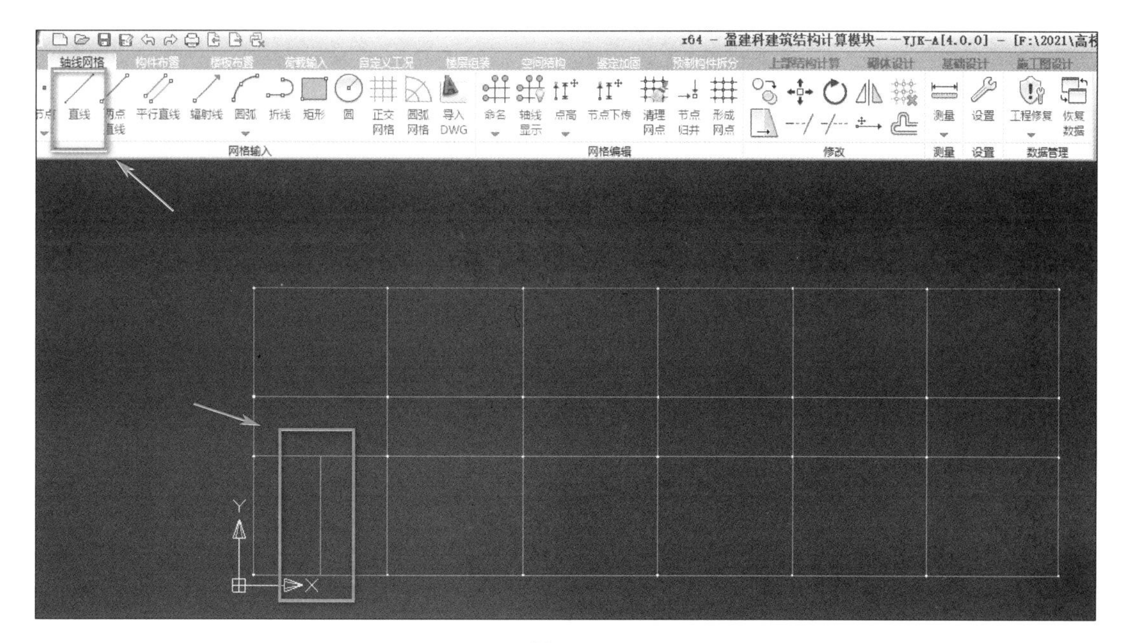

图 8-2-3

8.3 构件布置

8.2
构件布置

根据建筑图纸，布置竖向构件（柱和墙）。点击【构件布置】选项卡，在【构件输入】面板中点击【柱】命令，此时弹出柱的定义及布置对话框，点击【添加】命令，定义柱的截面类型、尺寸和材料，如图 8-3-1 所示。

柱定义完成后，可根据柱布置参数，输入相应的偏心值和转角等，通过光标、轴线、窗口和围区这 4 种方式，进行柱子的布置，如图 8-3-2、图 8-3-3 所示。

柱布置完成后，点击【墙】命令，弹出墙的定义及布置对话框，点击【添加】命令，定义墙的截面类型、尺寸和材料，如图 8-3-4 所示。

墙定义完成后，布置方式与柱相同，如图 8-3-5 所示。

8.3
梁板建模

再根据建筑图纸，布置水平构件（梁和板）。点击【梁】命令，弹出梁的定义及布置对话框，点击【添加】命令，定义梁的截面类型、尺寸和材料，如图 8-3-6 所示。

梁定义完成后，即可在轴线网格上布置，若梁不是沿着轴线居中布置，可以通过调整【偏轴距离】，实现左右偏心的调整；若为层间梁，还可以通过调整两端的【梁顶标高】，实现上下位置的调整，如图 8-3-7、图 8-3-8 所示。

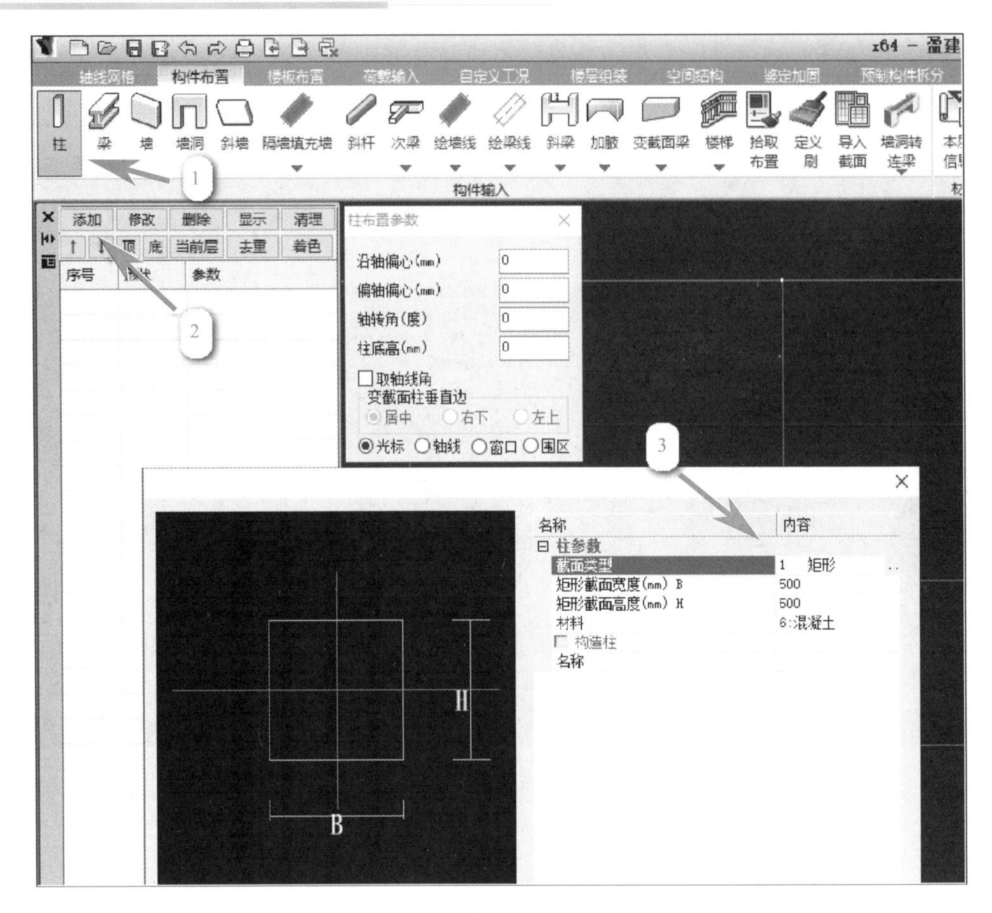
轴线网格
构件布置
楼板布置
荷载输入
自定义工况
楼层组装
空间结构
鉴定加固
预制构件拆分
柱
梁
墙
墙洞
斜墙
隔墙填充墙
斜杆
次梁
绘墙线
绘梁线
斜梁
加腋
变截面梁
楼梯
拾取布置
定义刷
导入截面
墙洞转连梁
构件输入
1
添加
修改
删除
显示
清理
顶
底
当前层
去重
着色
序号
参数
2
柱布置参数
沿轴偏心(mm)
偏轴偏心(mm)
轴转角(度)
柱底高(mm)
取轴线角
变截面柱垂直边
居中
右下
左上
光标
轴线
窗口
围区
3
名称
内容
柱参数
截面类型
1 矩形
矩形截面宽度(mm) B
500
矩形截面高度(mm) H
500
材料
6:混凝土
构造柱
名称
H
B

图 8-3-1

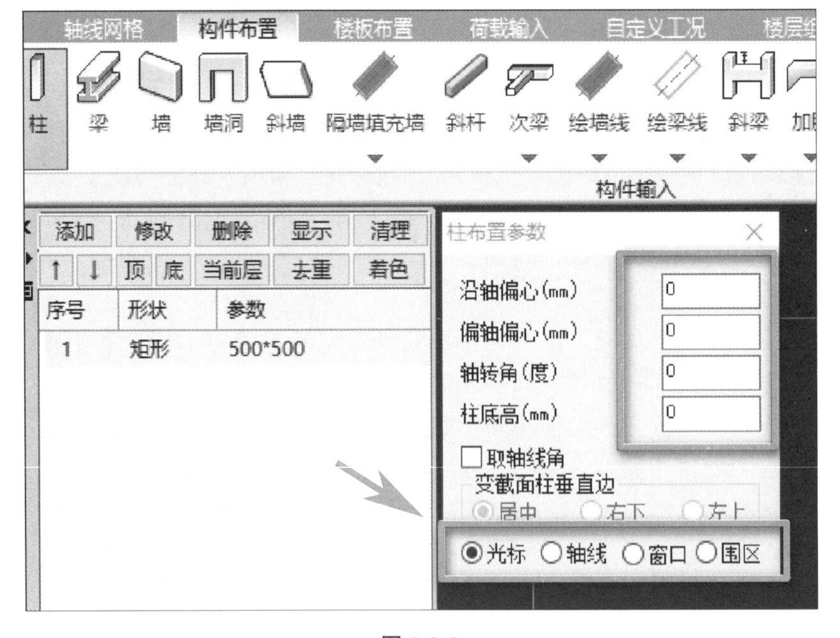
轴线网格
构件布置
楼板布置
荷载输入
自定义工况
柱
梁
墙
墙洞
斜墙
隔墙填充墙
斜杆
次梁
绘墙线
绘梁线
斜梁
构件输入
添加
修改
删除
显示
清理
顶
底
当前层
去重
着色
序号
形状
参数
1
矩形
500*500
柱布置参数
沿轴偏心(mm)
0
偏轴偏心(mm)
0
轴转角(度)
0
柱底高(mm)
0
取轴线角
变截面柱垂直边
居中
右下
左上
光标
轴线
窗口
围区

图 8-3-2

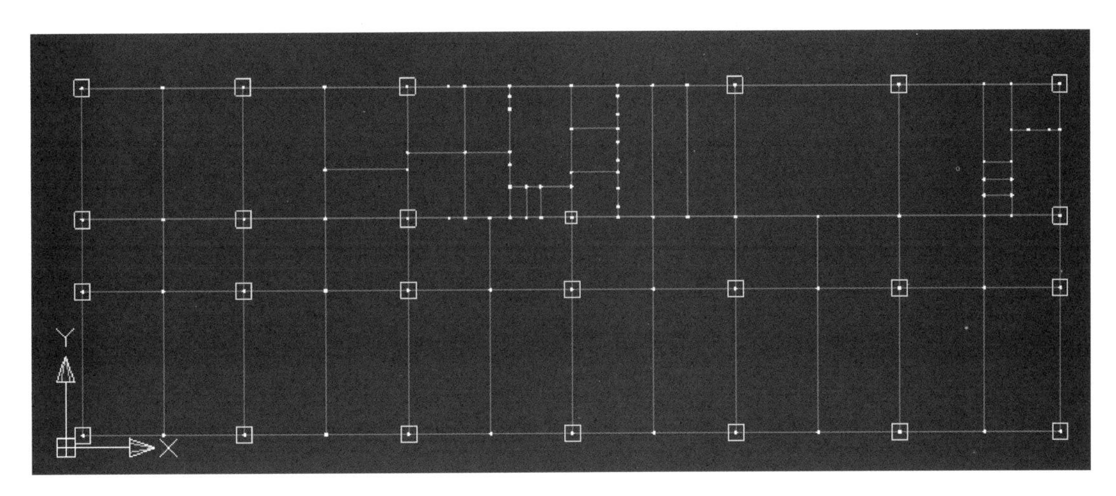
Y
X

图 8-3-3

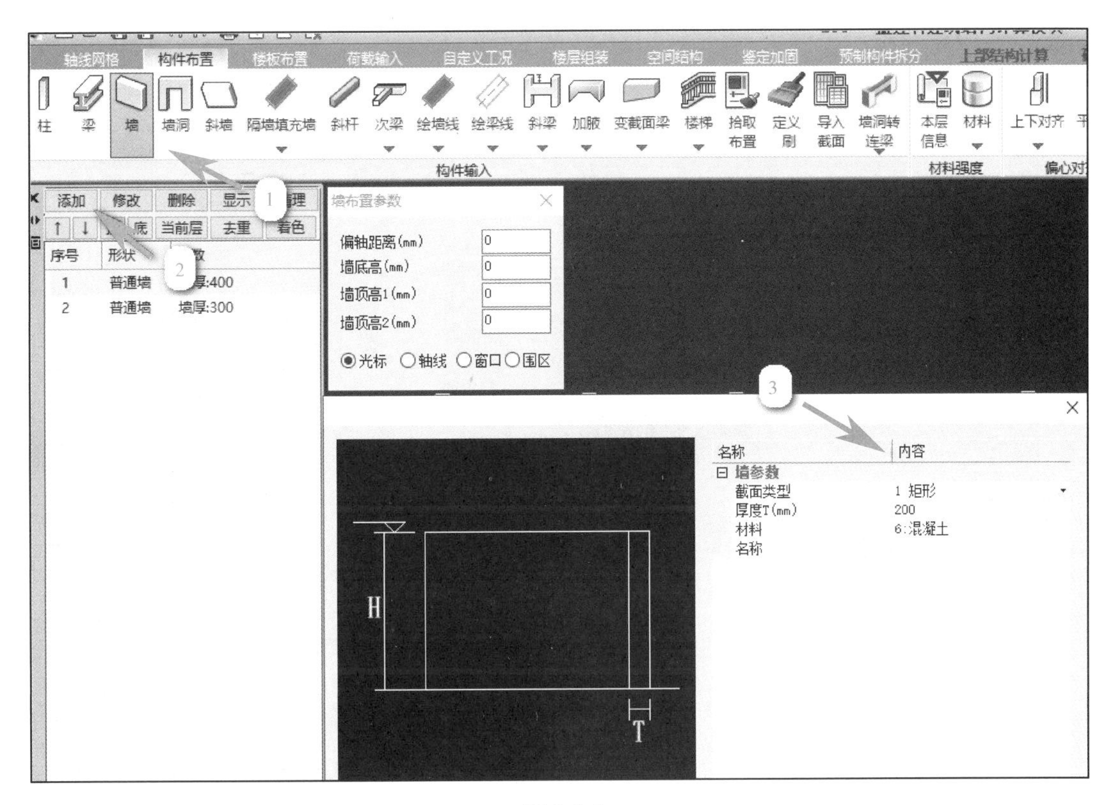
轴线网格
构件布置
楼板布置
荷载输入
自定义工况
楼层组装
空间结构
鉴定加固
预制构件拆分
上部结构计算
柱
梁
墙
墙洞
斜墙
隔墙填充墙
斜杆
次梁
绘墙线
绘梁线
斜拱
加腋
变截面梁
楼梯
拾取布置
定义刷
导入截面
墙洞转连梁
本层信息
材料
上下对齐
构件输入
材料强度
添加
修改
删除
显示
当前层
去重
着色
序号
形状
1
普通墙
2
普通墙
墙厚:300
墙布置参数
偏轴距离(mm)
墙底高(mm)
墙顶高1(mm)
墙顶高2(mm)
光标
轴线
窗口
围区
名称
内容
墙参数
截面类型
1 矩形
厚度T(mm)
200
材料
6:混凝土
名称
H
T

图 8-3-4

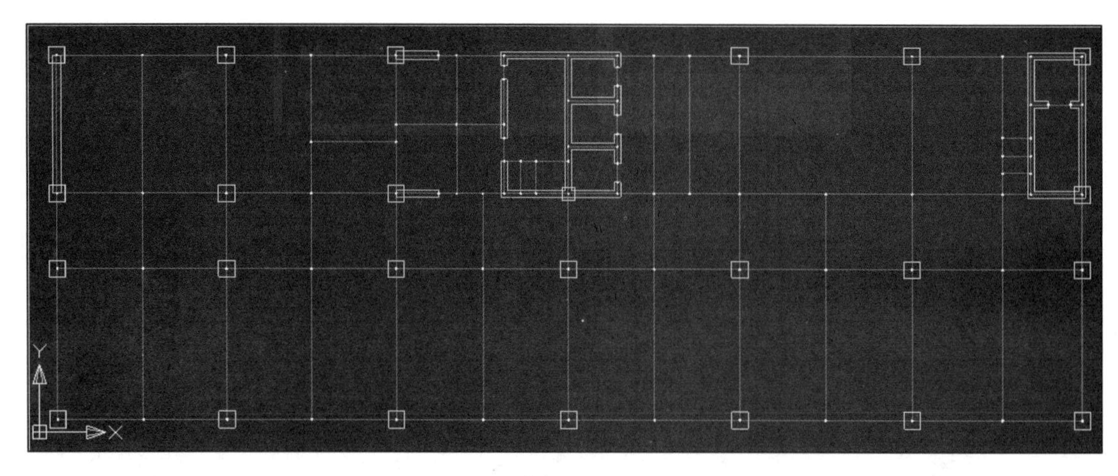

图 8-3-5

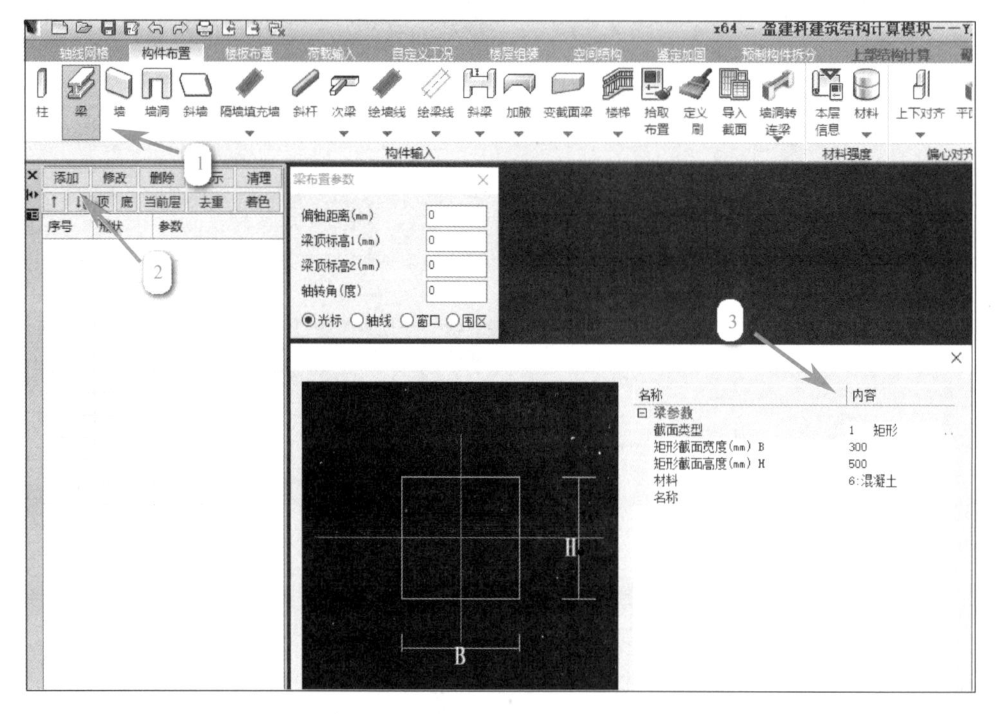

图 8-3-6

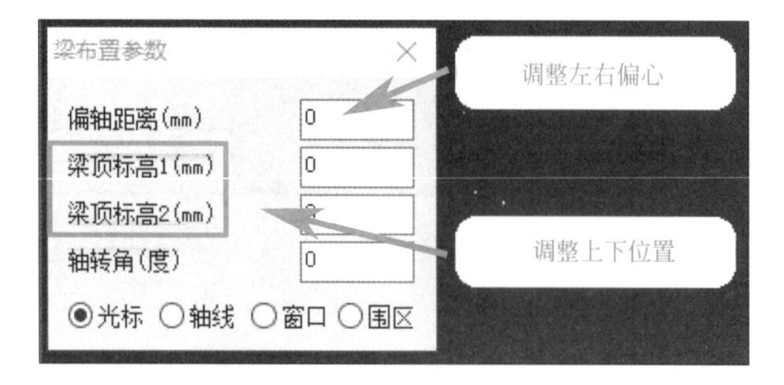

图 8-3-7

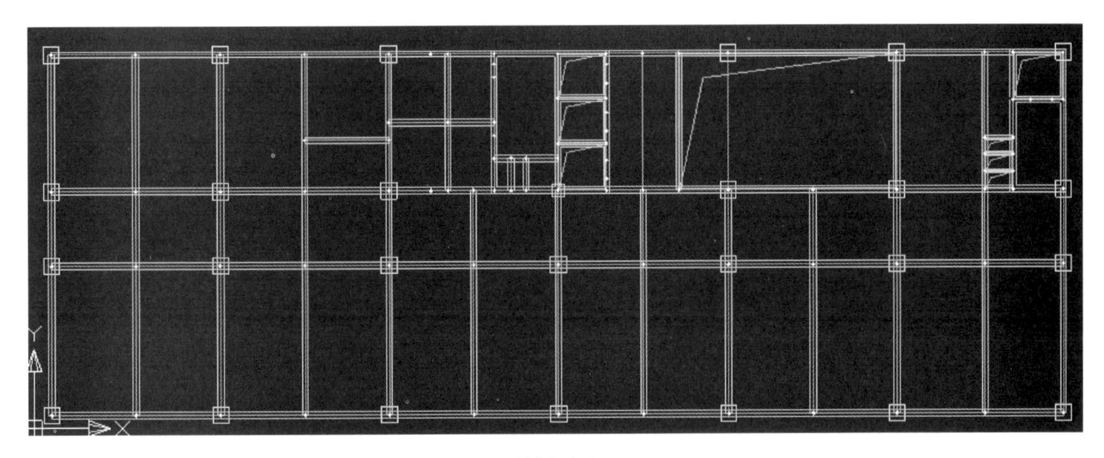

图 8-3-8

梁布置完成后，还可以点击【显示查询】面板中【显示截面】命令，在弹出的对话框【构件类型】里勾选【梁】，【显示内容】里勾选【显示截面尺寸】，点击【确定】，可以显示梁的截面尺寸，方便校核，如图 8-3-9 所示。

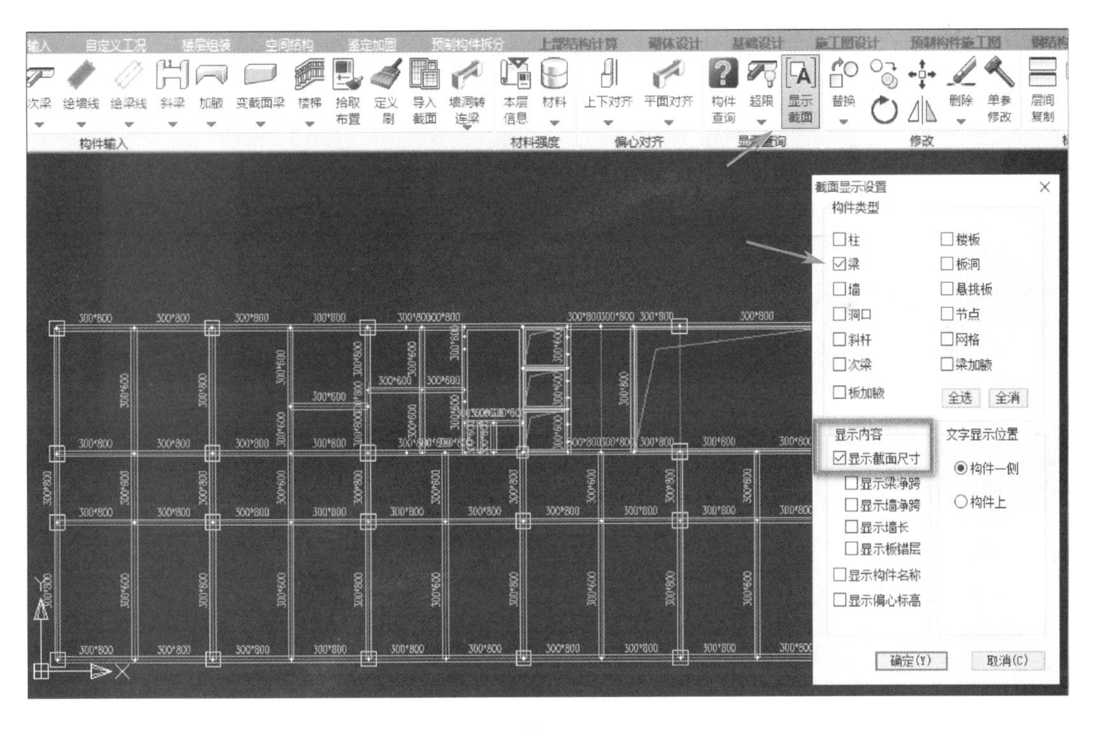

图 8-3-9

接下来布置楼板，点击【楼板布置】选项卡，进入楼板编辑操作菜单，首先点击【生成楼板】命令，程序默认自动生成 100mm 厚度的楼板，再点击【修改板厚】命令，可根据实际情况修改楼板厚度。如果有开洞的楼板，可点击【全房间洞】命令实现，如图 8-3-10 所示。

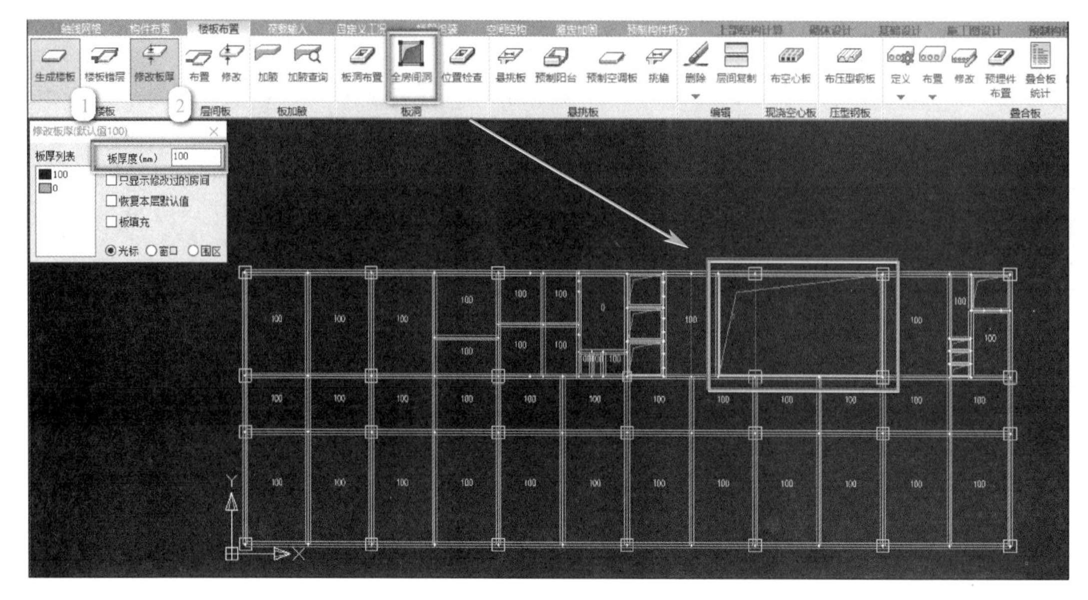

图 8-3-10

8.4 荷载布置

荷载从类型上分类，可包括恒载和活载；从布置方式上分类，可包括面荷载和线荷载。首先布置楼板的面荷载，进入【荷载输入】选项卡中菜单，点击【楼面恒活】命令，弹出楼面荷载设置对话框，默认勾选现浇楼板自重，只需要输入面层恒载和活荷载，整层都会按照此数值来布置。

如果需要单独修改某个房间的恒、活荷载，可通过后边的恒载和活载菜单，有针对性地修改，如图 8-4-1 所示。

如果楼板上存在集中力或线荷载，可以通过。例如，楼板上有建筑隔墙，可以点击【线荷载】，再点击【添加】，在荷载定义对话框中输入线荷载数值和作用宽度，定义完成后，在楼板上布置即可，如图 8-4-2～图 8-4-4 所示。

接着布置梁上线荷载，点击【恒载】面板中的【梁墙】命令，再点击【添加】命令，弹出荷载定义对话框，在此，可以选择荷载的类型、设置荷载名称、输入荷载数值，点击【确定】，就会在荷载菜单栏里出现刚刚定义好的荷载，如图 8-4-5 所示。

定义好线荷载以后，就可以根据实际情况直接在梁线上布置，如图 8-4-6 所示。

构件与荷载都布置完成后，可以进行楼层组装。点击【楼层组装】选项卡，弹出【楼层组装】的设置对话框，在此需要准确输入每个自然层的层高和底标高，选择相应的标准层号，点击【添加】命令，在右侧的组装结果里，就会显示出已经组装好的楼层。所有楼层组装完毕后，点击【确定】，再点击主菜单右上角的【全楼显示】，就可以看到整个模型的全貌，如图 8-4-7、图 8-4-8 所示。

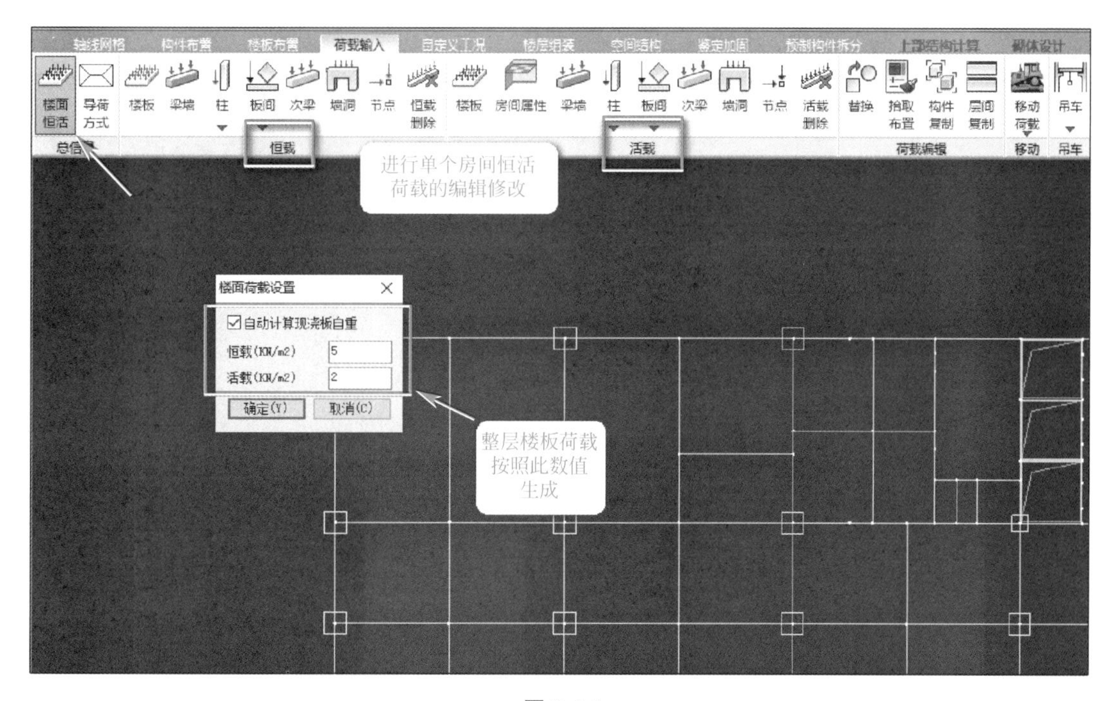

荷载输入
楼面恒活
导荷方式
楼板
梁墙
柱
板间
次梁
墙洞
节点
恒载删除
房间属性
活载删除
替换
拾取布置
构件复制
层间复制
移动荷载
吊车
恒载
活载
荷载编辑
移动
进行单个房间恒活荷载的编辑修改
楼面荷载设置
自动计算现浇板自重
恒载(KN/m2)　5
活载(KN/m2)　2
确定(Y)
取消(C)
整层楼板荷载按照此数值生成

图 8-4-1

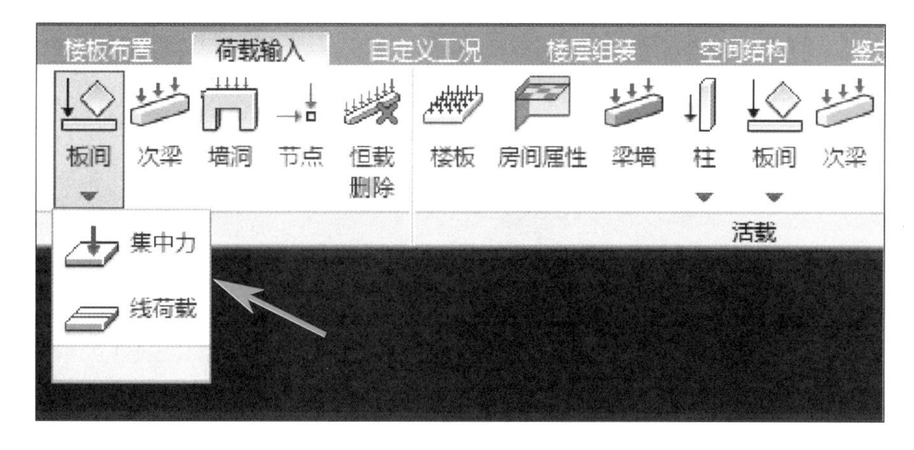

楼板布置
荷载输入
自定义工况
楼层组装
空间结构
板间
次梁
墙洞
节点
恒载删除
楼板
房间属性
梁墙
柱
板间
次梁
活载
集中力
线荷载

图 8-4-2

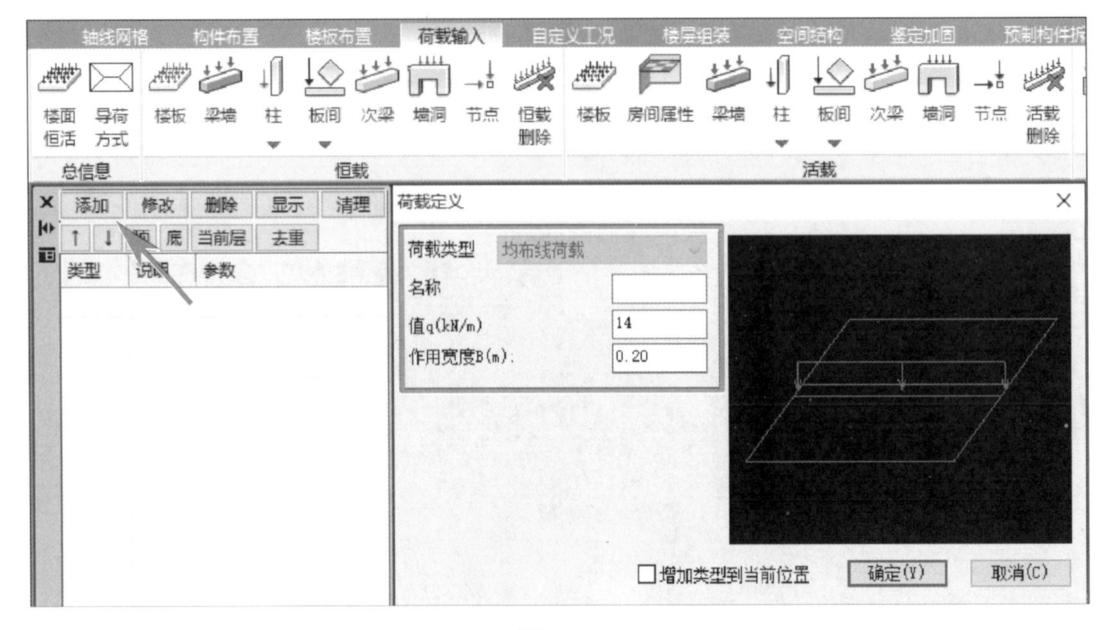

轴线网格
构件布置
楼板布置
荷载输入
自定义工况
楼层组装
空间结构
鉴定加固
预制构件拆
楼面恒活
导荷方式
楼板
梁墙
柱
板间
次梁
墙洞
节点
恒载删除
房间属性
活载删除
总信息
恒载
活载
添加
修改
删除
显示
清理
顶
底
当前层
去重
类型
说明
参数
荷载定义
荷载类型
均布线荷载
名称
值q(kN/m)
14
作用宽度B(m):
0.20
增加类型到当前位置
确定(Y)
取消(C)

图 8-4-3

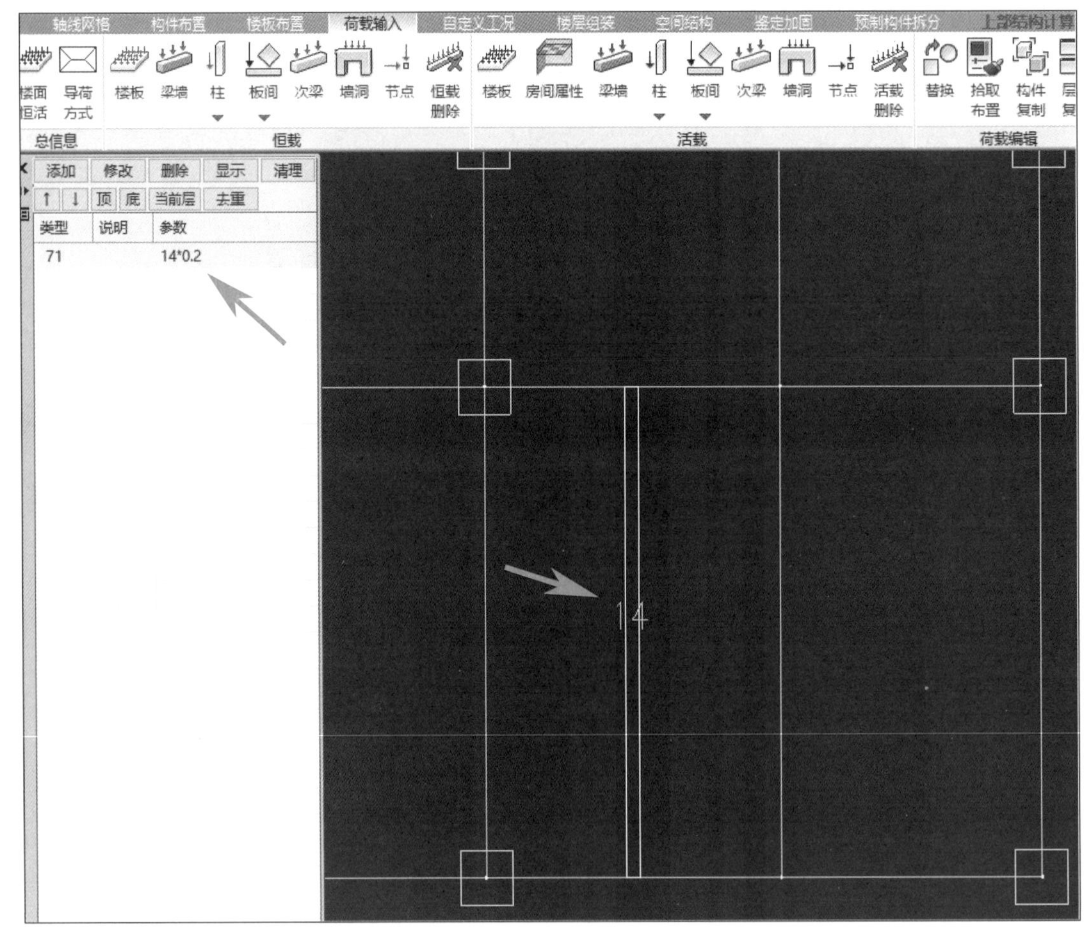

轴线网格
构件布置
楼板布置
荷载输入
自定义工况
楼层组装
空间结构
鉴定加固
预制构件拆分
上部结构计算
楼面恒活
导荷方式
楼板
梁墙
柱
板间
次梁
墙洞
节点
恒载删除
房间属性
活载删除
替换
拾取布置
构件复制
总信息
恒载
活载
荷载编辑
添加
修改
删除
显示
清理
顶
底
当前层
去重
类型
说明
参数
71
14*0.2
14

图 8-4-4

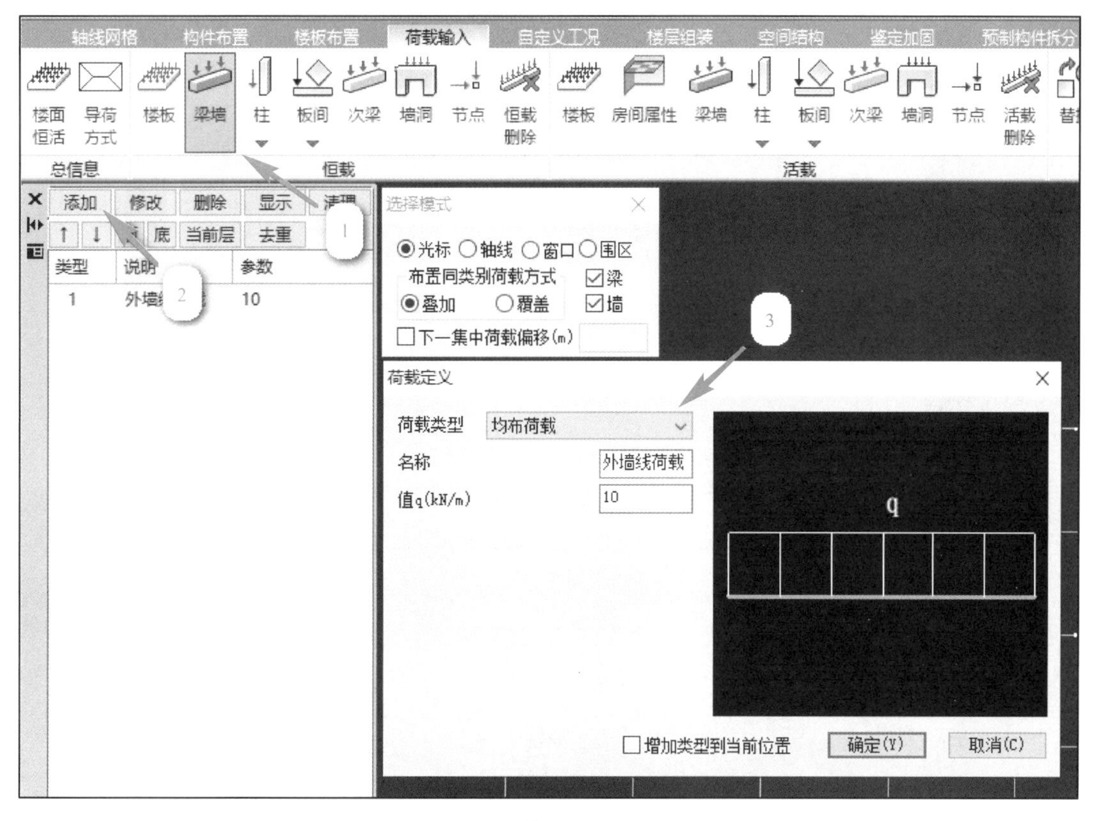

轴线网格
构件布置
楼板布置
荷载输入
自定义工况
楼层组装
空间结构
鉴定加固
预制构件拆分
楼面恒活
导荷方式
楼板
梁墙
柱
板间
次梁
墙洞
节点
恒载删除
房间属性
活载删除
总信息
恒载
活载
添加
修改
删除
显示
清理
底
当前层
去重
类型
说明
参数
1
10
选择模式
光标
轴线
窗口
围区
布置同类别荷载方式
梁
墙
叠加
覆盖
下一集中荷载偏移(m)
荷载定义
荷载类型
均布荷载
名称
外墙线荷载
值q(kN/m)
10
q
增加类型到当前位置
确定(Y)
取消(C)

图 8-4-5

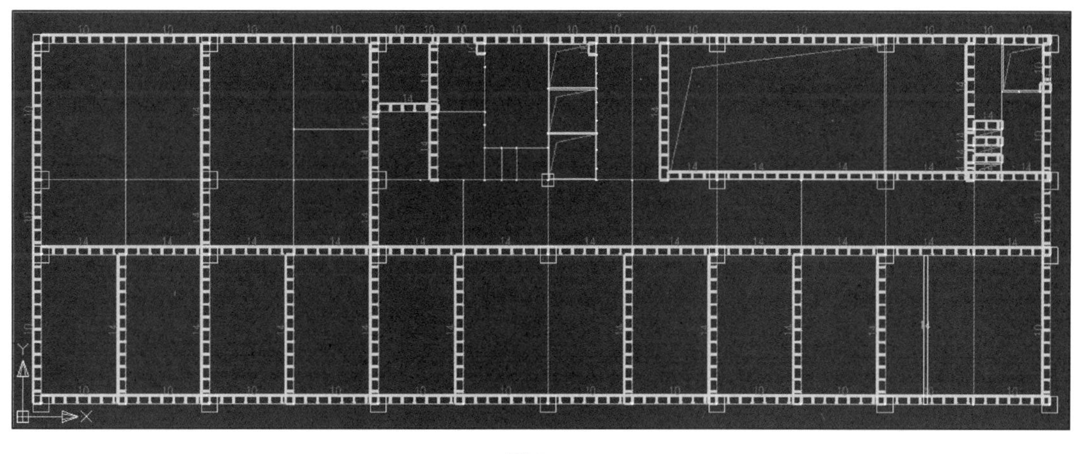

图 8-4-6

轴线网格
构件布置
楼板布置
荷载输入
自定义工况
楼层组装
空间结构
鉴定加固
参数
楼层组装
各层信息
局部楼层
单层拼装
工程拼装
自动拼装
删标准层
插标准层
层间编辑
标准层合并
模型检查
计算数检
楼层信息
楼层编辑
检查
准确输入自然层相关信息
楼层组装
组装项目和操作
复制层数
标准层号
层高(mm)
4800
层名
第15层
底标高(m)
63.9
自动计算底标高
增加(A)
修改(M)
插入(I)
删除(D)
全删(R)
自动命名
标准层排序
组装结果
层号 层名 标准层 层高(m... 层底标高(m)
1 地下1层 1 6050 -6.5
2 第1层 2 5850 -0.45
3 第2层 3 4500 5.4
4 第3层 4 4500 9.9
5 第4层 5 4500 14.4
6 第5层 6 4500 18.9
7 第6层 7 4500 23.4
8 第7层 8 4500 27.9
9 第8层 9 4500 32.4
10 第9层 10 4500 36.9
11 第10层 11 4500 41.4
12 第11层 12 4500 45.9
13 第12层 13 4500 50.4
地下室层数 1
与基础相连构件的最大底标高(m) 0.000
确定(Y)
取消(C)

图 8-4-7

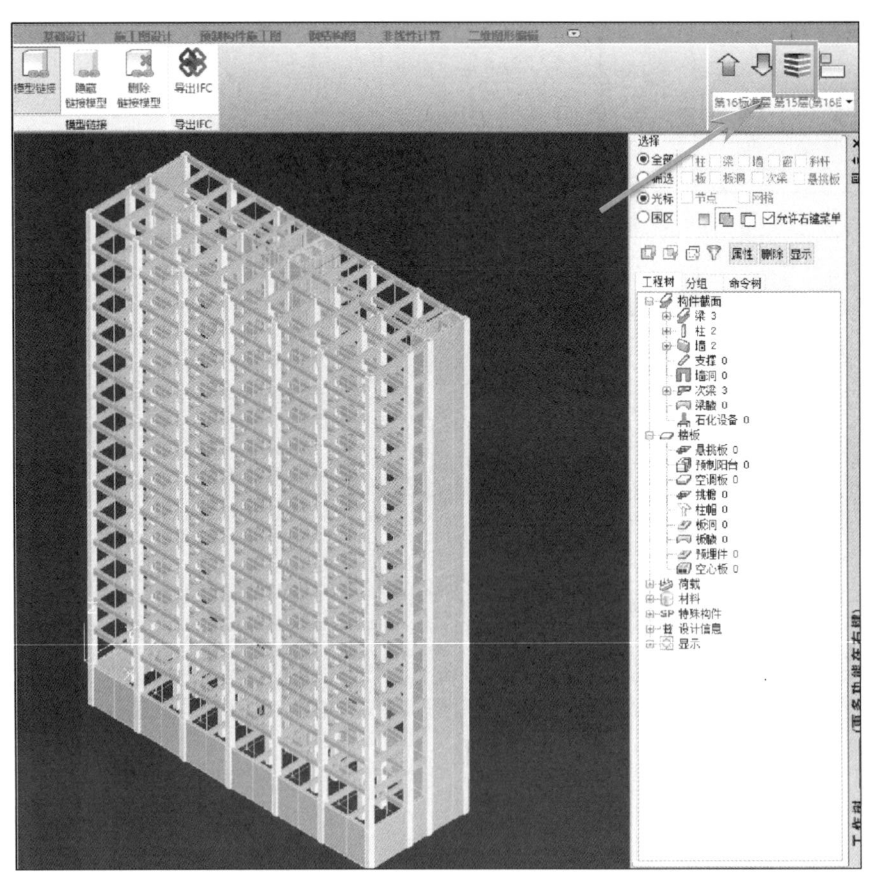
模型链接
隐藏链接模型
删除链接模型
导出IFC
选择
全部
光标
围区
允许右键菜单
属性
删除
显示
工程树
分组
命令树
构件截面
梁 3
柱 2
墙 2
支撑 0
墙洞 0
次梁 3
石化设备 0
楼板
悬挑板 0
预制阳台 0
空调板 0
柱帽 0
板洞 0
预埋件 0
空心板 0
荷载
材料
特殊构件
设计信息
显示

图 8-4-8

8.5 参数设置

上部结构建模完成后，需要进入【上部结构计算】选项卡，在【前处理及计算】选项卡中计算力学参数及设置构件属性和约束。计算参数对于一个工程项目来说尤为重要，是计算结果是否合理的关键环节，需要对规范要求很熟悉，才能填写准确。接下来介绍几个较为重要的参数。

【结构总体信息】中，需要准确填写当前项目的结构体系、结构材料和结构所在地区。其他参数可直接采用默认值或根据字面意思填写，如图 8-5-1 所示。

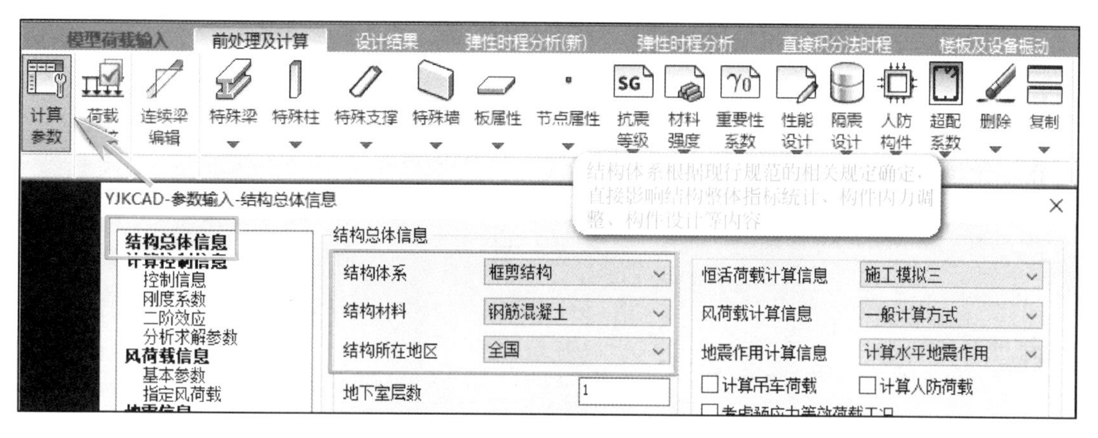

图 8-5-1

【计算控制信息】中，【刚性楼板假定】需要正确勾选，一般可勾选第三项，适用于不同计算结果的分析模型，其他参数可直接采用默认值，如图 8-5-2 所示。

【风荷载信息】中，需要根据项目所处的地理位置，查询《建筑结构荷载规范》GB 50009—2012，来填写地面粗糙度类别、修正后的基本风压等，直接点击【读取计算结果周期值】，程序会自动读取上一次计算后的周期结果，其他参数按照默认值即可，如图 8-5-3 所示。

【地震信息】中，需要根据项目所处的地理位置，查询《建筑抗震设计规范》GB 50011—2010（2016 年版），来填写设计地震分组、设防烈度、场地类别、特征周期等，还要准确输入混凝土框架、剪力墙的抗震等级，其他参数按照默认值即可，如图 8-5-4 所示。

【设计信息】中，对于框架剪力墙结构，需要进行 $0.2V_0$ 调整，因此需要准确输入【分段数】和【起始层号】，其他参数按照默认值即可，如图 8-5-5 所示。

其他参数的输入大部分可按照默认值，无需手动改写，若需要改写，可根据实际情况和参数说明填写，如图 8-5-6 所示。

计算参数设置完成后，可以设置梁端约束。例如，次梁的两端可以设置成铰接，点击【特殊梁】，选择【一端铰接】或者【两端铰接】，点击相应梁即可完成铰接的设置，如图 8-5-7 所示。

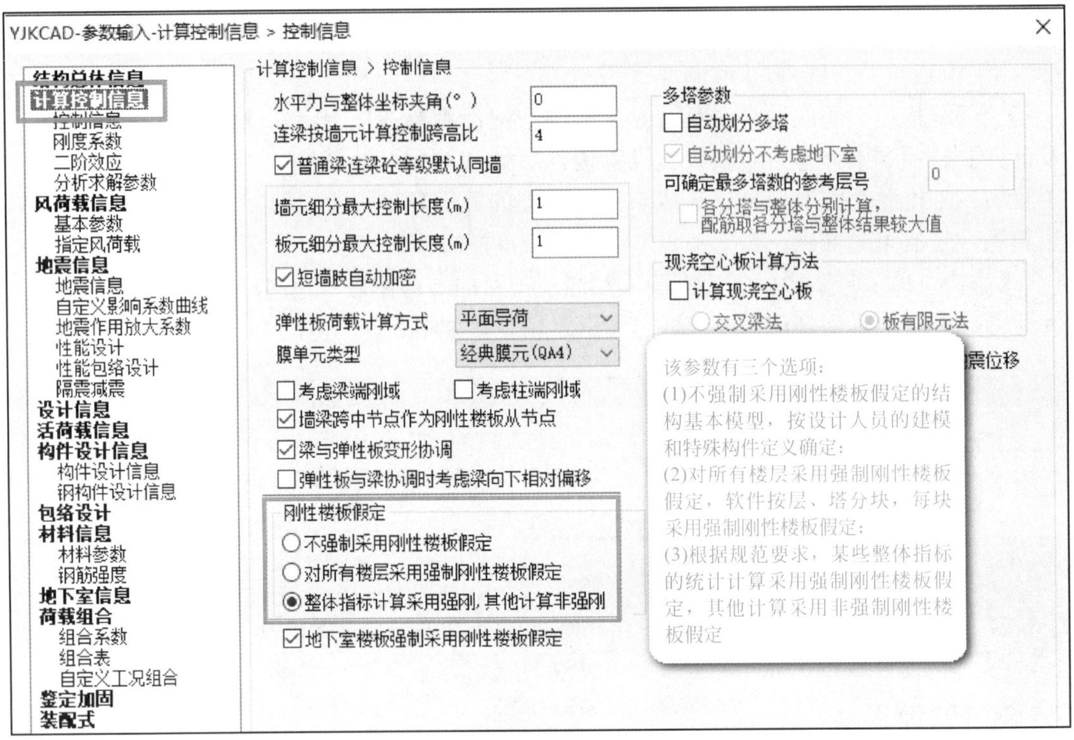

YJKCAD-参数输入-计算控制信息 > 控制信息
结构总体信息
计算控制信息
控制信息
刚度系数
二阶效应
分析求解参数
风荷载信息
基本参数
指定风荷载
地震信息
地震信息
自定义影响系数曲线
地震作用放大系数
性能设计
性能包络设计
隔震减震
设计信息
活荷载信息
构件设计信息
构件设计信息
钢构件设计信息
包络设计
材料信息
材料参数
钢筋强度
地下室信息
荷载组合
组合系数
组合表
自定义工况组合
鉴定加固
装配式
计算控制信息 > 控制信息
水平力与整体坐标夹角(°) 0
连梁按墙元计算控制跨高比 4
普通梁连梁砼等级默认同墙
墙元细分最大控制长度(m) 1
板元细分最大控制长度(m) 1
短墙肢自动加密
弹性板荷载计算方式 平面导荷
膜单元类型 经典膜元(QA4)
考虑梁端刚域
考虑柱端刚域
墙梁跨中节点作为刚性楼板从节点
梁与弹性板变形协调
弹性板与梁协调时考虑梁向下相对偏移
刚性楼板假定
不强制采用刚性楼板假定
对所有楼层采用强制刚性楼板假定
整体指标计算采用强刚，其他计算非强刚
地下室楼板强制采用刚性楼板假定
多塔参数
自动划分多塔
自动划分不考虑地下室
可确定最多塔数的参考层号 0
各分塔与整体分别计算，配筋取各分塔与整体结果较大值
现浇空心板计算方法
计算现浇空心板
交叉梁法
板有限元法
震位移
该参数有三个选项：
(1)不强制采用刚性楼板假定的结构基本模型，按设计人员的建模和特殊构件定义确定；
(2)对所有楼层采用强制刚性楼板假定，软件按层、塔分块，每块采用强制刚性楼板假定；
(3)根据规范要求，某些整体指标的统计计算采用强制刚性楼板假定，其他计算采用非强制刚性楼板假定

图 8-5-2

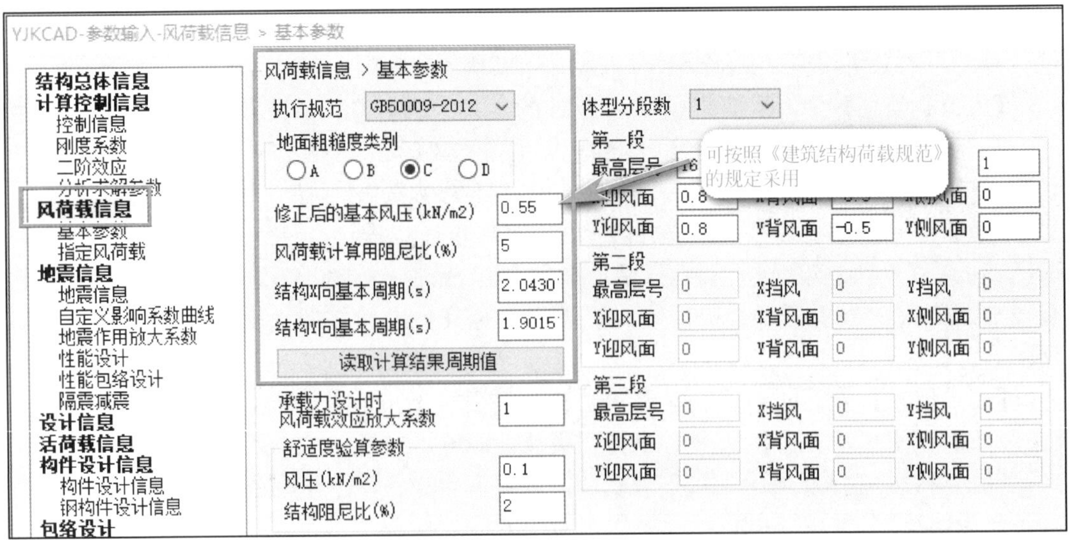

YJKCAD-参数输入-风荷载信息 > 基本参数
结构总体信息
计算控制信息
控制信息
刚度系数
二阶效应
分析求解参数
风荷载信息
基本参数
指定风荷载
地震信息
地震信息
自定义影响系数曲线
地震作用放大系数
性能设计
性能包络设计
隔震减震
设计信息
活荷载信息
构件设计信息
构件设计信息
钢构件设计信息
包络设计
风荷载信息 > 基本参数
执行规范 GB50009-2012
地面粗糙度类别 A B C D
修正后的基本风压(kN/m2) 0.55
风荷载计算用阻尼比(%) 5
结构X向基本周期(s) 2.0430
结构Y向基本周期(s) 1.9015
读取计算结果周期值
承载力设计时风荷载效应放大系数 1
舒适度验算参数
风压(kN/m2) 0.1
结构阻尼比(%) 2
体型分段数 1
第一段
最高层号 16
1
X迎风面 0.8
X侧风面 0
Y迎风面 0.8
Y背风面 -0.5
Y侧风面 0
第二段
最高层号 0
X挡风 0
Y挡风 0
X迎风面 0
X背风面 0
X侧风面 0
Y迎风面 0
Y背风面 0
Y侧风面 0
第三段
最高层号 0
X挡风 0
Y挡风 0
X迎风面 0
X背风面 0
X侧风面 0
Y迎风面 0
Y背风面 0
Y侧风面 0
可按照《建筑结构荷载规范》的规定采用

图 8-5-3

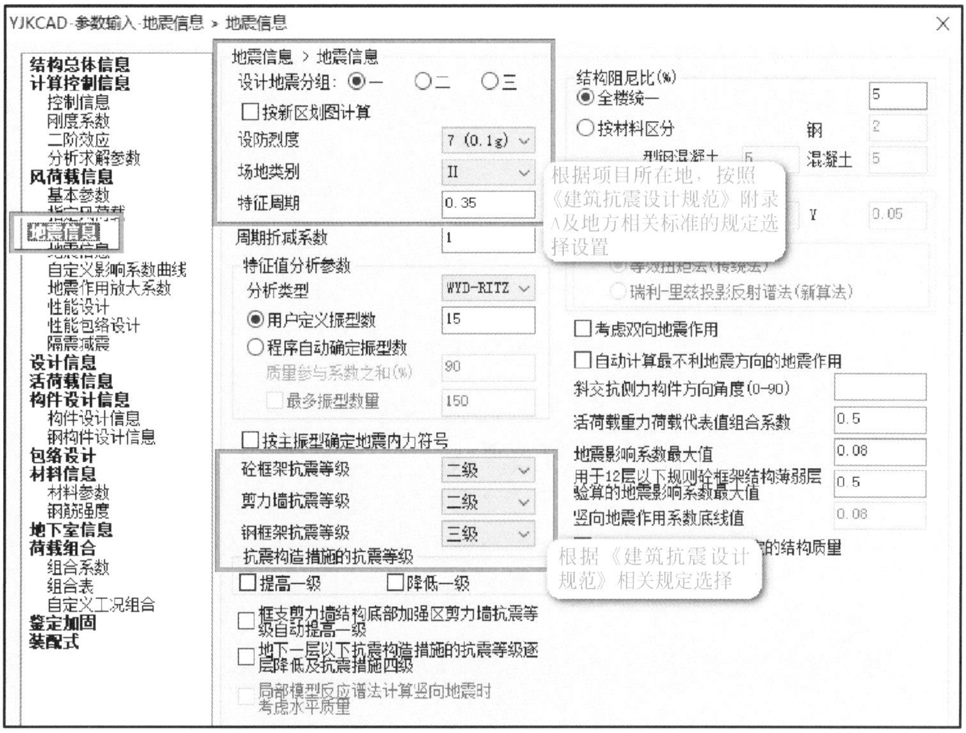

YJKCAD-参数输入-地震信息 > 地震信息

结构总体信息
计算控制信息
控制信息
刚度系数
二阶效应
分析求解参数
风荷载信息
基本参数
指定风荷载
地震信息
地震信息
自定义影响系数曲线
地震作用放大系数
性能设计
性能包络设计
隔震减震
设计信息
活荷载信息
构件设计信息
构件设计信息
钢构件设计信息
包络设计
材料信息
材料参数
钢筋强度
地下室信息
荷载组合
组合系数
组合表
自定义工况组合
鉴定加固
装配式

地震信息 > 地震信息
设计地震分组：◉一　○二　○三
☐按新区划图计算
设防烈度　7（0.1g）
场地类别　II
特征周期　0.35
周期折减系数　1
特征值分析参数
分析类型　WYD-RITZ
◉用户定义振型数　15
○程序自动确定振型数
质量参与系数之和(%)　90
☐最多振型数量　150
☐按主振型确定地震内力符号
砼框架抗震等级　二级
剪力墙抗震等级　二级
钢框架抗震等级　三级
抗震构造措施的抗震等级
☐提高一级　☐降低一级
☐框支剪力墙结构底部加强区剪力墙抗震等级自动提高一级
☐地下一层以下抗震构造措施的抗震等级逐层降低及抗震措施四级
☐局部模型反应谱法计算竖向地震时考虑水平质量

结构阻尼比(%)
◉全楼统一　5
○按材料区分　钢　2
型钢混凝土　5　混凝土　5
Y　0.05
等效扭矩法（传统法）
瑞利-里兹投影反射谱法(新算法)
☐考虑双向地震作用
☐自动计算最不利地震方向的地震作用
斜交抗侧力构件方向角度(0-90)
活荷载重力荷载代表值组合系数　0.5
地震影响系数最大值　0.08
用于12层以下规则砼框架结构薄弱层验算的地震影响系数最大值　0.5
竖向地震作用系数底线值　0.08
的结构质量

根据项目所在地，按照《建筑抗震设计规范》附录A及地方相关标准的规定选择设置

根据《建筑抗震设计规范》相关规定选择

图 8-5-4

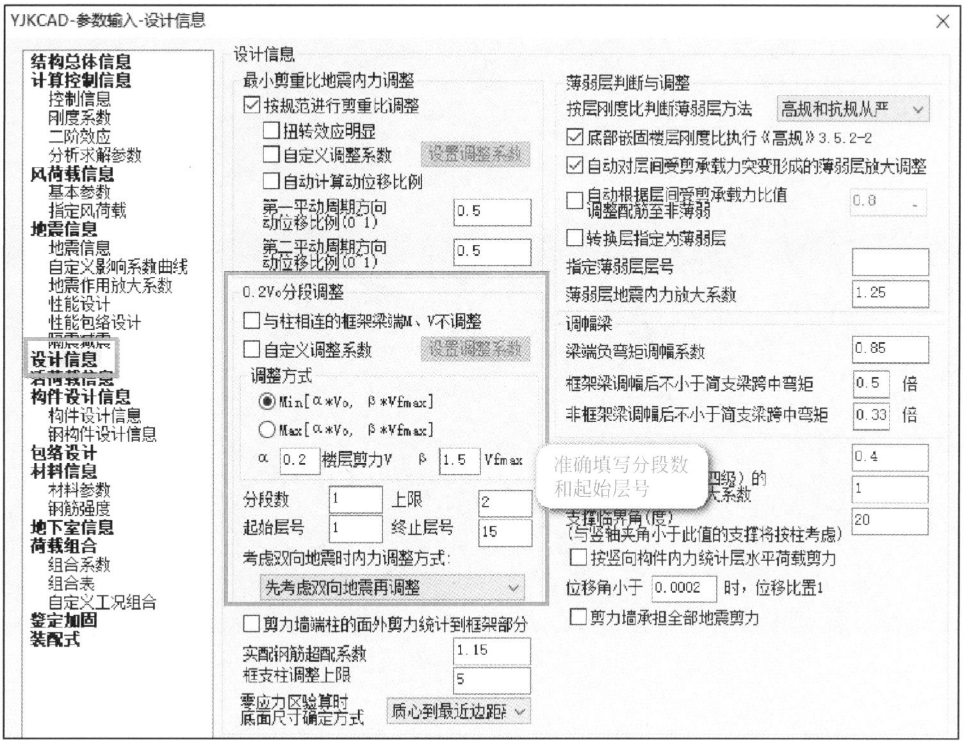

YJKCAD-参数输入-设计信息

结构总体信息
计算控制信息
控制信息
刚度系数
二阶效应
分析求解参数
风荷载信息
基本参数
指定风荷载
地震信息
地震信息
自定义影响系数曲线
地震作用放大系数
性能设计
性能包络设计
隔震减震
设计信息
活荷载信息
构件设计信息
构件设计信息
钢构件设计信息
包络设计
材料信息
材料参数
钢筋强度
地下室信息
荷载组合
组合系数
组合表
自定义工况组合
鉴定加固
装配式

设计信息
最小剪重比地震内力调整
☑按规范进行剪重比调整
☐扭转效应明显
☐自定义调整系数　设置调整系数
☐自动计算动位移比例
第一平动周期方向动位移比例(0~1)　0.5
第二平动周期方向动位移比例(0~1)　0.5
0.2V₀分段调整
☐与柱相连的框架梁端M、V不调整
☐自定义调整系数　设置调整系数
调整方式
◉Min[α*V₀，β*Vfmax]
○Max[α*V₀，β*Vfmax]
α　0.2　楼层剪力V　β　1.5　Vfmax
分段数　1　上限　2
起始层号　1　终止层号　15
考虑双向地震时内力调整方式：
先考虑双向地震再调整
☐剪力墙端柱的面外剪力统计到框架部分
实配钢筋超配系数　1.15
框支柱调整上限　5
零应力区验算时底面尺寸确定方式　质心到最近边距

薄弱层判断与调整
按层刚度比判断薄弱层方法　高规和抗规从严
☑底部嵌固楼层刚度比执行《高规》3.5.2-2
☑自动对层间受剪承载力突变形成的薄弱层放大调整
☐自动根据层间受剪承载力比值调整配筋至非薄弱　0.8
☐转换层指定为薄弱层
指定薄弱层层号
薄弱层地震内力放大系数　1.25
调幅梁
梁端负弯矩调幅系数　0.85
框架梁调幅后不小于简支梁跨中弯矩　0.5　倍
非框架梁调幅后不小于简支梁跨中弯矩　0.33　倍
0.4
四级）的
大系数　1
支撑临界角(度)
(与竖轴夹角小于此值的支撑将按柱考虑)　20
☐按竖向构件内力统计层水平荷载剪力
位移角小于　0.0002　时，位移比置1
☐剪力墙承担全部地震剪力

准确填写分段数和起始层号

图 8-5-5

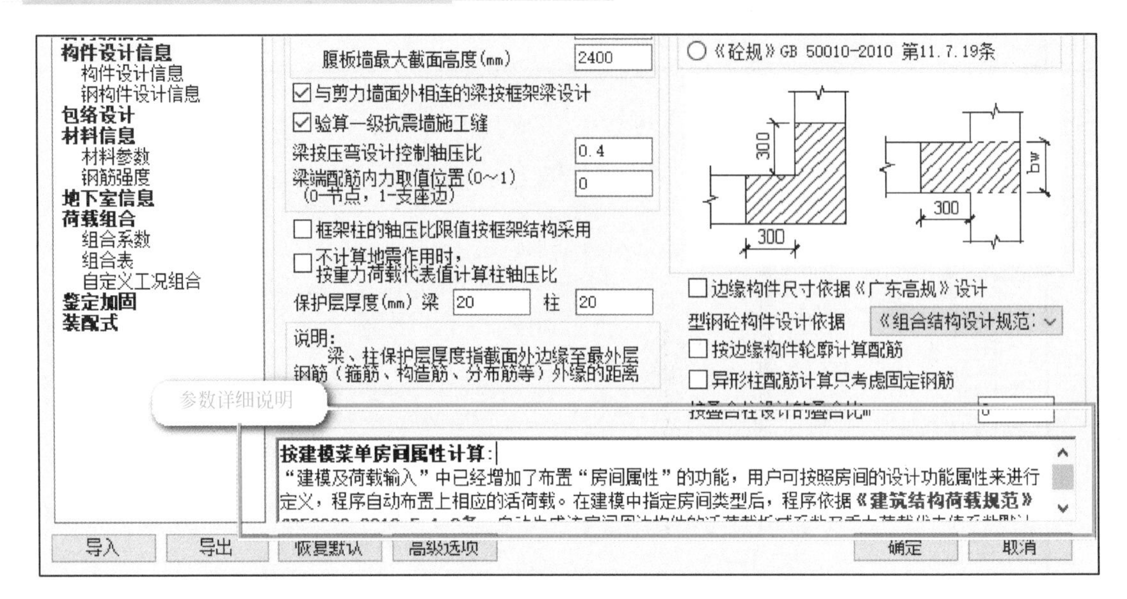

图 8-5-6

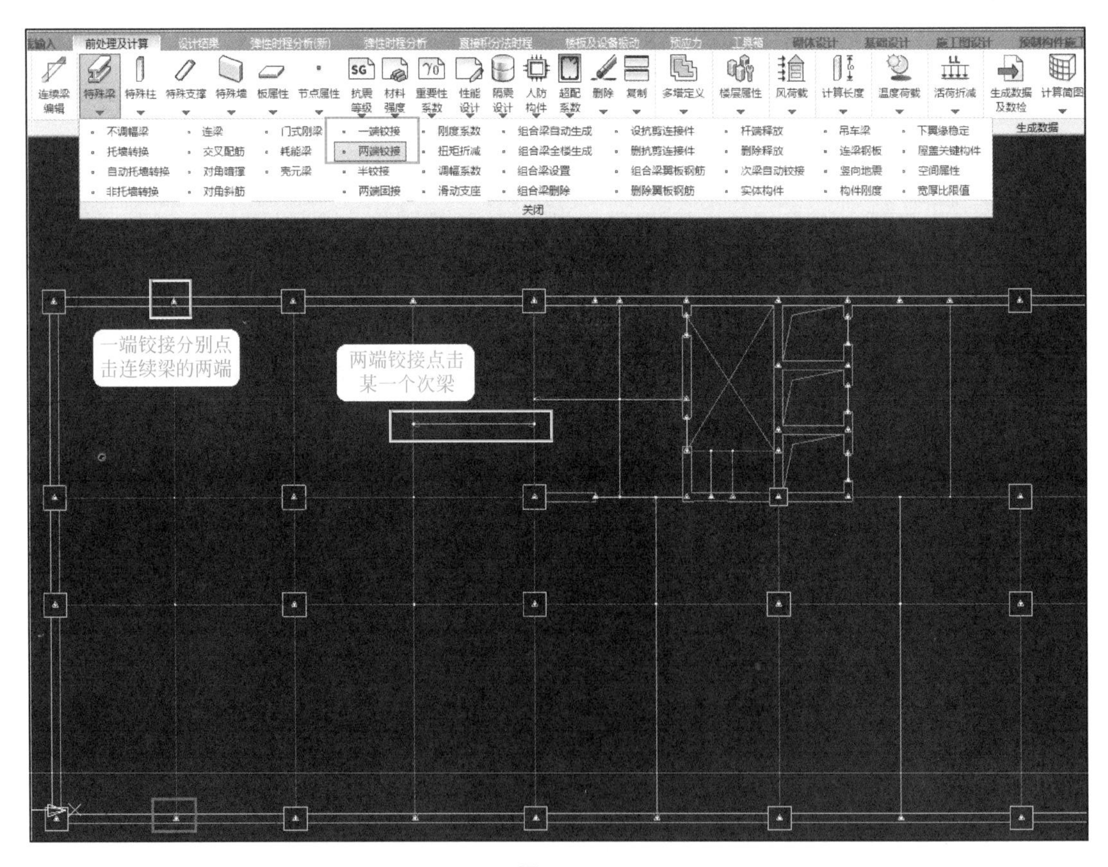

图 8-5-7

所有特殊构件的定义完成后，就可以进行计算分析。点击计算命令下的“生成数据+全部计算”，程序就会开始执行上部结构计算，如图 8-5-8 所示。

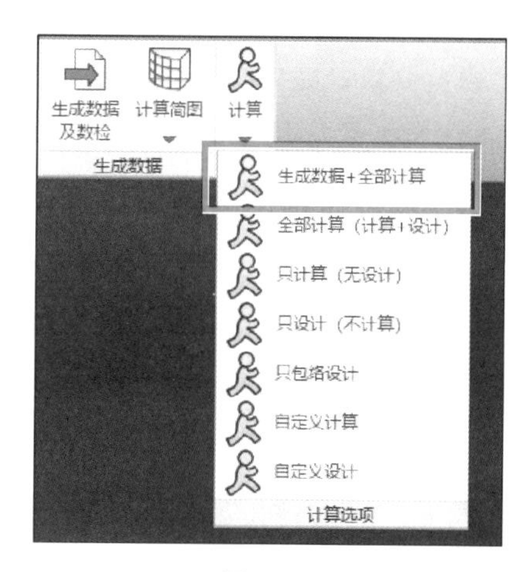

图 8-5-8

8.6 计算结果

计算完成后，程序自动进入设计结果菜单，可以查看整体指标的文本结果、梁柱墙的配筋结果、内力结果、位移结果、阵型结果等。

8.6 计算结果

对于整体指标的查看，可点击【文本结果】命令，弹出【分析结果文本显示】对话框，我们可以着重看前三项内容，与规范要求进行对比，不满足时需要回到建模部分调整构件截面或结构类型，同时也可生成简化计算书，方便校核审查，如图 8-6-1 所示。

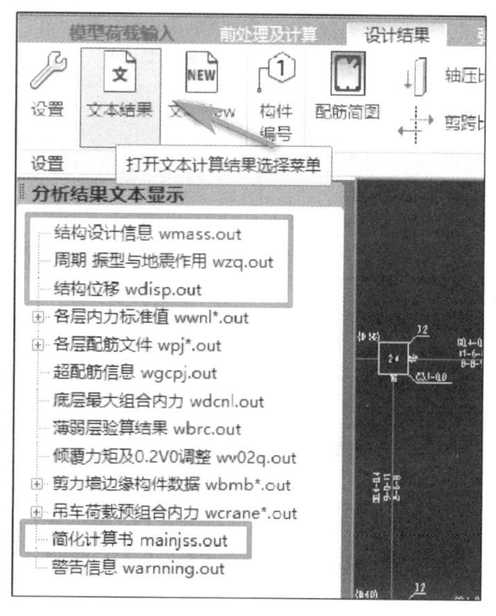

图 8-6-1

对于其他设计结果，以配筋结果为例进行介绍。点击【配筋简图】，如果显示的配筋结果没有显红，说明配筋满足规范要求；如果有显红的配筋结果，则需要回到上部机构建模，重新调整构件的截面尺寸再计算，直到不显红为止。构件配筋结果的含义如图 8-6-2～图 8-6-4 所示。

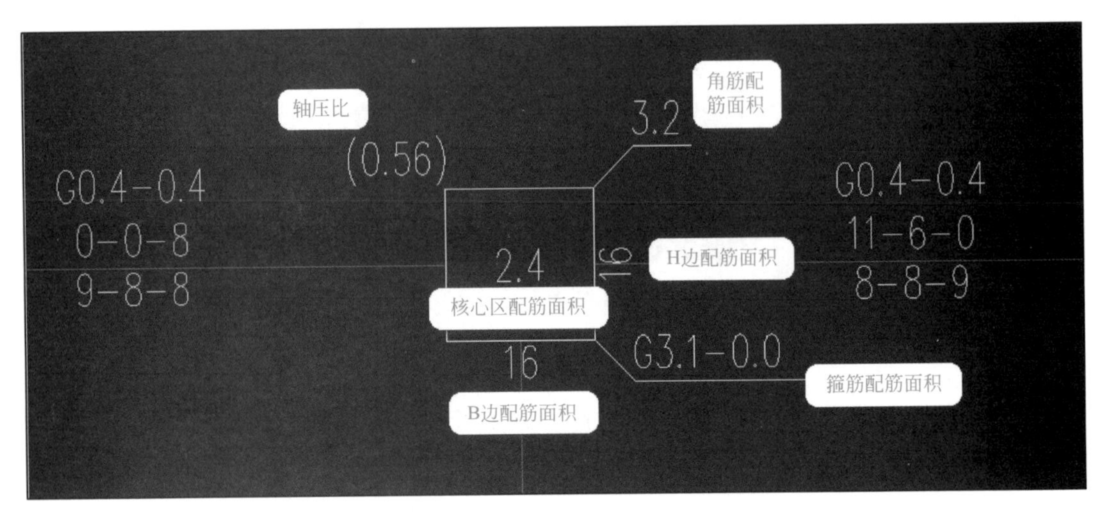

图 8-6-2

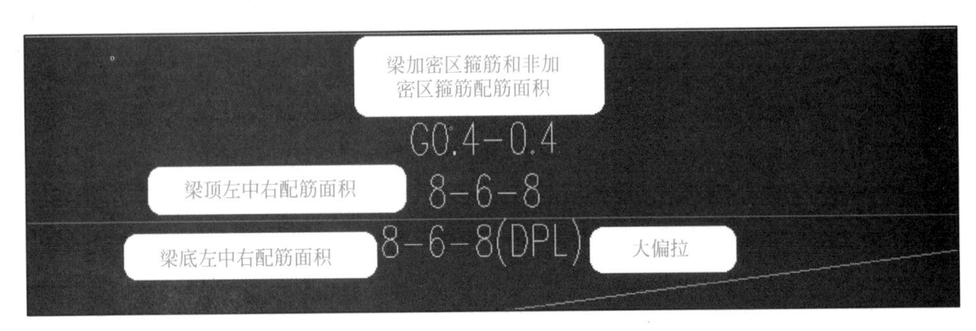

图 8-6-3

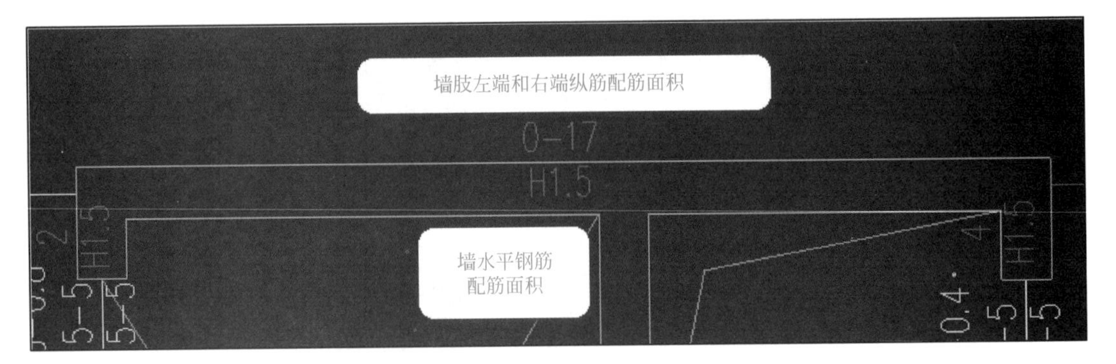

图 8-6-4

若想进一步查看某个构件的计算信息和计算步骤，可以点击【计算书】命令中的【构件详细】命令，或者点击右侧菜单中的【构件信息】命令查看，如图 8-6-5 所示。

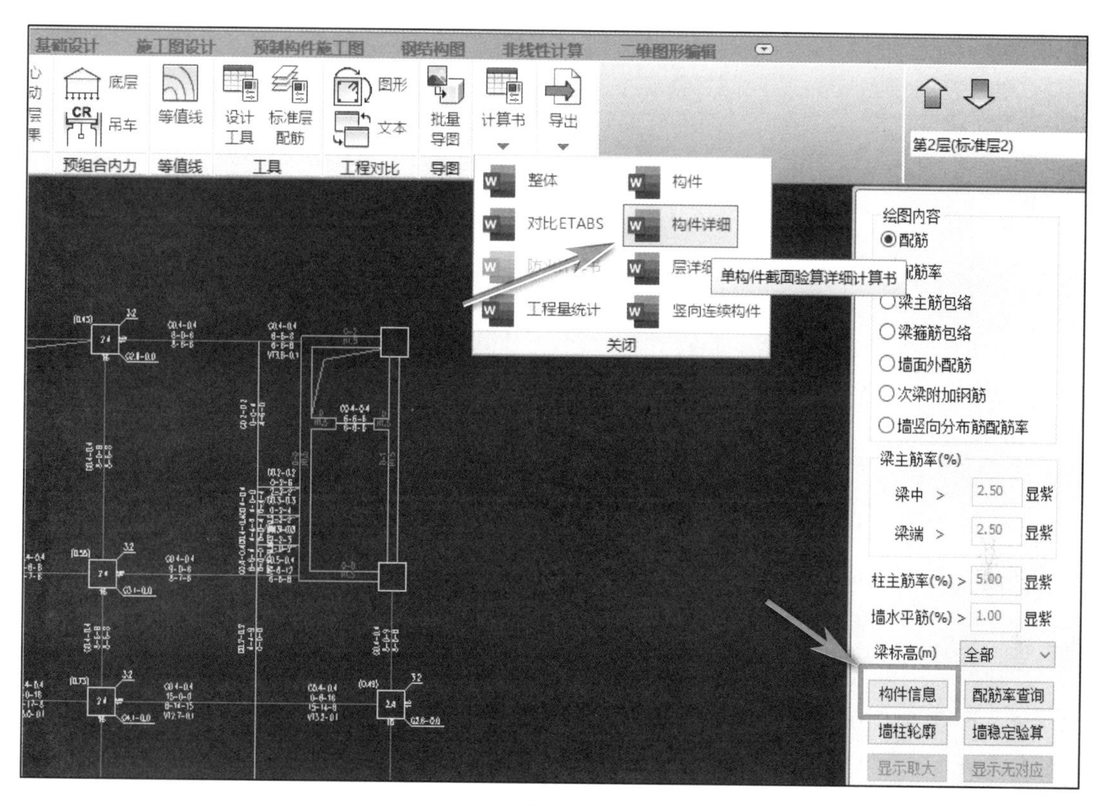

图 8-6-5

8.7 板施工图

计算结果没有问题后，可以进入上部结构施工图绘制阶段。首先完成板施工图绘制，点击【施工图设计】选项卡中菜单下的【板施工图】选项卡，进入楼板计算和绘制相关菜单，点击【计算参数】命令，设置好楼板的计算方法、钢筋的级别、板的保护层厚度等重要参数，保证楼板计算的准确性。在绘图参数中，也可以选择钢筋的画法，一般情况可选择传统画法，如图 8-7-1、图 8-7-2 所示。

计算参数设置好后，依次点击【新图】【计算】【自动标注板底正筋】【自动布置支座负筋】，即可完成楼板施工图的绘制，如图 8-7-3 所示。

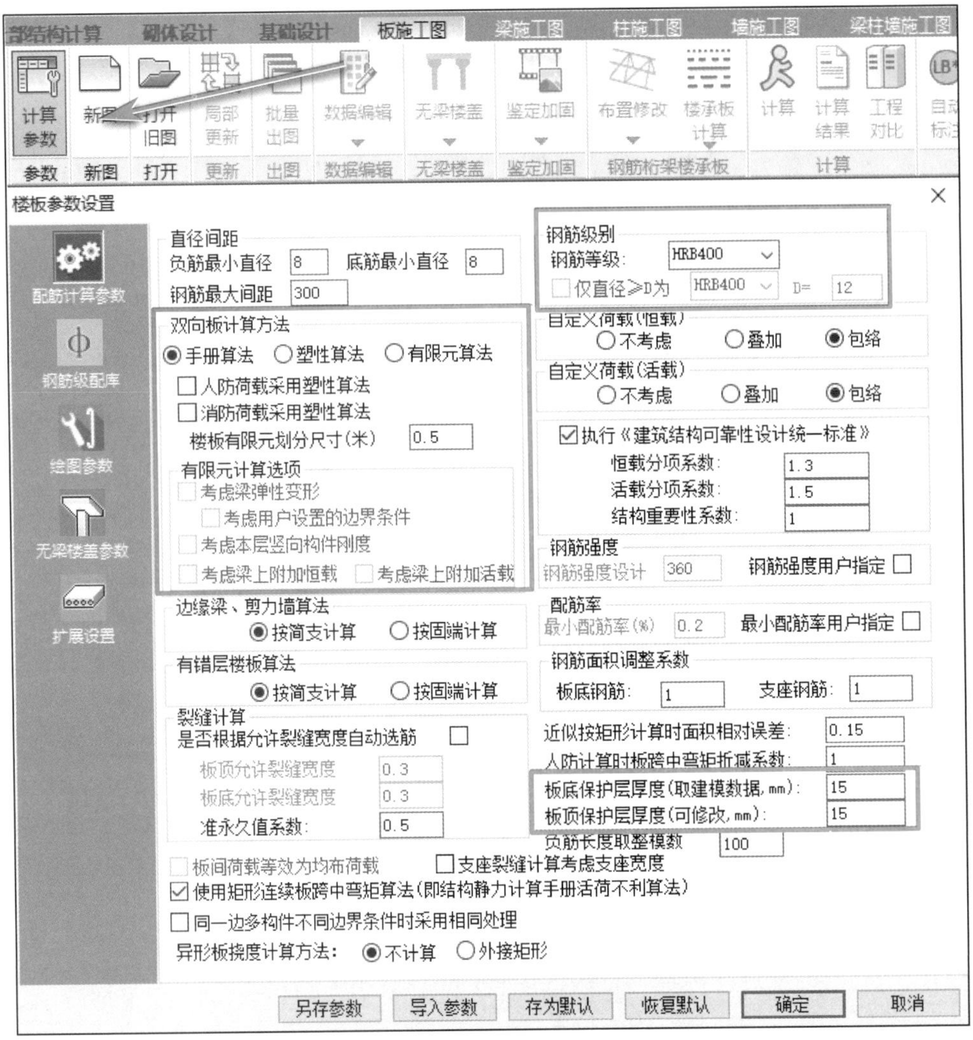

部结构计算 砌体设计 基础设计 板施工图 梁施工图 柱施工图 墙施工图 梁柱墙施工图

计算参数 新图 打开旧图 局部更新 批量出图 数据编辑 无梁楼盖 鉴定加固 布置修改 楼承板计算 计算 计算结果 工程对比 自动标注

参数 新图 打开 更新 出图 数据编辑 无梁楼盖 鉴定加固 钢筋桁架楼承板 计算

楼板参数设置

配筋计算参数
钢筋级配库
绘图参数
无梁楼盖参数
扩展设置

直径间距
负筋最小直径 8 底筋最小直径 8
钢筋最大间距 300

双向板计算方法
◉手册算法 ○塑性算法 ○有限元算法
☐人防荷载采用塑性算法
☐消防荷载采用塑性算法
楼板有限元划分尺寸(米) 0.5
有限元计算选项
☐考虑梁弹性变形
☐考虑用户设置的边界条件
☐考虑本层竖向构件刚度
☐考虑梁上附加恒载 ☐考虑梁上附加活载

边缘梁、剪力墙算法
◉按简支计算 ○按固端计算

有错层楼板算法
◉按简支计算 ○按固端计算

裂缝计算
是否根据允许裂缝宽度自动选筋 ☐
板顶允许裂缝宽度 0.3
板底允许裂缝宽度 0.3
准永久值系数: 0.5

钢筋级别
钢筋等级: HRB400
☐仅直径≥D为 HRB400 D= 12

自定义荷载(恒载)
○不考虑 ○叠加 ◉包络

自定义荷载(活载)
○不考虑 ○叠加 ◉包络

☑执行《建筑结构可靠性设计统一标准》
恒载分项系数: 1.3
活载分项系数: 1.5
结构重要性系数: 1

钢筋强度
钢筋强度设计 360 钢筋强度用户指定 ☐

配筋率
最小配筋率(%) 0.2 最小配筋率用户指定 ☐

钢筋面积调整系数
板底钢筋: 1 支座钢筋: 1

近似按矩形计算时面积相对误差: 0.15
人防计算时板跨中弯矩折减系数: 1
板底保护层厚度(取建模数据,mm): 15
板顶保护层厚度(可修改,mm): 15
负筋长度取整模数 100

☐板间荷载等效为均布荷载 ☐支座裂缝计算考虑支座宽度
☑使用矩形连续板跨中弯矩算法(即结构静力计算手册活荷不利算法)
☐同一边多构件不同边界条件时采用相同处理
异形板挠度计算方法: ◉不计算 ○外接矩形

另存参数 导入参数 存为默认 恢复默认 确定 取消

图 8-7-1

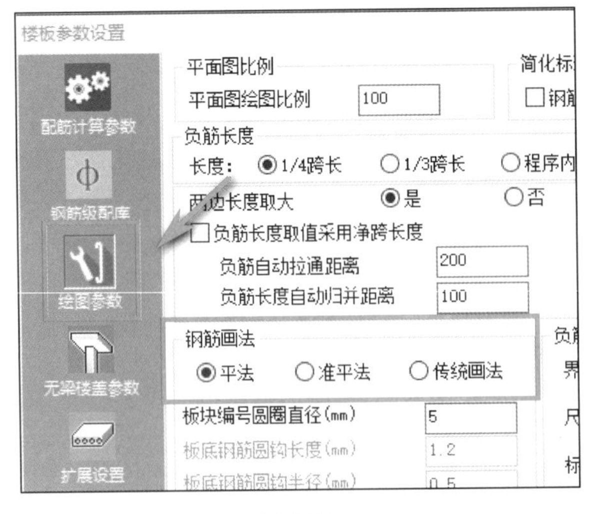

图 8-7-2

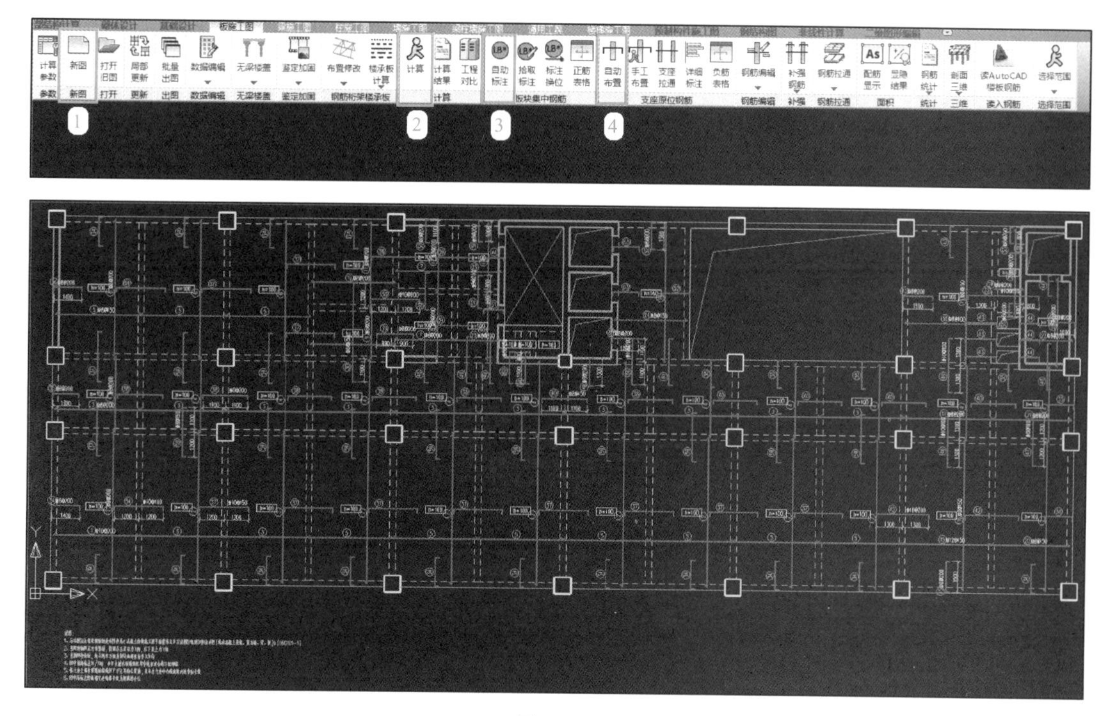

图 8-7-3

8.8 梁柱墙施工图

8.8 梁柱墙施工图

接下来绘制梁柱墙施工图，点击【梁施工图】选项卡，点击【参数】命令，这些选筋参数除了考虑规范图集要求，一般情况下都是考虑施工的便利因素而设置的，再点击【绘新图】命令，即可生成梁的平法施工图，如图 8-8-1、图 8-8-2 所示。

梁平法施工图中集中标注和原位标注的含义如图 8-8-3 所示。

梁施工图绘制完成后，点击【柱施工图】选项卡下【参数】命令，设置好与绘制柱施工图相关的参数，再点击【绘新图】命令，即可生成柱施工图。通过画法切换，可以选择原位集中标注或图表绘制的方式，如图 8-8-4 所示。

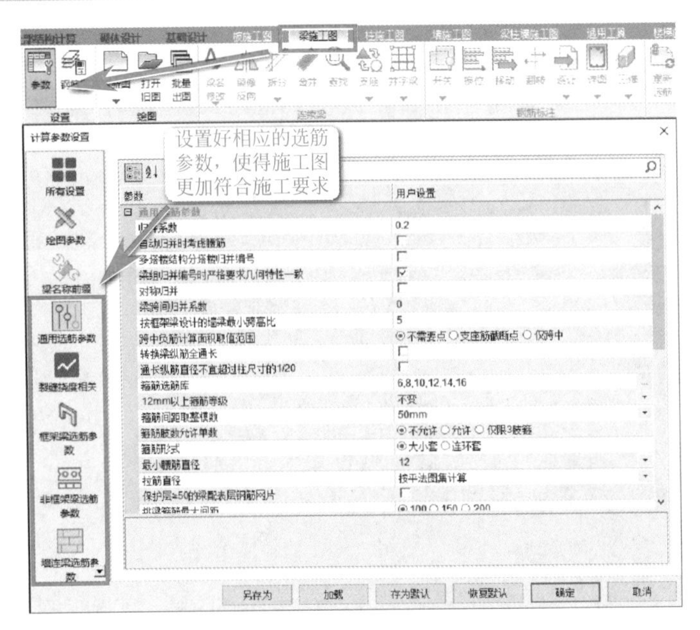

图 8-8-1

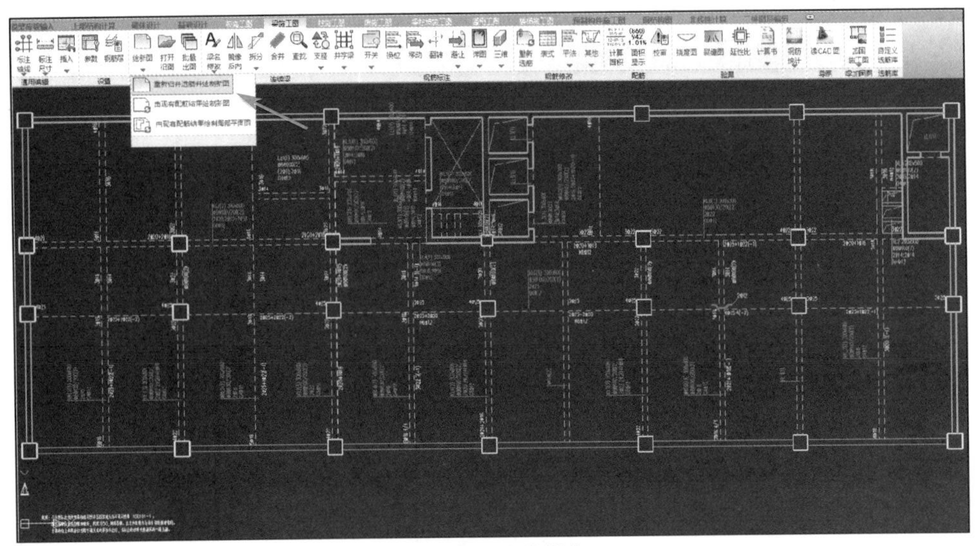

图 8-8-2　图片模糊

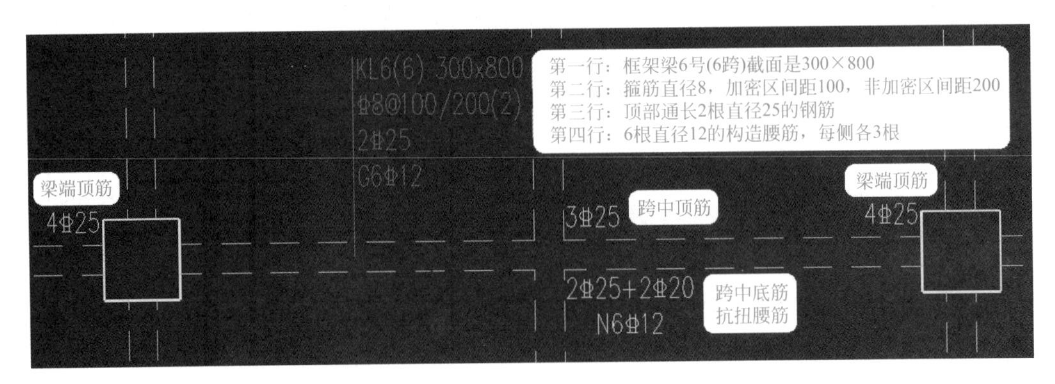

图 8-8-3

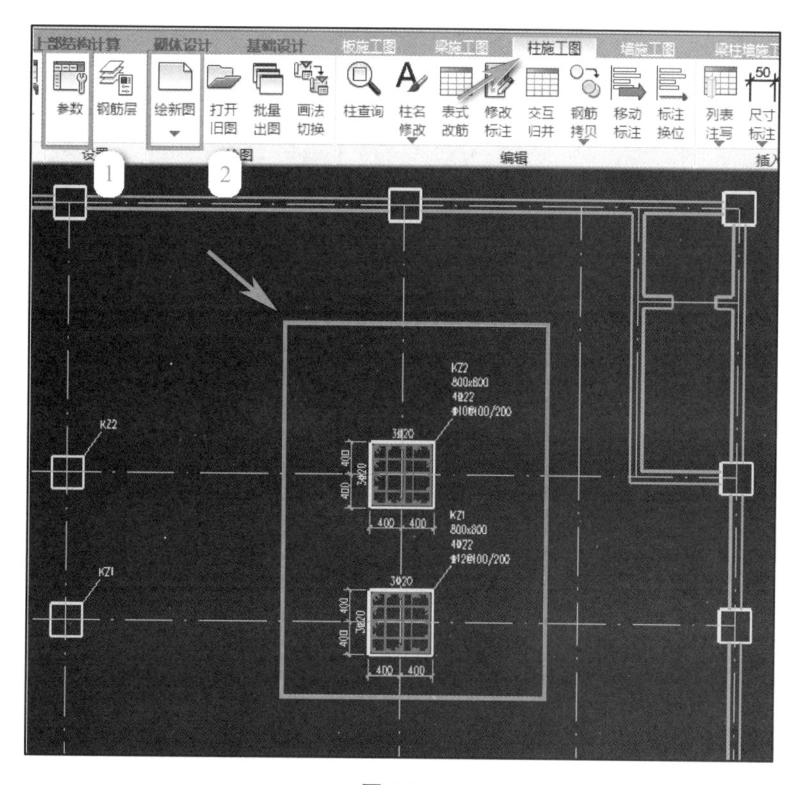

图 8-8-4

柱原位集中标注含义如图 8-8-5、图 8-8-6 所示。

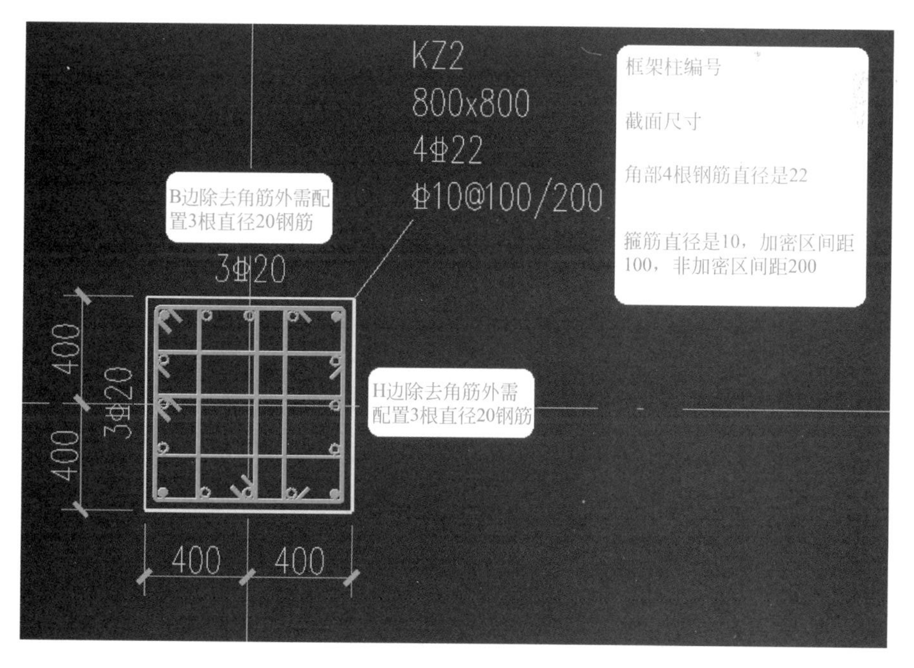

图 8-8-5

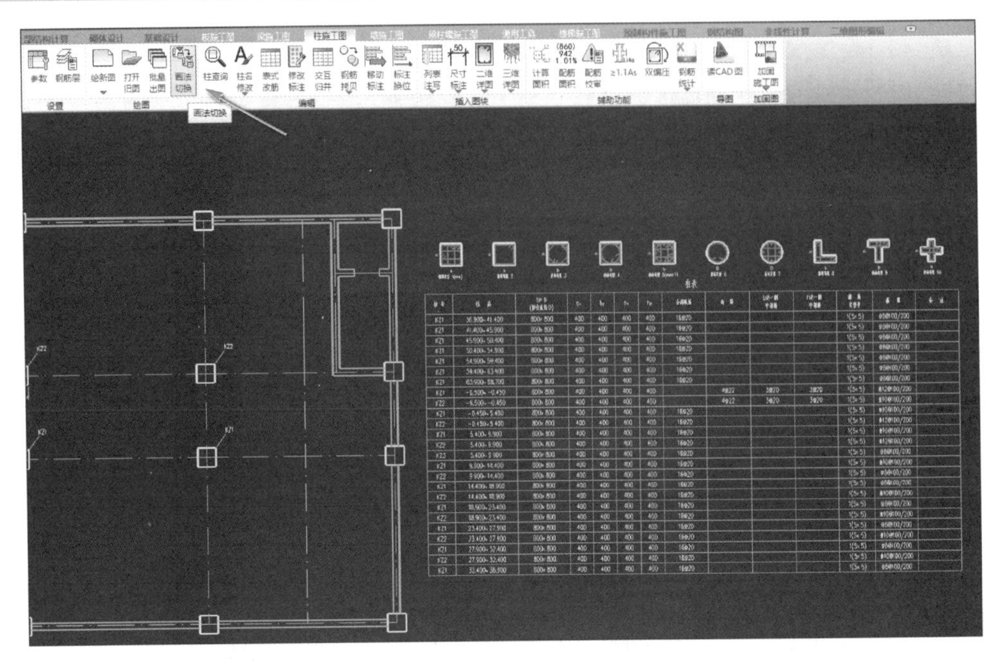

图 8-8-6

接着点击【墙施工图】选项卡下【参数】命令，设置好与墙施工图绘制相关的参数，然后点击【绘新图】命令，即可生成墙施工图。再依次点击【墙柱表】【墙身表】命令，即可表达出边缘构件和墙身的详细配筋图，如图 8-8-7 所示。

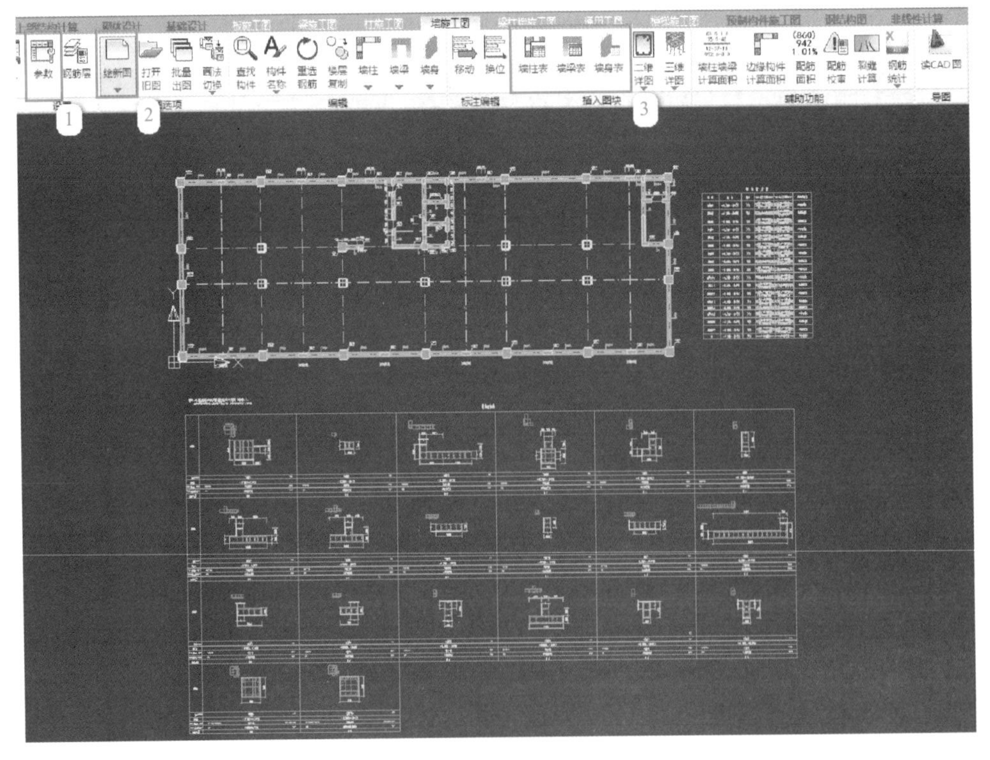

图 8-8-7

8.9 基础布置及施工图

8.9
基础布置
及施工图

上部结构计算完成后，可点击【基础建模】选项卡中菜单，进行基础建模。点击【重新读取】命令，程序会自动读取上部结构的轴线网格和竖向构件（墙柱），便于布置基础。在布置之前，点击【参数设置】命令，填写基础计算相关参数，如图 8-9-1 所示。参数中，需准确填写【地基承载力计算参数】和【桩筏筏板弹性地基梁计算参数】，如图 8-9-2、图 8-9-3 所示。

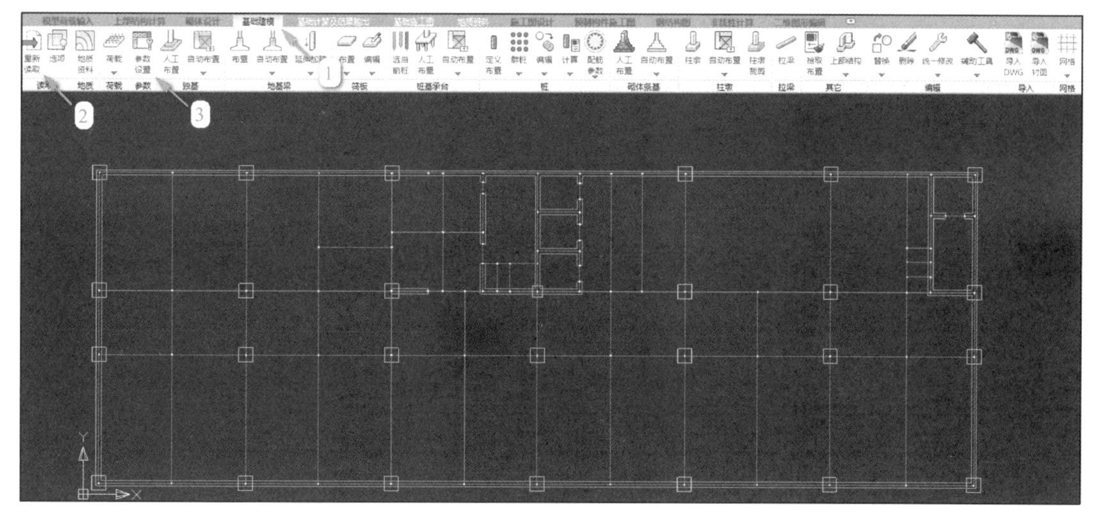

图 8-9-1

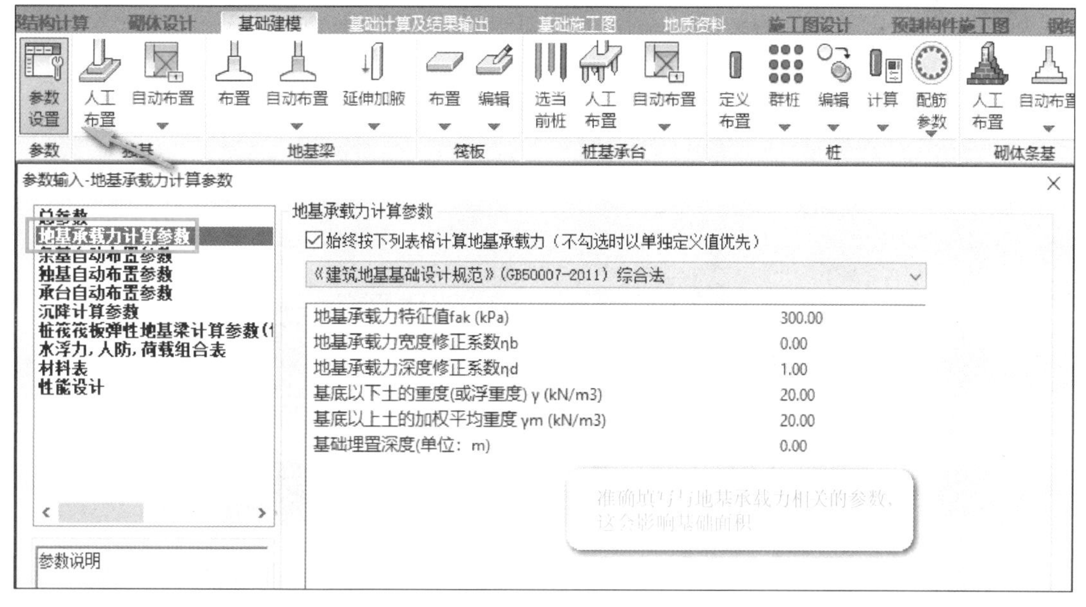

图 8-9-2

参数输入-桩筏筏板弹性地基梁计算参数(包括有限元计算的独基，承台，防水板)

总参数
地基承载力计算参数
条基自动布置参数
独基自动布置参数
承台自动布置参数
沉降计算参数
桩筏筏板弹性地基梁计算参数(包
水浮力/人防/荷载组合表
材料表
性能设计

地基类型
提供2个备选项。选择“天然地基，常规桩基”时，仅地基土、或仅桩基承担上部荷载。选择“复合桩基”时，地基土、桩基共同承担上部荷载。

桩筏筏板弹性地基梁计算参数(包括有限元计算的独基，承台，防水板)

计算方法
◉弹性地基梁板法
○倒楼盖法
（桩基础不建议用）

上部结构刚度
○不考虑
◉考虑
剪力墙等效高度(m)：5

网格划分
控制长度(0.5m~2m)：1
节点修剪控制误差(mm)：100
☐生成三维实体网格
三维网格厚度(m)：0.5

地基类型
◉天然地基，常规桩基（不考虑土分担荷载）
○复合桩基（桩土共同分担荷载）

基床系数与桩刚度
◉根据地质资料按K=P/s、Kp=Q/s反算
☐自动计算地基土分担荷载比例
地基土分担荷载比例 0.2
○直接取以下默认值：
基床系数[kN/m3] 20000 参考值
桩竖向刚度[kN/m] 100000
☐按桩基规范附录C计算

配筋设计
☐板元弯距取节点最大值(不勾选取平均值)
☑板元变厚度区域的边界弯矩磨平处理
☐取1米范围平均弯距计算配筋
柱底峰值弯矩考虑柱宽折减系数：0.5
柱(墙)荷载施加方法：考虑柱(墙)实际尺寸
箍筋间距(mm)：200
梁的抗震等级：5 不考虑

其他
桩顶嵌固系数（铰接0~1刚接）：1
☐防水板内承台桩选设为固定支座
后浇带施工前的加荷载比例(0~1)：0.5
☐【生成数据】时清除旧的前处理数据（基床系数、桩刚度、板面荷载等）

图 8-9-3

参数设置好后，点击【筏板】面板下的【布置】-【筏板防水板】命令，进行筏形基础的定义及布置，如图 8-9-4、图 8-9-5 所示，通过围区的方式沿着轴线外轮廓依次点击，就会自动根据设置好的外挑长度和相对高度，布置好筏形基础，如图 8-9-6 所示。

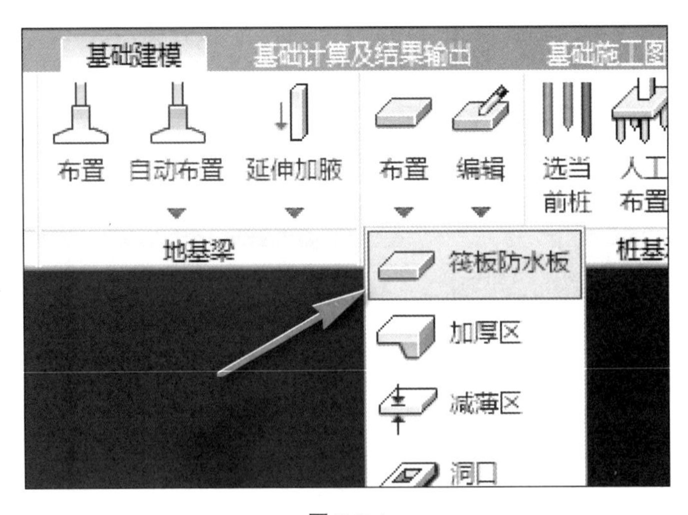

图 8-9-4

图 8-9-5

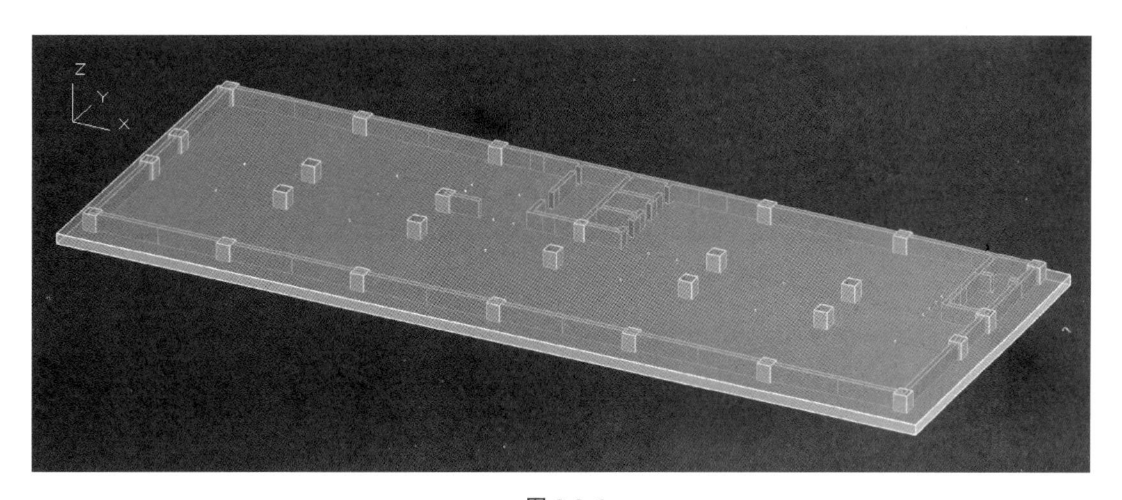

图 8-9-6

基础布置完成后，点击【基础计算及结果输出】选项下【生成数据】命令，程序会根据我们布置的基础生成计算模型，再点击【计算分析】命令，程序就会完成整个筏形基础的计算，进而就可以查看计算后的结果，例如【地基土/桩承载力验算】【冲剪局压】【基础配筋】等，如图 8-9-7 所示。

最后，点击进入【基础施工图】选项卡中菜单，第一次需点击【重新读取】命令，再点击【筏板防水板】命令，程序就会绘制出筏板施工图，并且可以通过编辑功能，修改筏板施工图，如图 8-9-8 所示。

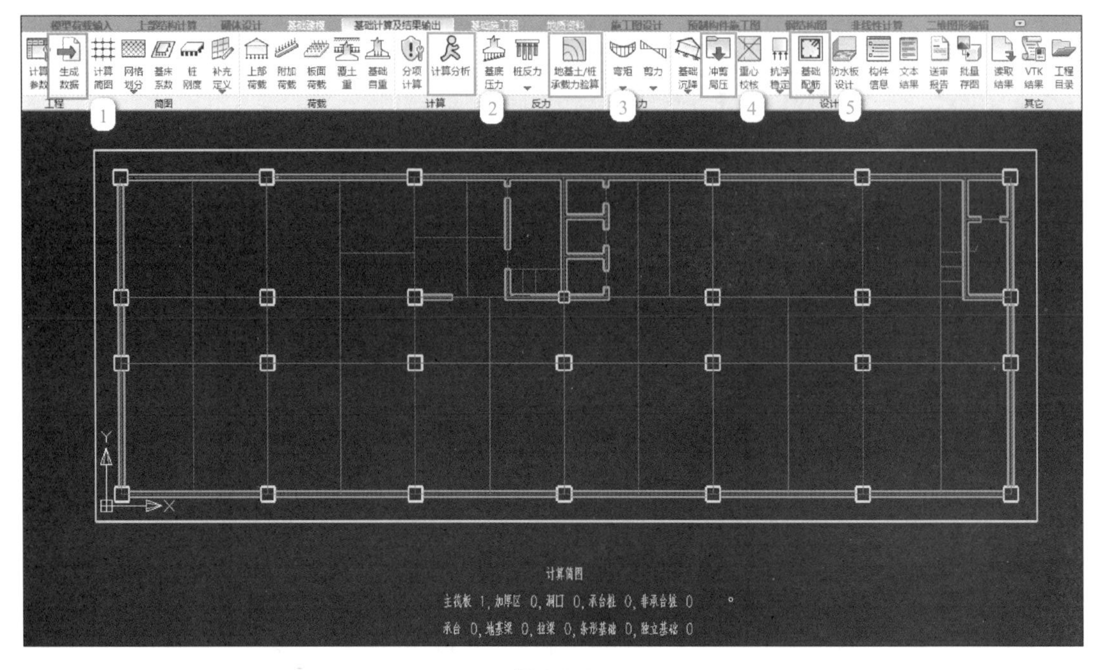
模型荷载输入
上部结构计算
砌体设计
基础建模
基础计算及结果输出
基础施工图
地质资料
施工图设计
预制构件施工图
钢结构图
非线性计算
二维图形编辑
计算参数
生成数据
计算简图
网格划分
基床系数
桩刚度
补充定义
上部荷载
附加荷载
板面荷载
覆土重
基础自重
分项计算
计算分析
基底压力
桩反力
地基土/桩承载力验算
弯矩
剪力
基础沉降
冲剪局压
重心校核
抗浮稳定
基础配筋
防水板设计
构件信息
文本结果
送审报告
批量存图
读取结果
VTK结果
工程目录
工程
简图
荷载
计算
反力
设计
其它
1
2
3
4
5
计算简图
主筏板 1，加厚区 0，洞口 0，承台桩 0，非承台桩 0
承台 0，地基梁 0，拉梁 0，条形基础 0，独立基础 0

图 8-9-7

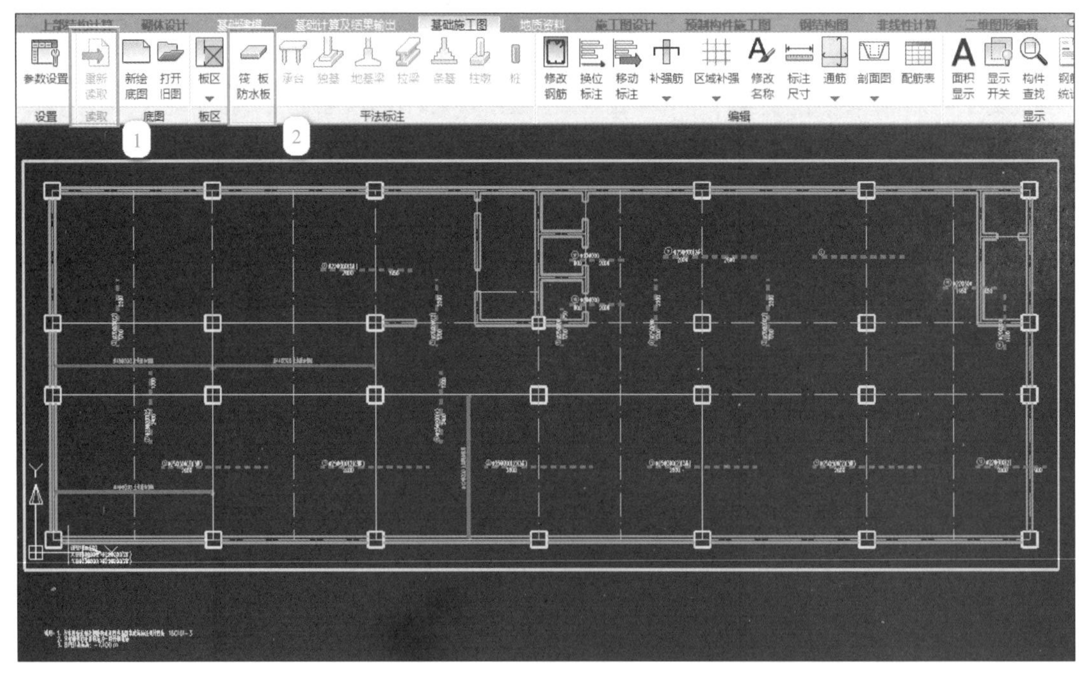
上部结构计算
砌体设计
基础建模
基础计算及结果输出
基础施工图
地质资料
施工图设计
预制构件施工图
钢结构图
非线性计算
二维图形编辑
参数设置
重新读取
新绘底图
打开旧图
板区
筏板防水板
承台
独基
地基梁
拉梁
条基
柱墩
桩
修改钢筋
换位标注
移动标注
补强筋
区域补强
修改名称
标注尺寸
通筋
剖面图
配筋表
面积显示
显示开关
构件查找
设置
读取
底图
板区
平法标注
编辑
显示
1
2

图 8-9-8

BIM应用于PPP项目

（一）案例简介

“PPP”是英文“Public-Private-Partnership”的缩写，是指政府与私人组织之间，为了提供某种公共物品和服务，以特许权协议为基础，彼此之间形成一种伙伴式的合作关系，并通过签署合同明确双方的权利和义务，以确保合作的顺利完成，最终使合作各方达到比预期单独行动更为有利的结果。PPP模式重在合作，由于PPP项目一般均为大体量、较为复杂的系列工程，涉及政府、设计方、民营投资公司、承建方、监理等，政府部门与民营公司之间的关系与合作契合度尤为重要。正是由于PPP项目的多方参与，设计人员、施工人员的队伍庞大，从而设计变更、各专业作业冲突等情况屡见不鲜，这些无法控制的因素，会直接影响工程造价，最终导致项目经济效益大幅度减少甚至造成亏损，而BIM技术的应用促使建筑企业从多年的粗放型管理向精细化管理的蜕变，从“管人”逐步向“管理数据”转变，BIM技术“互联网+”的趋势将大幅度改变传统的管理模式，项目信息管理的提升更加增强了企业的核心竞争力。

（二）编写点评

在国家大力提倡环保、绿色建筑概念的今天，BIM技术将成为PPP项目模式的“润滑剂”，将会使项目高效地运转，最大可能降低成本，实现最大化经济效益的目标。只有创新管理思维才能顺利转型和变革，实现竞争力，才能让我国未来的建筑行业走向更健康、高技术、高层次的发展道路。

参考文献

[1] 刘鑫，王鑫 . Revit 建筑建模项目教程 [M]. 北京：机械工业出版社，2017.

[2] 王鑫，董羽 . Revit 建模案例教程 [M]. 北京：中国建筑工业出版社，2019.

[3] 何凤，梁瑛 . Revit2018 完全实战技术手册（中文版）[M]. 北京：清华大学出版社，2018.

[4] 孙仲建，肖洋，李林，聂维中 . BIM 技术应用—Revit 建模基础 [M]. 北京：清华大学出版社，2018.

[5] 王鑫，刘晓晨 . 全国 BIM 应用技能考试通关宝典 [M]. 北京：中国建筑工业出版社，2018.

[6] 廖小烽，王君峰 . Revit2013/2014 建筑设计火星课堂 [M]. 北京：人民邮电出版社，2013.

[7] 李恒，孔娟 . Revit2015 中文版基础教程 BIM 工程师成才之路 [M]. 北京：清华大学出版社，2015.

[8] 林标锋，卓海旋，陈凌杰 . BIM 应用：Revit 建筑案例教程 [M]. 北京：北京大学出版社，2018.

[9] 庄伟 . 盈建科 YJK 软件从入门到提高 [M]. 北京：中国建筑工业出版社，2018.

[10] 卫涛，柳志龙，晏清峰. 基于 BIM 的 Revit 机电管线设计案例教程 [M]. 北京：机械工业出版社，2020.